中国社会科学院国情调研丛书
CASS Series of National Conditions Investigation & Research

中国社会科学院国情调研丛书

CASS Series of National Conditions Investigation & Research

中国低碳城市建设现状与问题研究

史丹 等著

中国社会科学出版社

图书在版编目（CIP）数据

中国低碳城市建设现状与问题研究/史丹等著 . —北京：
中国社会科学出版社，2015.9
（中国社会科学院国情调研丛书）
ISBN 978 - 7 - 5161 - 6537 - 9

Ⅰ.①中… Ⅱ.①史… Ⅲ.①节能—生态城市—城市
建设—研究—中国 Ⅳ.①X321.2

中国版本图书馆 CIP 数据核字（2015）第 159985 号

出 版 人	赵剑英	
责任编辑	王 曦	
责任校对	周晓东	
责任印制	戴 宽	

出 版	中国社会科学出版社	
社 址	北京鼓楼西大街甲 158 号	
邮 编	100720	
网 址	http：//www. csspw. cn	
发 行 部	010 - 84083685	
门 市 部	010 - 84029450	
经 销	新华书店及其他书店	

印 装	三河市君旺印务有限公司	
版 次	2015 年 9 月第 1 版	
印 次	2015 年 9 月第 1 次印刷	

开 本	710 × 1000 1/16	
印 张	21	
插 页	2	
字 数	369 千字	
定 价	78.00 元	

"国情调研成果编选委员会"名单

主　任：李慎明
副主任：武　寅　蔡　昉
成　员（按姓氏笔画为序）：
　　　　马　援　王子豪　王建朗　邓纯东　陆建德
　　　　陈　甦　陈光金　高培勇　黄　平　潘晨光

目　录

图目录

表目录

第一章　我国低碳试点城市综合评价

低碳城市是指通过低碳技术研发及其在城市发展中的推广应用，节约和集约利用能源资源，有效减少碳排放的城市发展模式。建设低碳城市是可持续发展理念在城市发展中的具体化，是低碳经济发展模式在城市发展中的落实。实施低碳城市发展战略，就是面对资源环境约束条件下的中国城镇化所面临的现实矛盾与未来挑战，通过明确城市发展的资源消耗和环境影响等目标要求，按照低碳城市的理念确定新型城市发展模式，使之既符合中国城镇化与经济社会发展趋势的需要，又能够在城镇化进程中有效地逐步降低资源消耗和减少碳排放，使城市成为社会和谐、经济高效、生态良性循环的人类住区形式。

本章以我国低碳试点城市为研究对象，从环境、低碳、发展三个方面进行分析，通过不同层面的对比，发现其特点。在此基础上，分析我国低碳城市建设面临的问题，总结建设过程中的经验，为我国低碳城市建设提供重要的参考。

第一节　研究低碳城市的意义

一　建设低碳城市的现实意义

1. 低碳城市建设是我国发展低碳经济的关键平台与实现节能减排的重要突破口

城市作为全球经济中最活跃的部分，是人类生产和生活的中心，2008年，城市已经聚集了世界人口的一半以上，温室气体排放占全球排放量的75%左右，频繁发生的气候灾害也深刻威胁到了城市居民正常的生产和生活。

截至2014年，中国城市总数已达658个，城市化率已达到51.3%，预计到 2050 年会提高到 75% 左右，因此，低碳发展是中国在城市化和工业化进程中控制温室气体排放的必然选择，也是全球应对气候变化行动的重要部分。特别是我国当前正处在经济快速增长和城市化加速的高速建设时期，碳排放必然日益增加，同时随着城市化进程的加快，农村人口大量涌入城市，城市能源消费行为发生了改变，人均耗能快速增加，城市人口的快速增加必将引起交通能耗的增加，最后必将导致城市能源消费量的增长，可以预计在未来的二三十年内这一趋势将持续，因此，最终城市则必将成为节能减排的重点。与此同时，在经历了几百年的高度发达的工业文明发展阶段后，全球正面临着气候变化和资源环境的双重压力，城市的外延增长式发展模式已难以适应新形势下的发展需求，城市发展模式面临着转型的抉择。因此，作为许多重大环境问题的受害者，低碳城市是发展低碳经济的关键平台。

2. 低碳城市建设已成为实现经济社会可持续发展与应对气候变化的必然要求

气候变化严重影响了粮食、水资源、能源、生态等问题，这些是我们不得不面对的严酷事实，也是世界各国所要面对的严重危机和挑战，气候变化所带来的科学问题已越来越关注人类活动的影响。作为最大的新兴发展中国家，中国正处在快速工业化和城市化进程中，转变经济增长方式，走低碳发展道路，是协调经济发展和应对气候变化之间关系的根本途径，也是提高国际影响力的战略举措。全球气候变化与资源环境问题对人类可持续发展带来巨大冲击，深刻影响着人类生存和发展，围绕全球气候变化内政外交的焦点问题，看似是能源环境问题，实质上是发展问题。只有坚持可持续发展，才能最终解决气候变化问题。研究发现碳排放是影响全球气候的重要因素，同时发现碳排放与城市化存在正相关关系，所以建设低碳城市是解决气候问题的重要选择。

3. 低碳城市建设已在我国逐渐铺开并取得初步成效

我国是温室气体排放大国和能源消费大国，为了优化国家经济结构和能源结构、建设"资源节约型、环境友好型社会"、更好地改善人民生产生活环境，2005 年，我国政府正式提出减排目标以来，许多城市先后通过不同方式来进行低碳的实践，取得了初步成效，低碳城市已成为两型社会建设的重要突破口。

自 2007 年 9 月，胡锦涛在亚太经合组织第十五次领导人非正式会议上发表讲话时提出发展低碳经济以来，以"低碳"为主题的区域实践工作正式拉开帷幕。国家发改委于 2010 年 7 月 19 日发布《关于开展低碳省区和低碳城市试点工作的通知》（以下简称《通知》）提出：根据地方申报情况，统筹考虑各地方的工作基础和试点布局的代表性，经沟通和研究，确定首先在广东、辽宁、湖北、陕西、云南五省和天津、重庆、深圳、厦门、杭州、南昌、贵阳、保定八市开展试点工作。根据《通知》，国家要求试点地区，测算并确定本地区温室气体排放总量控制目标，研究制定温室气体排放指标分配方案，建立本地区碳排放权交易监管体系和登记注册系统，培育和建设交易平台，做好碳排放权交易试点支撑体系建设等。

2012 年 4 月，国家发改委气候司为了贯彻落实《国务院关于印发十二五控制温室气体排放工作方案的通知》的精神，决定在第一批试点的基础上，进一步稳步推进低碳试点示范。第二批国家低碳省区和低碳城市试点范围为北京市、上海市、海南省和石家庄市、秦皇岛市、晋城市、呼伦贝尔市、吉林市、大兴安岭地区、苏州市、淮安市、镇江市、宁波市、温州市、池州市、南平市、景德镇市、赣州市、青岛市、济源市、武汉市、广州市、桂林市、广元市、遵义市、昆明市、延安市、金昌市、乌鲁木齐市。至此，我国已确定了 6 个低碳试点省份，35 个低碳试点城市及 1 个试点地区（大兴安岭地区）。我国大陆 31 个省（自治区、直辖市）当中除湖南、宁夏、西藏和青海以外，每个地区均有低碳试点城市，表明试点已经基本在国内全面铺开。

4. 建设低碳城市是新型城镇化的重要内容

中央在 2013 年召开的城镇化工作会议上提出，"城镇建设要让居民望得见山、看得见水、记得住乡愁"，"生产空间集约高效、生活空间宜居适度、生态空间山清水秀"。近年来，全国许多地区持续出现雾霾天气，尤其是城市密集地区雾霾天气更加严重，造成这种状况的重要原因是城市中工业和交通的能耗所产生的污染物排放过多、过于集中。建设低碳城市、加强生态环境保护、减少污染和二氧化碳排放是新型城镇化的重要内容。总体来看，与传统的城镇化道路相比，新型城镇化需要实现六个方面的突破：一是从城市优先发展的城镇化转向城乡互补协调发展的城镇化；二是从高能耗的城镇化转向低能耗的城镇化；三是从数量增长型的城镇化转向质量提高型的城镇化；四是从高环境冲击型的城镇化转向低环境冲击型的城镇化；五是从放任式机动化相结合的城镇化转向集约式机动化相结合的城镇化；六是从少数人先富的城镇化转向社会和谐的城镇化。

二 关于低碳城市的理论研究

2003 年，英国率先在《我们能源的未来》白皮书中提出"低碳经济"，日本随后提出"低碳社会"，低碳问题引起国际社会广泛关注，而低碳城市逐渐成为研究的聚焦点。

1. 国外研究现状

国外学者对低碳城市的研究主要集中在如何将低碳理念与城市规划相统一，以及如何确定低碳城市量化指标等方面。

方伟坚（Fong，2007）认为碳排放与城市形态结构有密切关系，进而提出城市的空间发展要紧凑化；格莱泽和卡恩（Glaeser、Kahn，2008）系统分析了碳排放量和土地利用的关系，认为碳排放量和对土地的约束程度之间成反比关系，即高密度中心区的人均碳排放量要比低密度郊区的少；克劳福德和佛伦奇（Crawford、French，2008）以英国的空间规划作为研究对象，认为实现低碳城市的关键是转变规划师的工作观念，在城市规划中重视运用低碳城市理念和加强低碳技术研究。

气候组织（The Climate Group）发表的报告 *Low Carbon Cities：An International Perspective*（2010）选取柏林、斯德哥尔摩、伦敦等作为案例城市，总结了城市决策者制定气候政策和配套措施进行低碳发展的经验，认为城市通过实行合理的政策措施，可以实现显著的碳减排。报告进而指出，各城市制定和实施政策的步骤具有相似性特征，对城市的日常工作进行低碳规划是每个政府决策者应当认识到的关键问题。

英国经济学家 Nicholas Stern（2006）从经济学的角度指出，气候变化是对全球的严重威胁，急需做出全球反应。"如果不采取行动的话，气候变化的总代价和风险将相当于每年至少失去全球 GDP 的 5%。气候恶化带来的危害是全球性的，不管是发达国家还是发展中国家，控制温室气体的排放都是义不容辞的责任。"报告还指出，"积极有效的全球应对措施需要三大政策因素：第一是对碳的定价，通过税收、贸易或监管来实施；第二是支持创新和低碳技术的采用；第三是排除提高能源效率的障碍，通过宣传教育，向民众说明可以采取哪些行动应对全球气候变化。"Tavoni（2007）通过研究表明，林业对未来碳减排有着潜在的经济价值，重视林业生产和管理可以锐减政策成本，缓解气候恶化带来的压力，承担一定程度上的碳减排目标。Middlemiss 等（2009）认为低碳社区的建设离不开基层行为的力量，通过发挥文化、团队组织、基础设施、个人四大要素的作用可以使得基层行为对城市社会低碳化产生变革。Nader（2009）以马斯达尔市为例，强调了技术和人才对于低碳经济发展的重要性，政府应当对这两个重要因素进行针对性的投资、管理以及纳入激励机制，并以先进的技术和理念对未来的城市低碳发展道路进行科学规划。Seyfang（2009）关注的是绿色建筑领域，目前来自建筑领域的碳排放量与低碳发展的要求背道而驰，因此现有的建筑技术必须升级，推行可持续的绿色建筑将大大减少资源的消耗，同时降低碳排放，无论对一个国家还是一个城市都有重要的现实意义。

2. 国内研究现状

国内研究目前主要从城市能源结构、城市碳排放、城市社会经济活动等角度定义低碳城市。

胡秀莲将低碳城市定义为"在城市可持续发展过程中，其经济发展模式、能源供应、生产和消费模式、技术发展、贸易活动、市民和公务管理层的理念和行为等体现为低碳化"，此定义是基于过程视角，指出了低碳城市的核心标准是发展过程的"低碳化"。庄贵阳认为低碳城市的特征是"较高的碳生产力；较低的碳消费水平；较清洁的能源结构；公众有较高的低碳意识，企业有社会责任感"，属于静态视角，即指出了低碳城市应具备的特征。夏堃堡定义低碳城市是"在城市实行低碳经济，包括低碳生产和低碳消费，建立资源节约型、环境友好型社会，建设一个良性的可持续的能源生态体系"，该定义描述了低碳城市经济发展的方式，在目标上侧重于"能源"体系。付允等认为，低碳城市就是"通过在城市发展低碳经济，创新低碳技术，改变生活方式，最大限度减少城市的温室气体排放，彻底摆脱以往大量生产、大量消费和大量废弃的社会经济运行模式，形成结构优化、循环利用、节能高效的经济体系，形成健康、节约、低碳的生活方式和消费模式，最终实现城市的清洁发展、高效发展、低碳发展和可持续发展"，此定义将"清洁发展、高效发展、低碳发展和可持续发展"等目标一并纳入低碳城市范畴，在某种程度上容易降低城市的行政职能部门对于低碳城市的理解，将其与循环经济、生态城市等其他类似称呼相混淆。戴亦欣认为，低碳城市是"通过消费理念和生活方式的转变，在保证生活质量不断提高的前提下，有助于减少碳排放的城市建设模式和社会发展方式"，该定义基本上阐明了低碳城市的特征、条件，并阐明了"保证生活质量不断提高"这一关键前提。李同德以降低城市运转能耗和减少平均出行时间为基础，综合生产、生活等多种因素，提出了低碳城市的最佳规模为 20 万—100 万人的概念，这是国内学者第一次就低碳城市的最佳规模做出定量化定义。

3. 关于低碳城市评价指标体系研究进展

国内外许多学者就低碳城市的评价做了大量的理论研究和实践探索，形成了各具特色的研究成果。部分学者从可持续发展的经济、社会、环境三大基本支柱的角度构建评价指标体系，遵循可持续发展基本内涵和机制框架，对城市发展阶段进行评价；还有一些学者从城市能耗排放构成角度对低碳城市发展进行评价，对城市经济活动过程中产生的碳排放分领域、分部门进行综合统计，从而评估低碳城市发展所处阶段。

在现有的低碳城市指标评价体系中，多体现出系统性与层次性，定量与定性相结合等特性。如连玉明（2012）将低碳发展水平评价指标分为两级，其中一级指标有 5 个，包括经济发展、社会进步、资源承载、环境保护、生活质量，计算综合指数来比较不同城市低碳发展水平，或分析某个城市低碳发展水平的变化过程。刘竹（2011）从经济发展物质消耗与污染物排放相互关系的视角，以脱钩模式为评价指标体系的目标层，以经济发展碳排放、工业污染物排放和社会资源消耗为准则层，规模以上废弃物排放等 8 个具体指标为指标层建立脱钩评价指标体系。熊青青（2011）选取能源、交通、科技、环境、经济和生活消费六大系统的 24 个正效、逆效和适度不同取向的具体指标，构建低碳发展水平评价指标体系。华坚（2011）以江苏省 13 个地级城市为研究对象，从低碳经济发展、低碳社会文明和低碳资源环境三个维度构建了由 3 个一级指标 11 个二级指标和 28 个三级指标组成的低碳城市指标体系。李伯华（2011）选取了社会经济、资源环境、科学技术和交通建筑 4 个系统层建立评价体系，并利用 SPSS 软件主成分分析法对长沙、株洲、湘潭三个城市和全国的低碳平均发展水平进行测算。类似的评价体系和指标测算近年来取得了较多的研究进展。

但现有指标体系测算和评价仍存在着可操作性和可比性的问题。进行多城市可量化的横向对比分析的研究开展得较少。本章尝试对当前我国的低碳试点城市进行综合对比分析，客观评价试点城市的经济社会和低碳环保发展状况，并探寻其中规律性特点。

第二节　试点城市低碳发展现状与评价

已有的研究表明，城市化过程中的人口和经济增长、城市扩张、低碳技术进步、低碳城市政策和体制创新，以及城市能源结构等都是城市碳排放影响因素。不同地区的碳排放量与人均 GDP 之间存在线性、倒 U 型和 N 型关系；城市扩张引起城市格局和功能变化，导致碳排放时机、空间分布模式和构成的变化；先进的低碳技术包括碳减排技术、低碳能源利用技术、碳固定与封存技术（CCS）等，直接影响城市生产和消费的碳排放水平及成本；城市规划与发展模式也是影响低碳城市发展的重要内容。因此，对城市进行低碳发展现状评价需从低碳—环保—发展等方面，采用多指标进行综合评价。

一　评价指标与评价方法

1. 评价指标

（1）指标选取原则。为了客观、全面、科学地衡量城市低碳经济发展的水平，在研究和确定评价指标体系和设定具体评价指标时，我们应遵循以下原则：

第一，科学性与可行性。指标体系的设计要严格按照低碳城市的内涵进行，能够对低碳城市的水平和质量进行合理的描述，避免指标重叠和罗列，同时尽可能地利用现有统计数据和便于收集到的数据，选取可操作性强的指标。在当前统计数据水平下，难以获取收集的数据，暂不考虑纳入评价指标体系。

第二，系统性与层次性。低碳城市涉及经济、社会、环境、产业等方面，因此低碳城市指标体系的设计是一个系统工程，既要能反映低碳城市的总体特征，又能反映经济、社会、环境、产业等子系统的发展趋势和相互联系。

第三，完备性与针对性。指标体系应当相对比较完备，即指标体系作为一个整体应当能够基本反映低碳城市发展的主要方面或主要特征。另外，在相对比较完备的情况下，指标选取应强调代表性、典型性，指标的数目应尽可能地压缩，使指标体系易于分析与运算。

第四，评价指标体系应充分考虑指标量化的难易程度，低碳城市评价指标体系应尽可能量化。另外，低碳城市评价指标体系应具有动态可比和横向可比的功能：动态可比是指在时间序列上的动态比较；横向可比是指在统一时间上对评价指标数值的排序比较。

（2）指标体系构建。考虑到低碳环保对经济发展的双重约束，借鉴国内外相关指标体系，初步构建低碳城市发展评价指标体系。采用 DEL-PHI 分析法，把初步构建的指标体系向低碳、环保以及经济社会发展相关领域的专家征求意见，并利用相关统计方法，对指标体系中的指标进行相关、方差、极大值、极小值以及共线性、聚类等分析，形成低碳城市发展评价的综合指标体系。

表 1 - 1 低碳试点城市综合评价指标体系

一级	二级	三级	指标方向
低碳、环保、发展指数	低碳指数	单位 GDP 能耗（吨标准煤/万元）	-
		单位 GDP 碳排放强度（吨/万元）	-
		火力发电效率（%）	+
		供热效率（%）	+
		人均碳排放（吨）	-
		COD 排放强度（吨/万元）	-
		二氧化硫排放强度（吨/万元）	-
		氨氮排放强度（吨/万元）	-
	环保指数	生活垃圾无害化处理率（%）	+
		工业固体废物综合利用率（%）	+
		三废综合利用产品产值占 GDP 的比例（%）	+
		空气质量达标天数占全年比例（%）	+
		城镇生活污水处理率（%）	+
	经济社会发展指数	人均地区生产总值（元）	+
		第三产业增加值占 GDP 比重（%）	+
		人均期望寿命（岁）	+
		大专以上文化程度人口比例（%）	+

注：火力发电效率、供热效率、人均期望寿命均使用所在省份数据。

这一评价指标体系从低碳、环保、经济社会发展三个方面对试点城市的状况进行评价。低碳指数反映一个城市能源利用效率，评价的是城市的低碳发展状况；环保指数反映的是城市对生产、生活垃圾的处理和再利用情况，以及空气和水的质量情况，评价的是城市的环境保护状况；经济社会发展指数反映的是城市的经济发展水平，产业结构状况，教育、健康及人力资源状况，是对城市经济社会发展质量的综合性评价。

2. 评价方法

采用标准化系数法对指标体系中各项指标数据进行无量纲处理，采用熵值法对指标体系各项指标进行赋权。标准化的目的在于消除各指标量纲不同和量级差异的影响。对现有指标数据进行标准化处理即对统计过程进行描述。为使各项指标的权重能在复合系统中客观表达，本章采用熵值法对各项指标进行赋权。熵值法是用熵值来确定复合系统中各项指标的权重，根据客观社会、资源、生态与经济质量状况的原始信息载量的大小来确定指标的权重，通过这种指标变异度的研究分析各指标间的联系程度，这在一定程度上避免了主观因素带来的误差。通过对熵的计算确定权重，就是根据各项监测指标值的差异程度，来确定各指标的权重。当各评价对象的某项指标值相差较大时熵值较小，说明该指标提供的有效信息量较大，其权重也应较大；反之，若某项指标值相差较小，熵值较大，说明该指标提供的信息量较小，其权重也应较小。当各被评价对象的某项指标值完全相同时，熵值达到最大，这意味着该指标无有用信息，可以从评价指标体系中去除。

具体的处理方法为：

首先，对 m 个评价指标，n 个待评价城市的原始数据 $x_{ij}(i=1,\cdots,m;j=1,\cdots,n)$ 进行标准化处理为 y_{ij}。评价指标分为正向指标（指标值越大越好）和负向指标（指标值越小越好），对于正向指标：

$$y_{ij} = \frac{x_{ij} - \min\limits_{j} x_{ij}}{\max\limits_{j} x_{ij} - \min\limits_{j} x_{ij}}$$

对于负向指标：

$$y_{ij} = \frac{\max\limits_{j} x_{ij} - x_{ij}}{\max\limits_{j} x_{ij} - \min\limits_{j} x_{ij}}$$

在有 m 个评价指标，n 个被评价对象的评估中，第 i 个指标的熵定义为：

$$H_i = -k \sum_{j=1}^{n} f_{ij} \ln f_{ij}$$

其中，$f_{ij} = \dfrac{y_{ij}}{\sum\limits_{j=1}^{n} y_{ij}}$，$k = \dfrac{1}{\ln n}$，并且假设当 $f_{ij}=0$ 时，$f_{ij} \ln f_{ij} = 0$。

第 i 个指标的熵权定义为：

$$w_i = \frac{1 - H_j}{m - \sum_{j=1}^{m} H_j}, \left(\sum_{1}^{m} w_i = 1 \right)$$

3. 评价模型

（1）低碳指数。低碳指数评价模型表示为：

$$LCI_j = \sum_{i=1}^{m^{LC}} y_{ij}^{LC} \cdot w_i^{LC}$$

其中，LCI 为低碳指数，上标 LC 表示隶属低碳指数的评价指标，m 为指标数量，y_{ij}^{LC} 为标准化处理后城市 j 第 i 项指标的指标值，w_i^{LC} 为第 i 项指标的权重。LCI 反映的是一个城市低碳发展状况，指标区间是 $[0, 1]$，数值高说明该城市低碳发展状况较好。

（2）环保指数。环保指数评价模型表示为：

$$EPI_j = \sum_{i=1}^{m^{EP}} y_{ij}^{EP} \cdot w_i^{EP}$$

其中，EPI 为环保指数，上标 EP 表示隶属环保指数的评价指标，m 为指标数量，y_{ij}^{EP} 为标准化处理后城市 j 第 i 项指标的指标值，w_i^{EP} 为第 i 项指标的权重。EPI 反映的是一个城市环保发展状况，指标区间是 $[0, 1]$，数值高说明该城市环保发展状况较好。

（3）经济社会发展指数。经济社会发展指数评价模型表示为：

$$DI_j = \sum_{i=1}^{m^{D}} y_{ij}^{D} \cdot w_i^{D}$$

其中，DI 为经济社会发展指数，上标 D 表示隶属经济社会发展指数的评价指标，m 为指标数量，y_{ij}^{D} 为标准化处理后城市 j 第 i 项指标的指标值，w_i^{D} 为第 i 项指标的权重。DI 反映的是一个城市经济社会发展状况，指标区间是 $[0, 1]$，数值高说明该城市经济社会发展水平较高。

（4）低碳环保综合指数。低碳环保综合指数评价模型表示为：

$$SI_j = w_{LC} \cdot LCI_j + w_{EP} \cdot EPI_j$$

其中，SI 为低碳环保综合指数，w 为权重，仍采用熵值法赋权，且有 $w_{LC} + w_{EP} = 1$。由于低碳、环保两个目标均作为在发展中需要兼顾的问题，所以具有一定的相近性，故将这两个指数合成为一个新的指数，即低碳环保综合指数。该指数用来反映一个城市低碳、环保的综合发展状况，指数区间是 $[0, 1]$，数值高说明城市的低碳环保综合发展水平高。

二　实证分析

1. 数据来源

实证分析以当前公布的 35 个低碳试点城市为样本，选取截面数据对城市发展状况进行评价分析，根据数据可获得情况采用 2010—2011 年数据。数据来源为《中国城市统计年鉴 2011》、《中国城市统计年鉴 2012》、《中国环境年鉴 2011》、《中国 2010 年人口普查分县资料》、《中国区域经济统计年鉴 2012》以及相应城市的环境公报。对于个别城市无法获得的指标数据采取了替代、平滑等方法进行了数据的补充和修正。[①]

2. 评价结果

根据前述的评价指标体系及评价模型方法，本章研究首先得到的是 35 个低碳试点城市的四项评价结果，即低碳指数评价、环保指数评价、经济社会发展指数评价以及低碳环保综合指数评价。

（1）低碳指数评价。在 35 个低碳试点城市中，北京、深圳、镇江、广州、杭州、苏州、上海、温州等城市的低碳发展水平较高，低碳评价指数值在 0.8 以上；晋城、呼伦贝尔、济源、金昌低碳发展水平较低，低碳评价指数值在 0.4 以下。低碳指数的平均值为 0.63，中位数为 0.62，中位数城市为保定。具体分布情况见图 1-1。

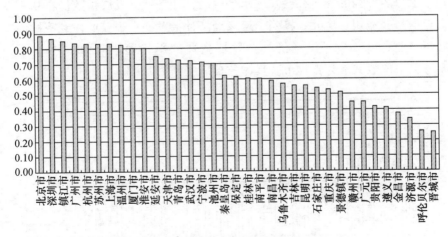

图 1-1　低碳试点城市低碳指数评价结果

---

① 济源市部分数据缺乏可获取的统计信息，对于效率类数据采用与之相近的焦作市数据替代。

（2）环保指数评价。在 35 个低碳试点城市中，景德镇、昆明、杭州、金昌、苏州、济源、晋城的环保发展水平较高，环保评价指数值在 0.7 以上；乌鲁木齐、南平、北京、呼伦贝尔环保指数较低，在 0.3 以下。环保指数的平均值为 0.53，中位数为 0.48，中位数城市为石家庄。具体分布情况见图 1－2。

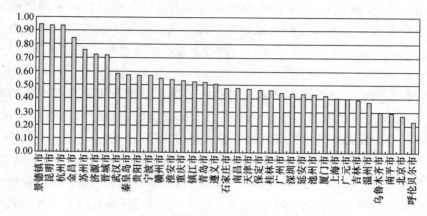

图 1－2 低碳试点城市环保指数评价结果

（3）经济社会发展指数评价。在 35 个低碳试点城市中，北京、广州、上海、深圳的经济社会发展水平较高，经济社会发展指数值在 0.7 以上；南平、池州、广元、赣州、遵义经济社会发展水平较低，经济社会发展指数值在 0.2 以下。经济社会发展指数的平均值为 0.38，中位数为0.31，中位数城市为吉林市。具体分布情况见图 1－3。

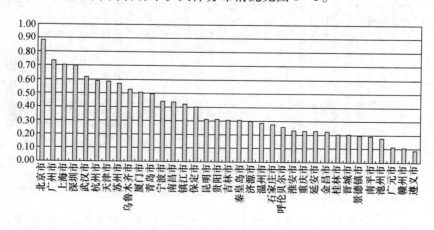

图 1－3 低碳试点城市经济社会发展指数评价结果

（4）低碳环保综合指数评价。在35个低碳试点城市中，杭州、苏州、昆明、景德镇的低碳环保综合水平较高，低碳环保综合指数值在0.7以上；贵阳、遵义、吉林、南平、广元、乌鲁木齐、呼伦贝尔等城市低碳环保综合指数较低，指数值在0.5以下。低碳环保综合指数的平均值为0.57，中位数为0.57，中位数城市为温州。具体分布情况见图1-4。

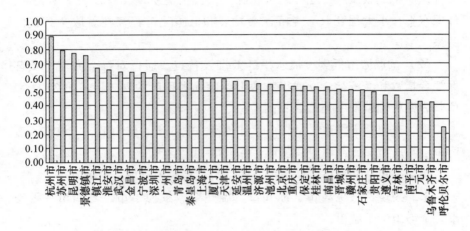

图1-4 低碳试点城市低碳环保综合指数评价结果

3. 结果分析

（1）城市经济社会发展水平与低碳环保的关系。从35个试点城市经济社会发展指数与低碳环保综合指数的散点图可以看出，经济社会发展水平与低碳环保水平有较强的正相关关系，图1-5中的趋势线表征了这种关系的总体趋势。这意味着经济社会发展程度较高的城市，通常具有较好的低碳环保水平——至少在2010—2011年，也就是低碳试点城市建设的初期阶段，这是试点城市普遍体现出的基本特征。

但也有一些城市较为明显地偏离这种趋势，例如北京市的经济社会发展水平过度领先于低碳环保水平，或者说低碳环保水平在经济社会发展中出现了严重滞后；类似的还有乌鲁木齐和呼伦贝尔等城市。而另一个方面，杭州、苏州等城市的低碳环保水平领先于经济社会发展水平，说明城市发展面临的低碳、环境方面的约束较小。

通过计算各个指标间的相关系数和协方差可以对指标间的相关程度进

行初步的判断。经过计算，①与低碳指数正相关程度高的指数外指标①主要包括：人均地区生产总值、所在省人均预期寿命以及工业固体废物综合利用率等指标。②与环保指数存在正相关的指数外指标主要包括：COD排放强度和人均地区生产总值，但是相关程度不高，大部分指标与之呈负相关关系。③与发展指数正相关程度高的指数外指标主要包括：COD排放强度、二氧化硫排放强度、氨氮排放强度等指标。以上的相关性特征进一步说明了低碳发展与地区经济状况、人民生活质量具有较强正相关性，环保水平在很大程度上与经济社会发展和低碳化进程存在着取舍替代的关系。

（2）试点城市低碳发展水平的差别及特点。通过对每个城市低碳环保综合指数和经济社会发展指数两个维度优劣程度的划分，可将35个城市归为四种低碳发展类型（见图1-6）。

第一类包括天津市、上海市、苏州市、镇江市、杭州市、宁波市、厦门市、青岛市、武汉市、广州市、深圳市11个城市；

第二类包括北京市、保定市、南昌市、乌鲁木齐市4个城市；

第三类包括秦皇岛市、淮安市、温州市、景德镇市、昆明市、延安市、金昌市7个城市；

第四类包括石家庄市、晋城市、呼伦贝尔市、吉林市、池州市、南平市、赣州市、桂林市、重庆市、广元市、贵阳市、遵义市、济源市13个城市。

第一类城市的特点是：经济社会发展较为成熟，低碳环保基础较好。这类城市经济发展水平和低碳环保水平均较高，属于低碳试点城市中在经济和低碳环保方面都已具备一定基础的城市。这类城市值得持续关注的低碳发展焦点在于如何在保持经济和低碳环保均衡发展的前提下，全面提升发展质量，实践并总结出适宜推广和借鉴的模式。

第二类城市的特点是：经济社会发展较为成熟，低碳环保基础较弱。这类城市的发展水平较高，相对来说，在低碳环保方面仍有较大的提升空间。作为低碳试点城市，这类城市在发展中如何提升低碳环保水平是值得关注的问题。

第三类城市的特点是：经济社会发展相对滞后，低碳环保基础较好。这类城市的发展水平还较低，低碳环保指数较高。如何在经济社会不断

---

① 即不包含在低碳指数二级指标下的三级指标。

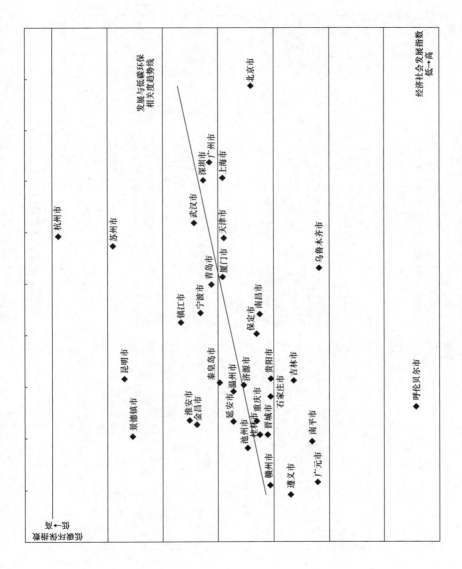

图1-5　试点城市低碳环保综合指数和经济社会发展指数散点图

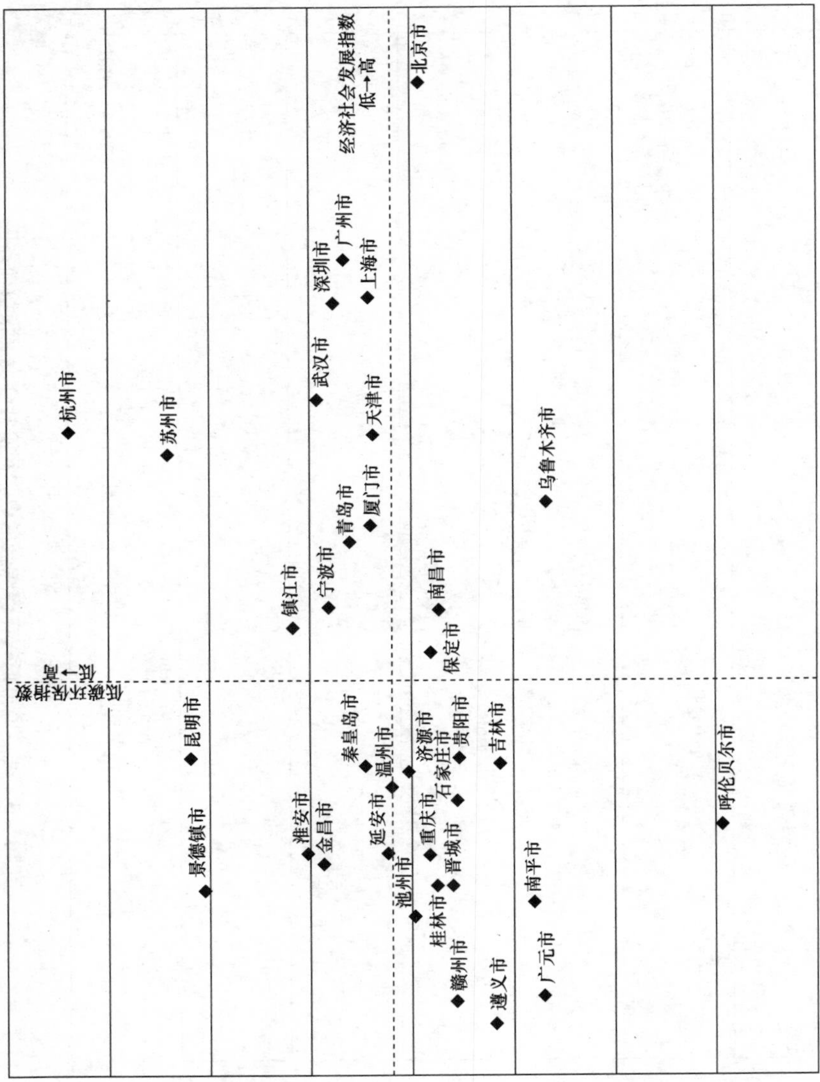

图 1－6 城市低碳环保发展指数象限图

发展的过程中维持低碳环保水平，是这类城市应着重关注的问题。第三类城市可能存在的重要问题是：这类城市可能因为经济社会发展还不够充分，因此表现出低碳环保局面良好，但随着发展阶段的演进，有可能出现低碳环保水平变差的情况。如何避免或减弱这种情况的发生和影响，是这类城市低碳发展中面临的重要问题。

第四类城市的特点是：经济社会发展相对滞后，低碳环保基础较弱。这类城市的发展和低碳环保水平均有一定的提升空间。如何结合自身资源禀赋和产业结构特点选取适合的发展模式是这类城市战略选择中的重大问题。面临着经济社会发展和提升低碳环保水平的双重任务，对这类城市有很大的挑战。

（3）试点城市的城市规模及与低碳发展的关系。按照目前国内城市规模划分标准，巨大（超级）城市的城市人口在1000万及以上；特大城市的城市人口在300万—1000万，中国这类城市数量较多；大城市的城市人口在100万—300万；中等城市的城市人口在30万—100万，此类城市将是中国城市的主体，大多数的地级市和经济较好的县级市都属于中等城市；小城市的人口在5万—30万，这类城市主要是县级城市和一些经济强镇。当然，西部地区人口稀少的地区，属于县级政府驻地的乡镇，城市人口达不到5万的，可按小城市管理。

本章将35个低碳试点城市按照城市规模①划分为超级城市、特大城市、大城市和中等城市（见表1-2）。根据划分结果，35个试点城市以特大型城市居多，超级城市和大城市也有一定数量，中等城市只有2个，没有小城市。

表1-2　　　　　　　　试点城市按城市规模划分

分类	城市
超级城市	重庆市、上海市、北京市、天津市、保定市、广州市、石家庄市
特大城市	苏州市、武汉市、深圳市、青岛市、杭州市、赣州市、温州市、宁波市、昆明市、遵义市、南昌市、桂林市、淮安市、吉林市、贵阳市、厦门市、镇江市、乌鲁木齐市
大城市	秦皇岛市、南平市、广元市、呼伦贝尔市、晋城市、延安市、景德镇市、池州市
中等城市	济源市、金昌市

---

① 各城市人口数据来自第六次人口普查（2010年）数据。

根据城市规模划分，超级城市、特大城市、大城市、中等城市这四类城市规模依次变小，在经济社会发展和低碳环保方面也呈现出一定的规律性：①城市经济社会发展以及低碳水平与城市规模总体上呈正相关关系，即城市规模越大，城市的经济社会发展水平越高，低碳水平也较高；②城市规模与环保指数具有一定的负相关关系，超级城市的环保水平整体偏低，特大型以及大型城市有所提高，中等城市的环保指数较高（见图 1 - 7）。

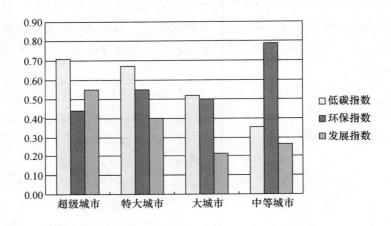

图 1 - 7　城市规模与低碳、环保、发展的相关性

注：按照城市规模分类，计算各类指数平均值。

上述两个基本特点说明了城市向大规模发展，会带来经济水平和教育、健康、人力资源水平的提高，第三产业也得到较快发展，能源效率和低碳程度普遍得到提高，但是在现有发展模式下环保会成为普遍存在的问题。

各城市的具体状态可以通过图 1 - 8 来描述，图中黑点的大小反映发展指数的大小，由于发展指数与城市规模间具有较好的正相关关系，因此黑点大小也在一定程度上反映着城市的规模。从该图中也可以看出，城市的人口规模，或者说经济社会发展状况与低碳、环保之间呈现出了随着黑点变大，散点逐渐向右下方（即低碳发展程度高、环保发展程度低的方向）会聚的倾向。假定自然地理等条件相同，这实际上反映出了城市发展过程中，经济社会和低碳环保自然发展的趋向。这也印证了上述观点，说明在城市向大型化发展的过程中，发展会向着低碳化演进，但是在环保方面会有所损失。

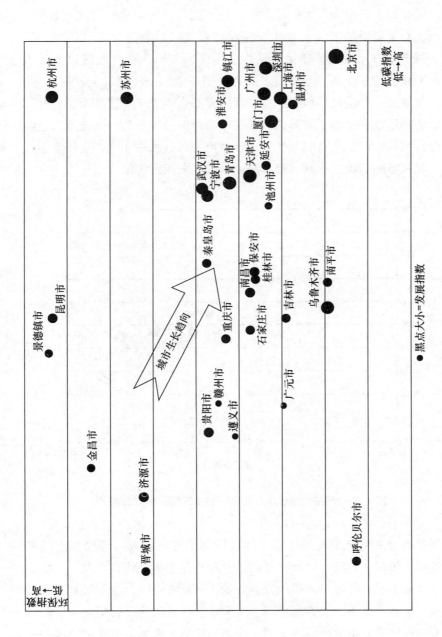

图1-8　试点城市低碳、环保、发展三维度散点分布

（4）不同规模城市低碳与环保发展的规律性。图1-9、图1-10分别显示的是超级城市和特大型城市的发展、低碳、环保的状况，从图中可以看出，对于超级城市（包括4个直辖市以及人口超过千万的广州、石家庄、保定3市）来说，环保水平普遍偏低，与经济社会发展以及低碳发展水平相关关系较弱；而低碳水平则较明显依赖于经济社会发展水平。例如，北京经济社会发展程度居前，低碳发展也领先于其他城市，另外对于能源的利用效率也居于前列，但在关键的环保指标，如空气质量、三废的综合利用等方面，北京明显处于试点城市中较低水平，这一定程度上也是因为北京市的容量已达到饱和，环境承载能力接近极限。

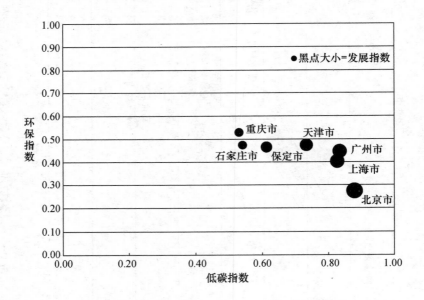

图1-9　超级城市低碳、环保、发展三维度散点分布

而对于特大型城市来说，上述规律性有所弱化。人口规模相近的苏州、武汉、深圳、青岛、杭州在低碳水平和环保水平上均存在差异，特别是在环保水平上，各城市环保指数差异较大。即便经济社会发展程度相近的苏州、杭州、青岛，或者是昆明、贵阳、吉林、秦皇岛这组城市，都在环保上表现迥异。由此也说明了对于我国城市按规模划分的主要类型——特大型城市，环保的表现不等同于低碳水平，存在着提升空间，并且有较大的弹性。如苏州、杭州的共同特点是在生活垃圾的无害化处理率以及工

业固体废物综合利用率上处于各城市的前列，而昆明在三废综合利用产值水平和空气质量方面具有优势。

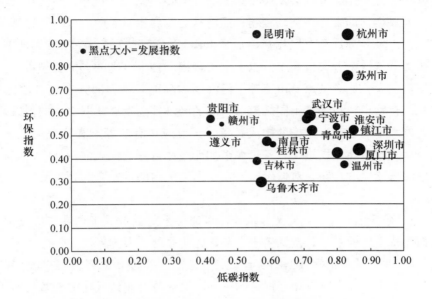

图1-10 特大城市低碳、环保、发展三维度散点分布

第三节 关于低碳试点城市的研究
结论和政策建议

1. 低碳试点城市在地域范围上具有广泛性，在城市类型上具有一定代表性，应结合具体实际，探索有特色的低碳发展之路

国家在2010年和2012年先后确定了两批低碳试点城市，在空间分布上，试点范围已基本在全国范围铺开。当前，大陆31个省市自治区当中除湖南、宁夏、西藏和青海以外，每个地区均有低碳试点，初步形成全面推进的局面。与第一批试点相比，第二批试点大幅增加了试点城市而不是省份，对试点省区和城市的实施方案也提出了更细致的要求，这体现出我国的低碳试点正在向更加精细化的方向发展。

本章进行对比的35个低碳试点城市2010—2011年的发展状况，是对低碳试点城市发展基础和初步发展情况的评价和判断。根据低碳环保综合情况以及经济社会发展情况两个维度分析，可以将 35 个城市划分为四种类型——分别是经济社会发展较为成熟，低碳环保基础较好；经济社会发展较为成熟，低碳环保基础较弱；经济社会发展相对滞后，低碳环保基础较好；以及经济社会发展相对滞后，低碳环保基础较弱。在城市规模上，也包含了从数十万人口到千万以上人口规模的各个级别的大中型城市。

可以说，低碳试点城市覆盖了沿海及内陆地区绝大部分省（自治区）和全部直辖市，包含了不同规模、不同的经济社会发展状况、不同低碳环保发展水平的城市。这样的构成具备了试点应具有的探索和代表的意义。在今后的城市建设发展中，各个城市如能结合自身的代表性特征，走出有特色的低碳发展之路，对低碳发展在全国范围内的推行会起到重要的促进作用。

2. 处理好经济社会发展与低碳环保的关系是低碳城市建设中的关键，在低碳城市建设中应认清低碳水平与环保水平的不同步问题

从 35 个城市指标数据的统计规律来看，一个城市的经济社会发展和低碳环保水平提升既有相互促进的一面，又有相互制约且存在着替代性关系的一面。总体来说，低碳环保的综合成绩是与城市经济社会水平发展相适应的，较高的发展阶段往往在低碳环保综合水平上也较高。但是从具体指标看，经济发展与能源效率提高有着促进关系，经济发展也会使排放强度降低，但在废弃物排放和环境质量方面存在着难以避免的负面影响。低碳城市建设很重要的一点就是找到破解发展与环境间矛盾的方法，在经济社会全面发展的同时达到碳排放降低、环境友好的目标。

低碳发展、环境保护两个方面具有一定的共通性，但在发展中，这两个目标并不是同步的，也不能够等同。低碳水平很可能由于经济社会发展而得到提高，但环保水平与经济发展的相关性就要弱很多，有时甚至是相背离的。所以对于环保方面的建设更多需要加大投入力度来推行，并且要在明确环保标准的基础上严格监督和执行，不能寄希望单纯通过发展就能解决环保的问题。特别是对于超级城市，环保有其固有难度，相对于特大型、大中型城市来说，提升环保水平可能更具长期性和艰巨性。

3. 不同类型城市面临的重点任务不尽相同，模式创新是试点城市需要着力突破的问题

由于 35 个试点城市规模不同、基础不同，低碳发展的模式不可能完全相同，大城市的经验未必可以完全照搬到小城市，低碳城市的发展之路应该从城市自身所处的自然地理条件、经济社会发展水平、产业结构条件、居民生活习惯等方面摸索自己的道路，并在认清城市间共性的基础上学习先进城市的经验。

例如，本章评价了当前试点城市在成为试点之初的发展基础，可以明显看到在经济社会发展的成熟度方面，以及在当前所具有的低碳环保基础方面，各个城市是有差别的。有的城市适宜均衡发展，全面提高；而有的城市发展重点要倾向低碳环保水平提高，适当控制发展速度；还有的城市需要在大力推动经济发展的同时处理好低碳环保约束的问题。发展出具有自身特色的模式不仅是国家对于试点城市的要求，更是各个城市结合自身发展基础所应做的选择和突破。

4. 做好现有城市的低碳升级改造，需要在统筹规划的前提下，调整产业体系，推行低碳的生产、生活方式

低碳城市建设从实践上可以分为新建地区的生态城市实践和既有城市的低碳升级改造。低碳试点城市属于后一种类型，即根据当地的现状发展水平和特色，兼顾低成本高效益的原则，利用适宜的低碳生态技术，逐渐改变原有不合理的生活方式和发展方式，实现经济、社会、环境协调可持续发展。相对于新建地区的生态城市实践，升级改造需要保证长期一贯的积极引导，也需要一定程度的政策扶持。在升级改造的过程中，除了设定碳排放的目标外，合理的产业规划，控制污染物排放，对废弃物进行综合利用，绿色交通、绿色建筑、绿色消费等手段，都是助力低碳城市建设的手段。特别是对于经济社会发展水平还不够高的城市，不应局限于碳排放的单一目标，而应在提高能效、减少污染排放、注重环境保护等多方面协同发力。

附表 1-1　　　　　　　　　低碳试点城市评价结果

编号	城市	低碳指数	环保指数	发展指数	低碳环保综合指数
1	北京市	0.88	0.27	0.89	0.54
2	天津市	0.73	0.48	0.59	0.59

续表

编号	城市	低碳指数	环保指数	发展指数	低碳环保综合指数
3	石家庄市	0.54	0.48	0.28	0.51
4	秦皇岛市	0.63	0.57	0.31	0.60
5	保定市	0.62	0.47	0.40	0.53
6	晋城市	0.25	0.72	0.21	0.51
7	呼伦贝尔市	0.26	0.23	0.26	0.24
8	吉林市	0.56	0.39	0.31	0.46
9	上海市	0.83	0.40	0.71	0.59
10	苏州市	0.83	0.76	0.57	0.79
11	淮安市	0.80	0.54	0.23	0.65
12	镇江市	0.85	0.53	0.42	0.67
13	杭州市	0.83	0.94	0.59	0.89
14	宁波市	0.71	0.57	0.44	0.63
15	温州市	0.82	0.38	0.29	0.57
16	池州市	0.70	0.43	0.18	0.55
17	厦门市	0.80	0.43	0.51	0.59
18	南平市	0.60	0.30	0.19	0.43
19	南昌市	0.59	0.48	0.44	0.53
20	景德镇市	0.51	0.94	0.20	0.76
21	赣州市	0.45	0.55	0.11	0.51
22	青岛市	0.73	0.52	0.50	0.61
23	武汉市	0.72	0.59	0.62	0.64
24	广州市	0.83	0.44	0.74	0.62
25	深圳市	0.87	0.44	0.70	0.63
26	桂林市	0.61	0.46	0.21	0.53
27	重庆市	0.53	0.53	0.23	0.53
28	广元市	0.45	0.40	0.12	0.42
29	贵阳市	0.42	0.57	0.31	0.50
30	遵义市	0.41	0.51	0.09	0.47
31	昆明市	0.56	0.94	0.31	0.77
32	延安市	0.75	0.44	0.23	0.57
33	金昌市	0.37	0.85	0.23	0.64
34	乌鲁木齐市	0.57	0.30	0.53	0.42
35	济源市	0.34	0.72	0.30	0.55

参考文献

［1］ 安果、李青：《城市低碳发展的熵值——灰色系统评判模型》，《统计与决策》2011 年第 19 期。

［2］ 陈达：《中国低碳城市建设研究述评》，《河北学刊》2011 年第 3 期。

［3］ 陈桃、董素琴：《广元打造低碳城市 SWOT 分析及其策略》，《特区经济》2012 年第 11 期。

［4］ 慈福义：《提升城市低碳竞争力的对策》，《经济纵横》2012 年第 9 期。

［5］ 付丽娜、贺灵：《基于灰色关联分析的低碳生态城市评价研究》，《湘潭大学学报》2013 年第 3 期。

［6］ 付允、刘怡君、汪云林：《低碳城市的评价方法与支撑体系研究》，《中国人口资源与环境》2010 年第 8 期。

［7］ 何宜庆、文静、袁莹莹：《基于因子分析的江西省城市低碳经济发展评价分析》，《企业经济》2011 年第 12 期。

［8］ 洪群联、李华：《我国低碳城市发展的思路》，《宏观经济管理》2011 年第 10 期。

［9］ 蒋惠琴、张丽丽：《低碳城市综合评价指标体系研究》，《经营与管理》2012 年第 11 期。

［10］ 李维维、庄贵阳：《掘金低碳城市，构筑可持续的未来》，《低碳世界》2013 年第 10 期。

［11］ 李云燕：《低碳城市的评价方法与实施途径》，《宏观经济管理》2011 年第 3 期。

［12］ 连玉明：《中国大城市低碳发展水平评估与实证分析》，《经济学家》2012 年第 5 期。

［13］ 刘蓓琳、苏卉：《城市低碳经济评价理论模型构建研究》，《商业时代》2012 年第 19 期。

［14］ 刘翠莲、梅柠：《城市公共交通的绿色低碳研究》，《特区经济》2012 年第 10 期。

［15］ 马军、周琳、李薇：《城市低碳经济评价指标体系构建——以东部

沿海 6 省市低碳发展现状为例》，《科技进步与对策》2010 年第 22 期。

［16］秦耀辰、张丽君、鲁丰先等：《国外低碳城市研究进展》，《地理科学进展》2010 年第 12 期。

［17］谈琦：《低碳城市评价指标体系构建及实证研究——以南京、上海动态对比为例》，《生态经济》2011 年第 12 期。

［18］文辉、倪碧野、白玮：《中国低碳生态城市发展现状、问题及建议》，《中国经贸导刊》2012 年第 31 期。

［19］杨艳芳、李慧凤：《北京市低碳城市发展评价指标体系研究》，《科技管理研究》2012 年第 15 期。

［20］张贡生、李伯德：《低碳城市：一个关于国内文献的综述》，《首都经济贸易大学学报》2011 年第 1 期。

［21］章立东：《低碳城市建设的困境与对策》，《企业经济》2013 年第 2 期。

［22］郑艳、王文军、潘家华：《低碳韧性城市：理念、途径与政策选择》，《城市发展研究》2013 年第 3 期。

［23］周振娥、李华：《低碳城市发展的国际借鉴及启示》，《商业时代》2013 年第 9 期。

［24］朱婧、刘学敏、姚娜：《低碳城市评价指标体系研究进展》，《经济研究参考》2013 年第 14 期。

［25］朱守先、梁本凡：《中国城市低碳发展评价综合指标构建与应用》，《城市发展研究》2012 年第 9 期。

第二章　北京低碳城市建设调研报告

2009年北京市正式提出将发展绿色经济、循环经济，建设低碳城市定为首都未来发展的战略方向。为此，北京市委市政府在工业、交通、建筑、森林碳汇等多个领域出台了建设低碳城市的行动和措施，着手打造世界级低碳城市且取得了显著成效。在此期间，实现了以年均3.9%的低能耗增长，支撑11%的经济较快发展，年平均碳排放强度下降7%，成为全国碳排放强度最低的省市。然而，在取得成效的同时，北京市低碳城市建设也存在一些问题，面临的形势也发生了变化。例如，随着北京产业结构趋向服务化和高端化，"以退促降"空间变窄，如何提升"内涵促降"的能力是北京市低碳城市建设面临的一大挑战。为此本章总结评价了北京市低碳城市建设的具体实践以及取得的成效，并分析了北京市存在的问题与面临的挑战，在此基础上对北京低碳城市建设提出了几点政策建议。

第一节　低碳城市内涵与评价方法

一　低碳城市的内涵

为应对气候变暖，21世纪初首次提出了低碳经济的概念，即最大限度地减少煤炭等化石能源的消耗，建立低能耗、低排放为基础的绿色经济。近几年来，低碳经济不仅正在成为理论研究与政策讨论的热点领域，不少城市也在积极展开建设低碳城市的实践。从低碳经济的内涵来看，低碳经济既不是只要发展而不要低碳，也不是为了达到低碳目标而以损失经济发展为代价（诸大建，2009）。

低碳城市的概念则是从低碳经济的实践中衍生而来的。在所有碳排放中，城市的碳排放量超过排放总量的80%，低碳城市建设是节能减排和发展低碳经济的重要载体。对于低碳城市的内涵，国内学者从不同的学科角度进行了解释和界定。有学者认为，低碳城市就是在城市实行低碳经济，包括低碳生产和低碳消费，建立资源节约型、环境友好型社会，建设一个良性的可持续的能源生态体系（夏堃堡，2008）；有的学者认为，低碳城市是城市经济以低碳产业和低碳化生产为主导模式，市民以低碳生活为理念和行为特征，政府以低碳社会建设为蓝图的城市（戴奕欣，2009）。低碳城市应当以清洁发展、高效发展、低碳发展和可持续发展为目标，发展低碳经济，改变大量生产、大量消费和大量废弃的社会经济运行模式，同时改变生活方式、优化能源结构，节能减排，循环利用，最大限度减少温室气体排放（付允、汪云林，2008）。事实上，低碳城市不是简单地降低城市发展中的碳排放量，重要的是城市建设与发展进程中，经济、社会文化及城市空间环境向一种低碳化的方式转变。从宏观层面来看，城市的经济增长与能源消耗增长及碳排放绝对或相对脱钩（如图 2 - 1 所示）。从微观上的物质流过程来看，低碳经济包括三个方面的经济活动：一是可再生能源替代化石能源；二是提高工业、建筑、交通等领域能源效率；三是通过森林碳汇减排（诸大建，2011）。

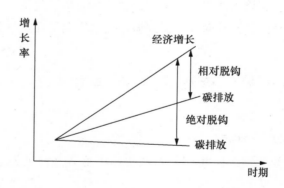

图 2 - 1　相对脱钩与绝对脱钩示意图

二　低碳城市的评价方法

国内外许多学者对如何评价低碳城市做了大量的理论研究与实证分析。在实证分析中，大多数学者主要是构建指标体系进行评价。还有一些学者从城市能耗排放构成角度对低碳城市发展进行评价，这种方法是从温室气体排放源头进行监测，并对城市经济活动过程中产生的碳排放分领域、分部门进行综合统计，从而评估低碳城市发展所处阶段。但是，后者缺乏统一的评价标准。

在构建指标体系的研究中，多数学者以可持续发展理论、低碳经济理论为基础，遵循可持续发展的基本内涵和机制框架，构建评价的指标体系，对城市发展阶段进行评价。例如，中国社会科学院提出的低碳经济（城市）综合评价指标体系。也有些学者以"脱钩"理论为基础，例如，经合组织建立的针对低碳城市建设的"脱钩"指标体系。所谓"脱钩"，是指如果碳排放增长率与 GDP 增长率呈现不平行的现象，即称经济体系发生了脱钩现象。不平行又分为两种情况，如果 GDP 增长率高于二氧化碳排放增长率，称为相对脱钩；如果经济驱动力呈现稳定增长，而二氧化碳排放量反而减少，称为绝对脱钩。"脱钩"理论表达了经济发展与资源环境消耗的内在联系。相比于其他的可持续发展评价模式，"脱钩"评价模式对当前我国提出的单位 GDP 减排指标，更具有针对中国国情的指导意义。

第二节　北京市建设低碳城市的实践

2009 年年底闭幕的北京市委第七次全体会议决议指出，从建设世界城市的高度，审视首都的发展建设，提出要将发展绿色经济、循环经济，建设低碳城市作为首都未来发展的战略方向。随后相继制定了"科技北京"行动计划和"绿色北京"行动计划。同时积极开展国际合作，加快世界级低碳示范城市的建设。2012 年 11 月，国家发改委《关于开展第二批低碳省区和低碳城市试点工作的通知》，又确立了包括北京在内的 29 个城市和省区成为我国第二批低碳试点。在此背景下，北京市委市政府在工业、交通、建筑、森林碳汇等多个领域出台了行动计划和政策措施，着手打造世界级低碳城市。

一　编制规划方案，引领低碳城市建设

在《中国应对气候变化国家方案》（以下简称《方案》）公布之后，全国31个省、自治区、直辖市均已完成省级应对气候变化方案的编制工作。2011 年 8 月，北京市发布了《"十二五"时期节能降耗及应对气候变化规划》（以下简称《规划》）。这一《规划》既是对《方案》的对接，

也是对"十二五"规划中有关节能减碳的进一步落实，对北京低碳城市建设具有现实指导的意义。

《规划》中提出节能减排的总体目标，到 2015 年，能效水平显著提升，碳排放强度进一步下降，主要行业能源利用效率接近或达到世界先进水平，能源消费总量得到合理控制，节能减排长效工作机制进一步完善，适应气候变化能力显著增强，进一步激发全社会共同参与的内生动力，初步形成绿色低碳发展方式，使北京成为节能低碳技术"创新源"、先进标准创制"引领者"、市场服务资源"集聚地"和节能低碳发展配套政策改革"试验区"。作为北京市低碳城市建设的纲领性规划，《规划》从着力提升内涵促降能力、深度挖掘结构促降潜力、系统提升重点领域能效、提升其他领域减碳能力、夯实节能减碳基础工作等方面提出了北京低碳城市建设的几大重点工作。

表 2 - 1   北京市《"十二五"时期节能降耗及应对气候变化规划》具体目标

指标	规划目标
能耗强度	万元地区生产总值能耗比 2010 年下降 17%
碳排放强度	万元地区生产总值二氧化碳排放比 2010 年下降 18%
能源结构	优质能源消费比重达到 80% 以上，其中天然气比重超过 20%；新能源和可再生能源占能源总消费的比重力争达到 6% 左右
工业碳排放总量	工业生产过程二氧化碳排放控制在 2010 年水平
林业碳汇	森林覆盖率达到 40%，林木绿化率达到 57%，碳储量增加 100 万吨

随后，北京市政府又陆续发布了《北京市"十二五"时期科技北京发展建设规划》、《北京市"十二五"时期绿色北京发展建设规划》、《北京市"十二五"时期能源发展建设规划》、《北京市"十二五"时期新能源和可再生能源发展规划》、《北京市"十二五"节能减排全民行动计划》、《北京市 2013 年农村地区"减煤换煤、清洁空气"行动实施方案》、《北京市 2013—2017 年清洁空气行动计划》、《北京市清洁空气行动计划(2011—2015 年大气污染控制措施)》等一系列规划方案。从科技、能源、宣传等多个方面提出了建设低碳城市的规划和行动。

表 2 - 2　　　　近年来北京市低碳城市建设的规划与主要行动方案

规划名称	规划目标和措施
《北京市"十二五"时期科技北京发展建设规划》	①低碳技术开发与推广。开展城市级热、电、气、煤高效清洁利用、联调联供及优化运行研究，推广太阳能、浅层地能等新能源供热、多热源联网、锅炉节能、热计量、规模化低谷电蓄能等高效清洁技术。推进稀土高效节能电机、节能水泵风机、高效换热器等通用设备的开发与应用。开展高耗能领域先进节能工艺、能源高效利用技术和低氮燃烧技术应用与示范，推动能源管理中心建设。开展低碳工业园区建设，推广流程能耗在线监测与过程优化技术。②低碳体系研究与示范区建设。开展低碳北京建设技术发展路线、碳排放指标、评价考核体系、低碳规划体系、建设模式与路径等研究。支持延庆、通州新城等重点区域的低碳建设。推进西城、怀柔、石景山等可持续发展实验区的低碳发展，集成智能电（微）网、新能源利用、建筑节能、绿色交通、水资源高效利用及废弃物综合利用等先进适用技术，建设融低碳技术、低碳生活于一体的低碳示范区
《北京市"十二五"时期绿色北京发展建设规划》	①着力打造绿色生产体系，构筑绿色经济新格局。一是优化城市功能布局，降低城市系统消耗。二是提升产业发展质量，形成内涵增长模式：深度优化调整产业结构，优先发展高附加值型、生态友好型、节水节能型产业，构建高端低耗产业结构，按照首都产业功能定位的要求，适时修订产业结构、调整指导目录，严格控制新建产能过剩和"两高一资"项目。三是深入调整能源结构，促进清洁低碳转型：着力控制煤炭消费总量；推动天然气利用实现跨越式发展；加快推广应用可再生能源；试点建设智能电网。②努力构建绿色消费体系引领生态文明新风尚。一是全面推广绿色建筑，建设生态居所：积极推广绿色建筑，深入推进既有建筑节能改造。二是优化城市交通网络，扩大绿色出行：大力发展城市轨道交通，鼓励使用绿色交通工具出行
《北京市"十二五"时期能源发展建设规划》	①规划目标：2015 年全市能源消费总量控制在 9000 万吨标准煤左右。到 2015 年，清洁能源消费比重达到 80% 以上，其中天然气比重超过 20%；煤炭消费总量控制在 2000 万吨以内，五环路内基本实现无煤化；新能源和可再生能源占能源消费的比重力争达到 6% 左右。到 2015 年，全市万元 GDP 能耗比 2010 年下降 17%，节能减排工作继续走在全国前列；万元 GDP 二氧化碳排放强度比 2010 年下降 18%。②加快能源结构调整，实现清洁转型：实现天然气利用跨越式发展，大力削减煤炭消费总量，加快新能源和可再生能源开发利用，加快传统能源产业转型升级。③发展新能源新技术，推动产业升级：科技创新带动产业高端发展，开发利用规模和水平实现双提升。④打造区域能源体系，提升发展品质：引领能源高端利用，建设低碳生态的区域能源系统。⑤控制总量、提升能效，促进绿色宜居：建立能源消费总量约束机制，加快淘汰落后产能，加强能源系统节能改造，推进重点领域节能

规划名称	规划目标和措施
《北京市"十二五"时期新能源和可再生能源发展规划》	①利用总量目标：到2015年，新能源和可再生能源开发利用总量为550万吨标准煤，占全市能源消费总量的比重力争达到6%左右。其中：太阳能光伏发电装机容量达到25万千瓦；太阳能热水系统集热器利用面积1050万平方米，新增450万平方米。北京市地热、热泵类供暖面积达到5000万平方米，新增2500万平方米。生物质发电装机容量达到20万千瓦，新增17万千瓦；年产沼气总量达3600万立方米，新增1800万立方米；生物质燃料50万吨标准煤。风力发电装机容量达到30万千瓦，新增装机容量15万千瓦。②推进十百千万新能源项目建设：十万吨生物质燃料工程，十五万千瓦风力发电工程，二十万千瓦生物质发电工程，二十五万千瓦太阳能发电工程，百万平方米地热梯级利用工程，千万平方米地源热泵综合应用工程，千万平方米光热利用工程，千万立方米沼气区域联供工程，万辆纯电动车推广工程
《北京市"十二五"节能减排全民行动计划》	①行动目标：到2015年，公众节能减排理念逐步深入人心，企业生产方式更加集约高效，市民生活方式更加绿色环保，全民参与和社会监督机制进一步完善，全社会节能减排的科学素养和能力显著提升。②集中开展五大主题活动：科普知识主题教育活动，节能减排主题宣传活动，行为模式主题推广活动，技术创新主题实践活动，先进典范主题创建活动。③深入开展十大领域节能减排行动：家庭社区节能减排行动，政府机构节能减排行动，学校节能减排行动，企业和园区节能减排行动，农村节能减排行动，宾馆饭店节能减排行动，商场超市节能减排行动，休闲场所节能减排行动，建设工地节能减排行动，交通节能减排行动
《北京市清洁空气行动计划（2011—2015年大气污染控制措施）》	①构建绿色能源体系。进一步提高天然气等清洁能源在能源结构中的比重，减少煤炭消费量。到2015年，全市燃煤总量控制在2000万吨以下，天然气在能源消费总量中的比重达到20%。新建项目原则采用天然气、电等清洁能源，不再新建、扩建使用煤、重油和渣油等高污染燃料的建设项目。②燃煤污染治理工程。推进四大燃气热电中心建设。对现有燃煤电厂实施清洁能源改造，实施燃煤锅炉改用清洁能源工程。2015年底前，城六区基本实现无燃煤，加快推进20蒸吨以上及部分分散燃煤锅炉改用清洁能源工作。远郊区县具备天然气等清洁能源供应条件的地区，燃煤锅炉逐步改用清洁能源，国家级与市级工业开发区、园区必须改用清洁能源供热；无管道天然气供应条件的地区，鼓励常年运行的燃煤设施改用液化石油气、压缩天然气或电等清洁能源
《北京市2013—2017年清洁空气行动计划》	八大污染减排工程：源头控制减排工程，能源结构调整减排工程，机动车结构调整减排工程，产业结构优化减排工程，末端污染治理减排工程，城市精细化管理减排工程，生态环境建设减排工程，空气重污染应急减排工程

二　培育低碳产业，打造低碳经济

"十一五"以来，北京市进一步明确高端产业的发展思路，把发展的重点放在推动高新技术产业、现代服务业、生产性服务业和文化创意产业上。加强中关村、北京商务中心区等高端产业功能区、文化创意产业聚集区以及金融后台服务区的建设。2012年，全市第三产业比重已经达到76.5%，形成了以服务业为主导的产业发展格局，聚集了一大批自主创新资源，提高了区域自主创新能力。2012年，北京市碳排放强度同比下降了7个百分点，工业领域碳排放强度则下降了9.6个百分点。

1. 支持现代服务业

北京市在"十二五"规划中提出要深度推进产业升级，坚持高端、高效、高辐射的产业发展方向，以提升产业素质为核心，着力打造"北京服务"、"北京创造"品牌，显著增强首都经济的竞争力和影响力。坚持优化一产、做强二产、做大三产，推动产业融合发展，构建首都现代产业体系。

在"十一五"、"十二五"规划的基础上，北京市政府以及有关职能部门为促进现代服务业的发展，制定了一系列鼓励措施支持现代服务业的发展。2007年7月，北京市根据《国务院关于印发节能减排综合性工作方案的通知》（国发〔2007〕15号）部署，结合北京市实际，制定了《北京市节能减排综合性工作方案》（以下简称《方案》）。《方案》中明确提出发展现代服务业的具体目标，到2010年，服务业增加值占地区生产总值的比重达到72%左右，其中现代服务业和新兴服务业比重超过50%，优势服务业规模明显扩大，形成一批高端、高效、高辐射力的现代服务业产业群体。全面实施服务业"四三三"战略，大力发展金融、信息、文化创意、旅游会展四大优势服务业，着力培育科技研发、商务服务、体育休闲三大新兴服务业，规范提升交通物流、商贸服务、房地产三大基础服务业。2007年，北京市全年安排中关村科技园区发展专项资金43.6亿元，发挥中关村科技园区在首都创新体系中的龙头带动作用，支持首都自主创新战略，还设立5亿元专项资金，支持文化创意和体育产业发展，培育首都新的经济增长点。

2011年，北京市财政局关于印发《中关村国家自主创新示范区现代服务业试点扶持资金管理办法》的通知。试点扶持资金重点支持：①培育基于信息技术的新兴服务业。②改造提升电子商务和现代物流业。③大

力发展科技服务业。④培育实施节能环保产业。支持额度最高达到 5000
万元。2012 年，北京市《关于印发〈金融促进首都文化创意产业发展意
见〉的通知》中提出加快完善文化创意产业信贷支持体系，加快创新文
化创意产业直接融资体系，加快培养和发展文化创意产业保险创新体系，
完善金融支持政策。2012 年，北京市文化创意产业收入突破 1 万亿元。

北京市支持金融产业发展的政策

2005 年开始，北京市陆续出台了《关于促进首都金融业发展的意见》、《〈关于促进首都金
融产业发展的意见〉实施细则》来支持金融业发展，对金融企业、金融人才入驻北京区县进行
大力度补贴。2007 年 8 月，市委市政府下达《北京市人民政府关于加快首都金融后台服务支持
体系建设的意见》（以下简称《意见》）（政发［2007］21 号）。该《意见》提出市委、市政府
加快首都金融后台服务区建设的决定，通过完善电力、交通、通信等基础设施，协议土地出让
方式，财政补贴等形式支持金融后台服务的发展，进而促进首都金融服务业的发展。2008 年，
《关于促进首都金融业发展的意见》提出通过建立全方位的政策支持体系、多层次的金融市场
体系、多样化的金融组织体系、立体化的金融服务体系，不断提升首都金融业的创新力、集聚
力、贡献力和辐射力，将北京建设成为具有国际影响力的金融中心城市。2009 年，《关于加快
推进北京丽泽金融商务区开发建设实施的工作意见》，对丽泽金融商务区给予配套政策支持：
全面享受本市已有支持金融业发展的相关优惠政策；丽泽金融商务区征收的地价款专项用于该
区域的市政基础设施建设，纳入政府固定资产投资项目管理体制；对于金融机构开发自用的项
目用地，优先纳入土地供应计划。

2. 淘汰转移高耗能产业

早在 2000 年，《北京市三、四环路内工业企业搬迁实施方案》中便
提出计划用 5 年时间，对 134 家企业实施搬迁调整，转让占地面积 613 万
平方米用于发展服务业。在《实施方案》落实过程中，市主管部门执行
《北京市推进污染扰民企业搬迁　加快产业结构调整实施办法》，对搬迁
企业提供了一系列的优惠政策促进其搬迁。

为了进一步加快高耗能企业的搬迁，2005 年 9 月北京市政府出台
了更细致的企业搬迁优惠政策。"十一五"期间，北京市发改委公布了
《北京市"十一五"时期产业发展与空间布局调整规划》，针对首都资
源环境约束突出的问题，第一次明确提出了坚决退出劣势产业。2006

年，全市先后对 190 多家严重污染扰民企业进行了调整，关停 23 条水泥立窑生产线、149 家黏土砖厂等污染严重的企业，北京焦化厂正式全部停产。同年市政府制定了《北京市"十一五"时期小火电机组关停方案》。2007 年北京市出台《北京市关于加快退出高污染、高耗能、高耗水工业企业意见》，小水泥、小造纸、小化工、小铸造、小印染、电镀及平板玻璃 7 个行业被列为奥运前重点退出的劣势行业。

自北京申奥成功以来，首钢就制定并实施了压产方案。2007 年，首钢停产两座高炉、4 座烧结机及第三炼钢厂等，完成压产 400 万吨，而此前首钢已经陆续停止了特钢公司、铁合金厂全部电炉和冷轧带钢厂、重型机器厂、初轧厂和年产 200 万吨钢的第一炼钢厂的生产以及年产铁近百万吨的 5 号高炉和 2 号焦炉的生产。2008 年首钢按 420 万吨钢组织生产。2010 年底，以首钢北京石景山钢铁主流程全面停产，曹妃甸首钢京唐钢铁公司一期第二步工程投产为标志，首钢搬迁调整的历史性任务基本完成。

"十二五"以来，北京市始终将重点企业搬迁调整工作列入市政府年度折子工程，继续做好不符合首都城市功能定位的企业搬迁调整工作。制定化工和建材行业结构调整实施方案，2012 年底以前，继续关停不符合《北京市矿产资源总体规划》的采石生产企业，关闭所有年产能 20 万吨以下水泥企业以及 50 家石灰生产企业。

表 2-3　2005 年以来北京市对高耗能产业搬迁的主要政策及效果

年份	支持文件及政策	（预计）效果
2005	土地出让金返还，免交土地增值税，免交营业税，免交城市建设维护费，免交教育费附加、免征固定资产投资方向调节税、免征所得税，原厂址水、电、热、燃气等动力指标可全部或部分移至新厂使用	①到 2005 年，北京市陆续搬迁淘汰了北京电磁线厂、北京阀门四厂、北京市工艺木刻厂、国营北京长城仪器厂、北京钢琴厂、北京民族乐器厂和北京管乐器厂等企业，完成了四环路内约 150 家企业的调整搬迁。②先后停产或部分停产了北京化工实验厂、北京焦化厂、首钢特钢公司、北京染料厂、北京橡胶一厂等一批高污染、高能耗企业

续表

年份	支持文件及政策	（预计）效果
2006	①《北京市"十一五"时期产业发展与空间布局调整规划》 ②《北京市"十一五"时期小火电机组关停方案》 ③ 2001—2006 年，市财政拨付资金 130.9 亿元，用于支持高耗能企业污染扰民搬迁项目；安排财政资金 1 亿元对北京焦化厂职工待岗安置进行补助	①调整 190 多家严重污染扰民企业，关停 23 条水泥立窑生产线、149 家黏土砖厂等污染严重的企业，北京焦化厂正式全部停产。②到 2008 年北京共关停燕化、京工热电厂等小火电机组 5.2 万千瓦。③首钢已经陆续停止了特钢公司、铁合金厂全部电炉和冷轧带钢厂、重型机器厂、初轧厂和年产 200 万吨钢的第一炼钢厂的生产以及年产铁近百万吨的 5 号高炉和 2 号焦炉的生产
2007	①《北京市关于加快退出高污染、高耗能、高耗水工业企业意见》 ②《北京市鼓励企业退出"三高"、支持发展替代产业资金管理办法》：采用奖励、项目补助等办法，安排 2670 万元鼓励北京市稷山水泥厂等 22 家企业主动退出"高污染、高耗能、高耗水"生产环节，发展替代产业	①小水泥、小造纸、小化工、小铸造、小印染、电镀及平板玻璃 7 个行业被列为奥运前重点退出的劣势行业，有关部门已分别为这 7 个行业制定了退出标准，不达标的企业将逐步引导退出。②首钢停产两座高炉、4 座烧结机及第三炼钢厂等，完成压产 400 万吨。③"三高"企业实现"退出"后，节约 11.2 万吨标准煤，节约淡水 130.62 万吨，减少废气排放 4.02 万立方米
2008	①《关于鼓励退出"高污染、高耗能、高耗水"企业奖励资金管理暂行办法》，对 2008 年主动退出并通过验收且符合奖励标准的 42 家企业给予了奖励，共计奖励资金 4930 万元 ②截至 2008 年北京市财政累计投入 40.11 亿元，用于首钢搬迁、结构调整带来的富余人员分流安置、外埠企业划转等工作	退出的"三高"企业每年可节约能源 9.01 万吨标准煤、节约用水 206 万吨、减少废水排放 125 万吨、减少废气排放 7.58 亿立方米、减少固体废弃物排放 5.79 万吨
2010	①制定本市限制发展的产业与技术目录，坚决控制不符合本市发展定位的产业进入 ②制定化工和建材行业结构调整实施方案，2012 年底前，继续关停不符合《北京市矿产资源总体规划》的采石生产企业，关闭所有年产能 20 万吨以下水泥企业以及 50 家石灰生产企业	①首钢石景山地区冶炼、热轧项目全部停产，做好搬迁企业工业遗产资源改造再利用，发展高端替代产业。②节约能源 300 余万吨标准煤；180 多家高污染、高耗能、高耗水企业相继退出，节约能源 30 余万吨标准煤，节约新鲜水 980 万立方米

年份	支持文件及政策	（预计）效果
2011	北京市"十二五"规划、北京市折子工程、《北京市"十二五"时期绿色北京发展建设规划》等	进一步淘汰落后产能
2013	《北京市2013—2017年清洁空气行动计划》、北京市折子工程等	健全落后产能退出机制，推进东方化工厂关停搬迁

3. 推进工业节能减排

（1）结构调整。近年来，北京市不断抓紧落实高端引入和落后退出措施，逐步优化产业结构，通过结构升级调整，推动工业能耗水平显著提升。例如，北京现代汽车第二工厂等一批重大高端项目的建设投产，工业产业结构不断优化。2012年，高技术制造业占工业总产值的比重达到38.5%，较2005年增加3.8个百分点，万元增加值能耗约为0.25吨标准煤。首钢石景山地区涉钢主流程等一批耗能较高的产能实现了搬迁调整，节约能源300余万吨标准煤；180多家高污染、高耗能、高耗水企业相继退出，节约能源30余万吨标准煤。天竺空港开发区等8个生态工业园区试点建设，有效推动了工业园区集约化发展。

（2）技术推广。2006年以来，北京市陆续推广一批成熟的技术，主要是开展锅炉环境温度补偿，烟气余热回收等供暖系统节能改造工程，完成空调系统节能改造等项目。自2008年开始，北京市发展和改革委员会会同相关部门已经连续6年编制和发布节能低碳技术产品推荐目录。"目录"内容体现了北京市节能低碳技术需求和政府推广导向，反映了全市节能低碳技术推广的重点方向。目录发布后，有关部门配套开展系列推介活动，以技术推广会、对接会、综合服务网站、手机报、案例集等多种形式向社会持续发布技术和相关政策信息，并结合合同能源管理、公共机构节能改造等项目以及绿色金融服务支持等方式推动先进节能低碳技术的广泛应用。在2011—2013年北京市发布的节能低碳技术产品推荐目录中，共有多能互补区域能源互联网系统、烟气余热回收换热器、基于阻抗法的空调冷冻水节能控制系统及空调设备等22项工业节能技术。

（3）市场减排。北京市积极运用市场机制，引导企业主动降耗。首先，积极推行合同能源管理机制。组织备案节能服务机构，强化合同能源管理培训，建立节能服务体系。按照北京市发改委的规划，"十二五"期间，北京将重点扶持节能服务产业。据《北京市合同能源管理项目财政奖励资金管理暂行办法》指出，北京市可获得中央合同能源管理专项资金8240万元，占全国的6.8%，在全国各省区市排名第一。政府给予了节能服务公司极大的支持。同时，组织合同能源管理项目供需对接，推进工业企业与节能服务机构合作，开展生产过程节能诊断、融资、改造等服务。在石化、建材、热力电力生产等行业企业试点推行节能自愿协议。其次，探索开展了企业节能量交易。结合重点用能企业能源消费总量控制，研究制定了节能量交易方案，建立节能量交易市场，试点开展重点用能企业节能量交易。鼓励企业积极参与节能量交易和碳交易，推进节能市场化。

（4）政策支持。为了有效地推动工业领域节能减排，北京市不断完善政策，先后颁布实施了《关于进一步推进北京市工业节能减排工作的意见》、《北京工业能耗、水耗指导指标（第一批、第二批）》等一系列节能指导性政策文件。积极开展重点用能单位能源利用状况报告制度，推进水泥等行业企业开展能效对标。实现了87家综合能耗1万吨标准煤以上的重点用能企业用电在线监测。统筹利用工业发展资金、中小企业专项资金和节能减排专项资金，对主动退出的"三高"企业予以奖励，对开展节能技术改造的企业给予支持。为采用合同能源管理服务的受订项目单位提供补贴，扶持节能服务业发展。近几年，北京市财政累计投入超过百亿元，支持节能减排各项重点工程的实施。对符合条件的资源利用企业两年减免税收20多亿元。例如出台《关于发展热泵系统的指导意见》，提出要通过政府资金支持等措施积极推广使用热泵系统。

4. 开展企业清洁生产工作

2006年3月6日，北京市发展改革委、市环保局、市财政局、市工业促进局、市商务局、市科委六委办联合发布了《北京市〈清洁生产审核暂行办法〉实施细则》，结合北京市的实际，以企业为主体，强化政策引导和激励作用，落实了中小企业清洁生产专项资金，明确了支持环节、支持比例，增加了审核验收环节，为北京市的清洁生产工作奠定了坚实的基础。

"十二五"以来，在已发布的《北京市国民经济和社会发展第十二个五年规划纲要》、《北京市"十二五"时期节能降耗及应对气候变化规划》、《北京市"十二五"时期绿色北京发展建设规划》、《北京市"十二五"时期工业与软件和信息服务业节能节水规划》四个重要规划中,北京提出了全面推行清洁生产促进节能减排,加强对重污染、高耗能企业的清洁生产审核,引导具备条件的企业实施中、高费项目。加强清洁生产审核服务机构管理,探索开展清洁生产后评价工作。

目前北京市通过建立政府引导机制、完善清洁生产服务体系,已经形成了清洁生产"全过程"政策保障和监管体系。在政府引导机制上,出台《北京市〈清洁生产审核暂行办法〉实施细则》、《北京市支持清洁生产资金使用办法》、《北京市清洁生产审核验收暂行办法》、《北京市清洁生产审核咨询机构管理办法》和《北京市清洁生产专家管理暂行办法》等地方性文件,对节能减排的投资项目给予政府资金引导。在完善清洁生产服务支撑体系上,选择电力、冶金、化工、水泥、电镀、医药六个重点行业的企业作为试点开展清洁生产审核;对燕山石化化工一厂、化学品事业部、高井热电厂等企业实施了清洁生产审核验收,逐步建立了清洁生产审核验收体系。

三 调整能源结构,促进用能低碳化

根据北京市能源发展的"十一五"、"十二五"规划以及《北京市"十二五"时期新能源和可再生能源发展规划》、《加快压减燃煤促进空气质量改善的工作方案》,北京市从提升油气电比重、控制煤炭总量、发展新能源与可再生能源三个方面入手,进行能源结构调整:

1. 加快电力工程建设

为了提高优质能源在终端消费中的比重,北京市加快生产和生活电气化进程,加速淘汰落后生产工艺,提高工业用电效率;积极推广热泵采暖等用电新领域。为了降低煤炭在能源消费中的比重,市政府按照"扩大用量,拓展领域,综合利用"的原则,加大煤炭替代力度,加快发展燃气热电厂。截至 2012 年,东南、西南两大燃气热电中心已经竣工投产;东北、西北两大热电中心全面开工建设。在全面加快四大燃气热电中心建设、增强清洁高效供热保障能力的同时,北京还分阶段启动实施了燃煤电厂机组的关停工作。2013 年关停科利源热电厂,2014 年关停高井热电厂和国华热电厂,2015 年关停石景山热电厂。

2. 大力发展天然气

"十一五"以来,北京市燃气利用快速发展,管网体系覆盖城乡。建

成陕京一、二、三线和地下储气库输气系统，初步形成"3＋1"的输气格局，总输气能力超过 280 亿立方米/年，日供应能力达到 8600 万立方米；建成衙门口、次渠、采育、通州、阎村 5 座输气门站，设计接收能力超过 1 亿立方米/日；建设形成"五环五级七放射"的配气体系，辐射除延庆外所有新城。2011 年，北京市在延庆农村地区建设一批以多村沼气联供为特点的"绿色燃气"工程，新建 200 座阳光浴室，实施惠及 10 万户山区农民的"送气下乡"工程。工程建成后，纯化沼气生产能力约为 7650 立方米/日，可满足延庆县一万户以上农村居民生活燃气用能需求。截至 2012 年，全市天然气消费总量达到 92 亿立方米，天然气管网长度超过 1.5 万公里，天然气用户超过 464 万户，均比 2005 年翻了一番，成为全国用气规模最大、配气能力最强、居民用户最多的城市。

3. 控制煤炭总量

"十五"以来，北京通过产业结构的调整，"关停并转"一批高耗能、高污染的小型工业，降低工业和其他产业用煤总量。除了产业结构调整控制煤炭总量外，全面压缩发电、工业及民用燃煤总量，加快实施中心城区大型燃煤热电厂、63 座大型燃煤锅炉的天然气替代工程；继续推进非文物保护区平房、简易楼小煤炉清洁能源改造。"十一五"期间，全市完成中心城区 1.6 万台 20 蒸吨以下燃煤锅炉和 4.4 万台燃煤大灶、茶炉以及 16 万户城市核心文物保护区居民的清洁能源改造，中心城区告别"燃煤"时代。

2012 年，为了落实《北京市 2012—2020 年大气污染治理措施》，北京市制定了《加快压减煤炭 促进空气质量改善的工作方案》。方案提出到 2015 年，在原"十二五"规划燃煤总量削减到 2000 万吨的基础上，进一步削减到 1500 万吨，相当于五年累计削减燃煤总量 1135 万吨。2020 年，全市燃煤总量再削减 500 万吨，进一步降至 1000 万吨以内。2012 年开始，燃煤锅炉房清洁改造全面推进，全年完成燃煤锅炉清洁改造 2100 蒸吨，并且加快推进非文物保护区"煤改电"工程，全年完成东西城区平房"煤改电"2.1 万户。制定发布城六区优质无烟型煤替代方案，结合城乡接合部 50 个重点村的综合整治，7 万户农村居民实现了清洁供热。

4. 加快推进新能源和可再生能源的开发利用

"十一五"以来，北京市相继出台了《北京市振兴发展新能源产业实施方案》、《北京市加快太阳能开发利用促进产业发展指导意见》、《关于发展热泵系统的指导意见》等一系列重要政策。在标准体系建设方面，出台了《北京市太阳能热水系统施工技术规程》等多项地方标准。在政府的推动下，在新能源与可再生能源发展方面取得了长足的进步。

（1）太阳能推广利用跨越发展。以"阳光双百"和"金色阳光"工程等一批太阳能综合利用项目为突破口，北京市太阳能开发利用规模和技术水平显著提升。截至 2012 年，实现光伏发电装机容量达 100 兆瓦，太阳能集热器利用面积达 700 万平方米。

（2）地热及热泵利用规模成倍增长。在奥运村、北苑、用友软件园等一批热泵供暖重点示范工程的带动下，北京地热及热泵利用规模迅速增加，利用方式和领域不断拓宽。2010 年，北京地热及热泵利用总量为 78.5 万吨标准煤，其中热泵供暖服务面积累计达到 2590 万平方米，位居全国第二。"十一五"期间地热及热泵利用年均增长 63.1%。

（3）生物质利用快速发展。以留民营七村沼气联供工程、德青源大型沼气发电工程和阿苏卫垃圾填埋气发电工程、平谷生物质热电联产等一批重点示范项目带动北京生物质能开发利用快速发展，一定程度上改善了郊区农村人居环境和农村居民生活用能条件。2010 年，北京生物质利用总量为 36 万吨标准煤，其中生物质发电累计装机容量达到 3.27 万千瓦，沼气利用量约 1800 万立方米，生物质燃料产量约合 20 万吨标准煤。"十一五"期间生物质燃料利用年均增长 66.7%。

（4）风能开发利用实现零的突破。官厅风电场一期、低风速示范、二期及二期加密工程相继建成，除二期加密工程外均已并网发电，北京风能利用实现"零"的突破。截至 2010 年，风电装机容量达到 15 万千瓦，提前一年实现"十一五"规划目标，累计发电量达 4.8 亿千瓦时。

（5）小水电得到一定利用。截至 2010 年年底，北京市现有各种类型水电站 50 座，总装机容量约 25 万千瓦，其中大于 0.5MW 的水电站有 27 座。近年来，受水资源短缺和机组老化等因素影响，目前北京市尚能运行的水电站有 22 座，总装机容量约 22.4 万千瓦，年平均发电量约为 4000 万度，仅为设计发电能力的 1/10。

四　加强交通减排，建设低碳交通

2012 年北京机动车保有量达到 520 万辆，占全国汽车保有量的 6%；千人汽车保有量达到 251.3 辆，约为全国平均水平的 4 倍。北京的交通出行刚性需求大，节能减排任务难度大。"十一五"以来，交通运输行业围绕建设公交都市、低碳交通城市、畅通之都，以提高能源利用效率、减少污染物排放为重点，试点实施重点工程，节能减排工作取得了积极进展。主要开展以下工作：

（1）优化交通出行结构。2012年，北京市中心城公共交通出行比例达到44%，连续两年保持年2个百分点的增速，确保了交通拥堵指数稳步下降，减少了交通拥堵带来的无效能耗。

（2）优化车辆车型结构。加大推广新能源及节能环保车辆，加快淘汰落后老旧机动车辆，推进"绿色车队"组建工作，实施机动车新车国V排放标准。2012年，北京市和中国石油天然气股份公司、中国石油化工集团公司分别签订了战略合作协议，在本市推广应用液化天然气清洁能源。2012年，北京市大力推广液化天然气公交车示范运营工作。2012年全年北京市已更新290辆LNG公交车，投入728快、1路、52路、99路和特5路等公交线路运营。为了加快老旧能耗高的机动车淘汰，政府采取了一系列激励措施：对提前淘汰的公交车给予50%净损失补贴和贷款贴息；对提前一年以上淘汰的出租车，每辆补贴4000元。

（3）强化绿色施工技术。推进轨道交通综合节能改造工程，实施交通场站的节能减排工程，开展低碳环保示范路建设，在道路新建及维修工程中，应用冷热再生、温拌沥青、建筑垃圾等再生利用新材料、新工艺。

（4）优化公交线网。2012年公交线网优化工作重点围绕"五新"、"两点"，采取慢调快、长改短、"9"字头线路外移、新开通勤快车和微循环线路等措施对线路进行优化。目前北京市共投资4.5亿元完成1000余项疏堵工程，通过优化平交路口、建设公交港湾、完善过街设施等措施，路口车辆平均行驶速度提高了19%，车辆油耗平均降低10%；已开通轨道交通线路14条，运营里程已达到372公里；地面公交线网不断优化，建成3条大容量快速公交线路，调整公交线路793条，解决了720个小区居民出行问题。

（5）申请节能减排专项补助。2011年，北京市交通委组织北京公交集团、北京清四汽车销售服务有限公司申请中央节能减排专项补助资金，共获得混合动力公交车应用补助资金114万元、绿色汽修节能的环保设备补助资金60万元。2012年，北京市交通委组织北京首发集团、北京祥龙公交客运有限公司、北京公联交通枢纽建设管理有限公司等12家单位申请了 13 个项目，共获得减排专项补助资金 1899 万元。2013 年，北京市交通委组织北京公交集团、北京市政路桥建材集团、北京祥龙博瑞汽车服务公司等 12 家单位申请了 13 个项目，共获得 2013 年度节能减排专项补助资金 3342 万元。此外，还获得 2013 年度"北京市绿色低碳交通运输体系区域性项目"节能减排专项补助资金 3016 万元。专项补助资金的投入，有效地促进了北京市交通行业节能减排工作的开展。

（6）加强智能交通建设。目前，北京市已初步形成面向出行者提供动态交通信息服务。动态交通信息系统的推广使用，使车辆避开拥堵路段，减少行驶时间，同时对提高路网使用效率、减少能源消耗、减少尾气排放起到了重要的作用。经模拟验证，在北京市普及 40% 具有动态导航功能的汽车，将会使道路上行驶车辆到达目的地的时间最大缩短 16%、二氧化碳排放减少 27%。积极推动高速公路不停车收费系统（ETC）建设。由于车辆通过收费站速度提高，车辆燃油消耗平均降低 20%，车辆废气二氧化碳排放减少约 50%、一氧化碳排放减少约 70%，车道通行能力提高近 6 倍。

（7）完善基础工作。提高行业节能减排管理能力，研究制定交通节能减排标准，开展交通能耗排放及计量综合调查，开展重点用能企业能源审计，实施合同能源管理，启动交通节能减排监测、检测双平台建设等。

五　推进建筑节能，打造低碳建筑

作为最主要的碳排放行业之一，北京市一直把建筑作为低碳城市的重点节能减排领域。

（1）制订建筑节能规划。北京市建委组织编写了《北京市"十一五"时期建筑节能发展规划》、《北京市"十二五"时期建筑业发展规划》、《既有建筑节能改造专项实施方案》、《北京市绿色建筑行动实施方案》等多个规划及方案，这些规划及方案的出台给建筑节能提供了方向。

（2）严格执行新建民用建筑节能设计标准，积极推进既有建筑节能改造。城镇节能民用建筑已占全部民用建筑的 55.2%，节能住宅占全部居住建筑的 74.2%，居国内各省市区首位。"十一五"期间累计完成 1386.5 万平方米居住建筑和 515.3 万平方米城镇普通公共建筑的围护结构节能改造，完成 2320 万平方米大型公共建筑的低成本节能改造。针对城镇新建建筑，全部执行强制性节能标准。2013 年开始贯彻落实节能 75% 的居住建筑节能设计标准，2014 年完成公共建筑节能设计标准修订。

大力推进既有建筑的节能改造。"十二五"时期，计划完成 6000 万平方米既有非节能建筑围护结构节能改造和供热计量改造、1.5 亿平方米既有节能居住建筑的供热计量改造。2020 年，基本完成全市有改造价值的城镇居住建筑节能改造，基本完成全市农民住宅的抗震节能改造。

（3）积极推动绿色建筑和住宅产业化工作。北京市 14 个项目被批准为全国绿色建筑示范工程和低能耗示范工程，重要功能区启动了绿色建筑园区的试点示范。2015 年，累计完成新建绿色建筑不少于 3500 万平方米，全市使用可再生能源的民用建筑面积达到存量建筑总面积的 8%。

（4）推进太阳能光电建筑应用。2012 年 1 月，北京市住房城乡建设委组织申报 2012 年北京市太阳能光电建筑应用示范。对建材型等与建筑物紧密结合的光电一体化项目，给予 9 元/瓦的补助，对与建筑一般结合的利用形式，给予 7.5 元/瓦的补助。

（5）价格手段促进公共建筑节能。针对以往公共建筑节能缺乏有力约束和有效激励政策的情况，北京市以节能目标考核和价格杠杆调节为手段，实行能耗限额和级差价格制度。2013 年，北京市政府办公厅印发了《北京市公共建筑能耗限额和级差价格工作方案（试行）》（京政办函〔2013〕43 号），将在全市试行公共建筑试行能耗限额管理和级差价格制度。工作方案指出，本市能耗限额和级差价格制度的主要目标是：2014 年将全市 70%以上面积的公共建筑纳入电耗限额管理，条件成熟后逐步扩展到综合能耗（含电、热、燃气等）限额管理；2015 年力争实现公共建筑单位建筑面积电耗与 2010 年相比下降 10%。

六 开展园林绿化，创造低碳环境

"十一五"以来，北京市大力推进"生态园林、科技园林、人文园林"建设，启动实施了一大批绿化美化和生态建设工程，不仅兑现了奥运绿化七项承诺指标，而且为下一阶段碳汇经济打下了基础。2012 年，北京市进一步提出"百万亩平原造林工程"，五年内新增 100 万亩城市森林。2014 年年底已完成 95 万亩平原造林。目前，全市基本形成了山区、平原、城市绿化隔离地区三道绿色生态屏障。森林覆盖率由 2006 年的 35.47%提高到 2014 年的 41%，林木绿化率由 50.5%提高到 58.4%，城市绿化覆盖率由 42%提高到 47.4%。

（1）实施城市绿化美化工程。"十一五"期间，北京市按照"一环、六区、百园"的要求，大力推进第一道绿化隔离地区绿化建设，新建 42

个郊野公园，公园环格局初步形成；全面完成了第二道绿化隔离地区的163 平方公里的绿化任务。启动实施了 11 个新城万亩滨河森林公园和南海子郊野公园建设，建成了以奥林匹克森林公园、通州滨河森林公园、北二环城市公园、昆玉河水景观走廊、南中轴和世纪坛绿地等为代表的一大批精品公园绿地。改造老旧小区绿化 500 余处，完成屋顶绿化 50 万平方米，全市 10 处热岛效应比较集中的地区有 9 处得到明显减弱，市中心区热岛效应面积比例由 2000 年的 52.26% 降低到目前的 22.38%。

"十一五"期间，全市新建公园绿地 100 余处 1700 余公顷，城市绿地面积达到 6.17 万公顷；全市公园数量从"十五"末的 190 个增加到339 个，城市公园总面积由 6300 公顷增加至 10063 公顷，城市绿地系统布局日趋完善。

（2）启动百万亩平原造林工程。为全面落实科学发展观，转变经济发展方式，促进绿色增长，2012 年初，北京市委、市政府作出了在平原地区实施百万亩造林工程建设的决策。2012 年率先启动了 25 万亩平原造林工程。主要安排在六环路两侧、城乡接合部 50 个重点村拆迁腾退地区，以及重点河流道路两侧和荒滩荒地、航空走廊和机场周边、南水北调干线和配套管网范围等地区。根据北京市园林绿化局统计，2012 年新植树木平均成活率达到 95%，永定河、潮白河、温榆河、六环路两侧、昌平西部沙坑、延庆蔡家河等重点区域城市森林景观初步显现。

经过 3 年的建设，已完成 95 万亩，2015 年将完成剩余 6 万亩任务，届时，全市平原地区的森林覆盖率将提高 3.7 个百分点，全市将形成 10处万亩以上大片森林、多条生态廊道。

为了保证平原造林工程的顺利进行，北京市出台了《关于做好本市平原地区造林工程建设中农村土地承包经营权流转及管理工作的指导意见》，强调土地流转必须尊重农民意愿，保护好、发挥好广大群众特别是农民养林、护林、爱林的积极性和主动性。同时，市财政对实行绿化建设的集体土地，每年给予生态涵养区补助金 1000 元/亩，其他地区补助1500 元/亩，补助期限暂定到 2028 年，并建立动态增长机制，对平原造林后期管护按照每平方米 4 元进行补助。

（3）加强绿化基础管理工作。制定出台了《北京市绿化条例》、《北京市实施〈种子法〉条例》、《北京市林业植物检疫办法》、《关于加强平原地区造林工程新增森林资源管护工作的意见》等一批重要法律规章，不断完善园林绿化法规体系。编制完成《北京市绿地系统规划》、北京市平原地区造林工程建设年度总体方案和防沙治沙、森林防火、历史名园、郊野公园环建设等一批重要规划。建立了高效的网格化管理信息平台，提升了园林绿化管理水平。园林绿化国际合作加快推进，通过实施一批项目，成功引进并推广了森林健康、近自然森林经营和林业碳汇等先进理念。在全国率先建立了林业碳汇管理体系，启动了林业碳汇行动计划。大力加强了节约型园林建设，规划设计水平和施工建设水平明显提升，新成果、新技术、新品种、新材料得到广泛应用。

七 实施绿色行动，倡导低碳生活

随着生活领域碳排放的不断增长，北京市投入大量的人力物力在市民中宣传和倡导低碳的生活方式。2011年12月市政府印发了《北京市"十二五"节能减排全民行动计划》。提出到2015年，公众节能减排理念逐步深入人心，市民生活方式更加绿色环保。此后，围绕低碳生活方式陆续开展了科普知识主题教育活动、节能减排主题宣传活动、行为模式主题推广活动。

（1）节能减排主题宣传活动。充分利用报纸、杂志、广播、电视等传统媒体和互联网、移动网络等新媒体，开展节能减排"四个一"主题宣传活动：制作一批节能减排知识、法规、政策、行为宣传引导等内容的公益广告；组织一批节能减排优秀方案征集、知识竞赛、公益演出、法规宣讲等特色宣传活动；拍摄一系列群众喜闻乐见、故事性强、科普性强、富有教育意义的节能减排主题宣传片；组织一系列节能减排方面的展示展览活动。

（2）举办"节能医生进家庭"、"百户节水家庭评选"、"少开一天车"、"推广节能灯"、"节能低碳专家行十进"等大型公益活动。北京市聘请节能专家深入百姓家庭，对市民的家庭节能行动进行指导，同时以电视媒体的现场报道形式，广泛宣传家庭节能理念和节能技巧，通过节能专家与普通百姓联动、家庭节能与大众传媒互动传播节能知识，提高公众节能意识。2012年北京市发改委联合相关部门举办"节能低碳专家行十进"，即进商场超市、进社区、进政府机关、进学校、进企业园区、进宾馆饭店、进休闲场所、进公共交通场所、进农村、进建筑工地。2012年12月27日，首场2013年度北京"节能产品进超市"活动启动。

（3）提升居民绿色消费理念。通过节能周期间的宣传，发掘居民节能消费的需求，节能惠民工程助推北京绿色消费升级。王府井百货、西单商场、苏宁电器紫竹桥店及安贞桥东店等节能超市开展"绿色消费日"节能产品促销活动，引导市民绿色消费，促进消费者对节能产品认知程度，提升节能产品的选购意向。

（4）倡导低碳生活方式。提倡生活简单、简约化，积极倡导低碳生活方式：随手关灯、拔插头，减少待机能耗；夏季少用空调多开窗；随身自备饮水杯，尽量减少一次性用品的使用；购物使用布袋子、菜篮子，尽量不用塑料袋；自觉选购节能家电、节水器具和高效照明产品；温水洗衣自然晾晒，尽量使用无磷洗衣粉；家庭一水多用、循环利用；合理健康饮食，尽量减少餐具更换频率；多在户外运动锻炼，多爬楼梯、少乘电梯；倡导绿色环保装修，家里多养花种草。通过开展节能减碳全民行动，促进人们日常生活向低碳模式转变。

八　启动碳排放交易，发挥市场机制作用

2012 年 1 月，国家发改委正式批准北京、天津、上海等 7 地为国家首批碳排放权交易试点。同年 3 月 28 日，北京市正式启动碳排放权交易试点。在北京市上报给国家发改委的《北京市碳排放权交易试点实施方案（2012—2015）》中，将有 600 余家企业（单位）被强制纳入北京市碳排放权交易。

作为"7 个碳排放权交易试点省市"中首个宣布启动碳交易试点的城市，北京市将把市辖区内 2009—2011 年年均直接或间接二氧化碳排放总量 1 万吨（含）以上的固定设施排放企业（单位）强制纳入碳交易主体范围。根据《北京试点方案》，计划所有强制市场参与者将被设定排放总量控制目标和分配二氧化碳排放配额，并实行强制市场参与者排放报告制度。

北京市碳排放权交易试点的交易产品包括直接二氧化碳排放权、间接二氧化碳排放权和由中国温室气体自愿减排交易活动产生的中国核证减排量（CCER）。在碳交易分配额度方面，《北京试点方案》指出，配额分年度发放，2013 年排放配额基于企业（单位）2009—2011 年排放水平，按配额分配方案计算确定，在 2012 年 12 月前向企业（单位）免费发放；2014 年和 2015 年排放配额分别根据上一年度排放水平计算确定，在每年 5 月前发放。"十二五"期间，除免费发放的配额外，政府预留少部分配额，通过拍卖方式进行分配。

为了规范碳交易试点，北京市在试点准备工作期间内制定发布了《北京市碳排放权交易管理办法》，确定参与碳排放权交易的主体、交易平台，第三方核证机构的权利和义务，明晰政府部门权力与职责、违规罚则等本市碳排放权交易市场的基本规则。

经过近两年时间的精心准备，2013 年 11 月 28 日北京市碳排放权交易市场正式上市，先期参与碳排放交易企业达 490 多家，其碳排放量占北京排放总量 40% 左右。目前，北京市碳排放权交易只针对二氧化碳一种温室气体，实行二氧化碳排放总量控制下的配额交易机制，主要交易标的为二氧化碳排放配额，市场暂不向自然人投资者开放。碳交易主要包括排放数据报告、第三方核查、配额分配、买卖交易和履约五个环节。根据初步测算，通过二氧化碳配额交易将有效降低社会综合减排成本。

截至 2013 年 11 月 28 日上午休市，北京市碳排放权交易量达 4.08 万吨，成交额 204.1 万元。在达成的 5 笔交易中，2 笔是场外协议转让交易，3 笔是在线交易。2 笔场外协议转让交易分别是：中国石油化工股份有限公司北京燕山分公司和京能热电股份有限公司石景山热电厂以 50 元/吨交易价格成交 2 万吨碳排放量，中信证券投资有限公司和大唐国际发电股份有限公司北京高井热电厂以 50 元/吨交易价格成交 2 万吨碳排放量。此外，线上交易达成 3 笔，成交量 800 吨。场外转让均价 50 元/吨，线上公开交易均价 51.25 元/吨，实现了开门红。

第三节　北京市建设低碳城市取得的成效与评价

自"十一五"至今，北京市在诸多领域出台的建设低碳城市的行动和措施，对降低北京碳排放、建设绿色北京起到了显著的推动作用。按照北京市"十二五"下达的节能减排指标，到 2015 年万元 GDP 二氧化碳排放比 2010 年下降 18%。从目前已经完成情况来看，2011 年碳排放强度下降 6.9%，2012 年下降 4.7%，18% 的减排指标有望提前实现。

一　碳排放总量增长，但是增速放缓

过去五年北京市能源消耗强度不断减低。2012 年，万元生产总值综合能耗较 2010 年下降 11.5%，二氧化硫、化学需氧量排放总量分别较

2005 年下降 50.8% 和 61.2%。由于经济快速增长和规模扩张，北京二氧化碳排放总量仍然持续增长。我们参考了已有研究，对北京市 1990 年以来的二氧化碳排放总量进行了测算。首先确定城市主要碳源，根据《IPCC 2006 年国家温室气体排放清单指南》，我们可以大致界定城市主要碳源，即化石能源使用、工业生产过程、土地利用变化和城市废弃物处理。其次，根据城市主要碳源，我们定义以下城市二氧化碳排放的计算公式：

$$c = c_n + c_i + c_r + c_u + c_x - x_c$$

其中：c 表示城市二氧化碳排放量，c_n 表示能源消费产生的二氧化碳排放量，c_i 表示工业产品生产的二氧化碳排放量，c_r 表示垃圾排放二氧化碳总量，c_u 表示农地二氧化碳排放总量，c_x 表示其他碳排放量，x_c 表示二氧化碳吸收总量（森林碳汇）。最后我们根据不同计算方法①确定每个碳源的排放总量。

根据计算，北京市 2012 年二氧化碳排放总量达到 13459.03 万吨，比 2005 年增加了 18.9%，年均增速 2.7%，而"十五"期间，北京市能源消费年均增速达到了 6.9%。从图 2-2 可以看出，虽然二氧化碳排放总量持续增长，但是 2005 年以后，二氧化碳排放总量增速明显放缓。由于 2008 年奥运会召开，北京市采取一系列节能减排措施，例如在工业领域大型高耗能企业的外迁，2008 年北京市二氧化碳排放总量甚至出现下降现象。2012 年，北京市碳排放总量也出现了下降趋势，但尚不能判断北京市是否已经进入了绝对脱钩阶段。

二 人均碳排放量呈现明显的倒 U 形趋势

2012 年，北京市常住人口 2063.9 万人。根据我们测算，人均二氧化碳排放量为 6.52 吨。而当前世界人均二氧化碳排放量为 4 吨，我国人均二氧化碳排放量大约为 5 吨（诸大建，2011）。因此，近年来北京人均二氧化碳排放量尽管有所下降，但是仍然处于相对较高水平。图 2-3 显示，1990 年以来北京市人均二氧化碳排放量快速增长，这种趋势一直持续到 2007 年，达到了顶点，随后开始缓慢下降，呈现了明显的倒 U 形趋势。人均二氧化碳排放量的倒 U 形趋势说明，北京市在 2008 年以后采取的一系列节能减排措施的确收到了成效。但是北京市人均碳排放量是否已经越

---

① 北京市碳排放总量具体计算过程及结果见本章附录。

过库兹涅茨倒 U 形曲线的顶点，还有待进一步观察。

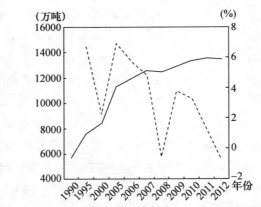

　　　——北京市二氧化碳排放总量　--- 北京市二氧化碳排放总量增速

图 2 - 2　北京市二氧化碳排放总量与增速

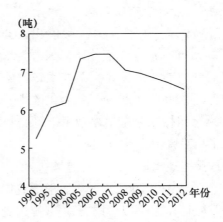

图 2 - 3　北京市人均二氧化碳排放量

三　碳排放强度持续下降，实现了低排放高增长

　　碳排放强度是指单位国内生产总值的二氧化碳排放量。该指标主要用来衡量一国或地区经济同碳排放量之间的关系，如果一国或地区在经济增长的同时，每单位国民生产总值所带来的二氧化碳排放量在下降，那么说明该国或地区就实现了一个低碳的发展模式。我们计算了 1990 年以来全

国及各省的碳排放强度①（见图2－4和图2－5）。图2－4显示了1990年以来，北京市碳排放强度持续下降，应该说这些年北京的发展至少是在向低碳发展模式转变。根据计算，2011年北京市碳排放强度为1.304吨/万元（2005年不变价），为全国最低。

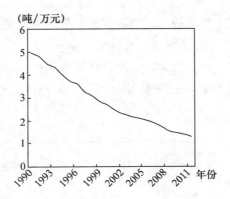

图2－4　1990—2011年北京市碳排放强度

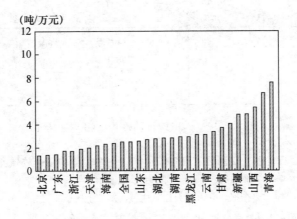

图2－5　全国及各省（自治区、直辖市）2011年碳排放强度

---

① 碳排放强度＝碳排放总量/国民生产总值。碳排放总量主要涉及能源系统消耗以及工业生产水泥过程中的碳排放（垃圾、农地等碳排放一般予以简化）。对于能源系统碳排放目前主要采用排放系数法，本书为了简化粗略地按照1吨标准煤相当于2.45吨二氧化碳进行折算，水泥生产过程中排放二氧化碳量采用生产量乘以0.6进行折算。国民生产总值我们全部折算到2005年不变价。具体测算结果详见附录。

　　我们对 1990—2011 年全国及各省（自治区、直辖市）平均碳排放强度和地区生产总值增长速度进行模拟，以全国平均水平为基准，我们将图 2 - 6 划分为四个区域。其中：Ⅰ区域代表了低排放与高增长、Ⅱ区域代表了高排放与高增长、Ⅲ区域代表了低排放与低增长、Ⅳ区域代表了高排放与低增长。图 2 - 6 显示，除了河北、辽宁、山东、天津外，东部地区省份均处在Ⅰ区域，即实现了二氧化碳低排放高增长模式。中西部地区大多处在高排放高增长的Ⅱ区域，而宁夏、贵州等六个西部省（自治区）则处在高排放低增长的Ⅳ区域。从测算结果来看，北京在这一时期内碳排放强度处在全国前 5 名，属于低排放地区，实现了低排放高增长的发展模式。

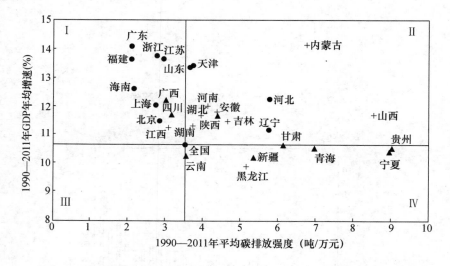

图 2 - 6　全国及各省（自治区、直辖市）1990—2011 年均碳排放强度与 GDP 增速

　　注：●表示全国、东部地区；＋表示中部地区；▲表示西部地区

　　按照"七五"时期将全国划分为三大经济地带，东部地区包括辽宁、河北、天津、北京、山东、江苏、上海、浙江、福建、广东、广西和海南 12 个省、直辖市、自治区；中部地区包括黑龙江、吉林、内蒙古、山西、安徽、江西、河南、湖北、湖南 9 个省、自治区；西部地区包括陕西、甘肃、宁夏、青海、新疆、四川、云南、贵州、西藏 9 个省、自治区。

四　碳排放结构发生变化，建筑成为最主要排放领域

　　目前国际惯例通常将终端能源消费分为工业、建筑、交通 3 大部门，我们主要考察 2005 年与 2012 年北京市这三大部门的碳排放结构变化情况。（见图 2 - 7 和图 2 - 8）三大部门碳排放量可以通过能源消费量与排

放系数进行折算。其中，工业部门能源消费量可以通过《北京市统计年鉴》获得；建筑能耗则由于我国统计工作主要以经济活动来划分（分为一产、二产、三产和生活四大部门），被分散统计到各个部门当中，我们根据能源平衡表进行重新调整后，进行计算①；交通能耗也因统计划分原因，没有将非交通运输的企业交通工具以及大量社会非运营交通工具燃油消耗纳入统计范畴，因此我们参考已有研究方法以及北京市交通委的统计数据对北京交通能耗进行粗算。

2012 年，北京市二氧化碳排放量为 17691.7 万吨，比 2005 年14239.03 万吨增加 1.24 倍。其中工业部门排放量为 5575.5 万吨，占总排放量的 31.5%，比 2005 年下降了 13.2 个百分点，交通运输部门排放量为2903.25 万吨②，占总排放量的 16.4%，比 2005 年上升了近 10 个百分点，建筑排放量为 8350.97 万吨，占总排放量的 47.2%，比 2005 年上升了16.5 个百分点。

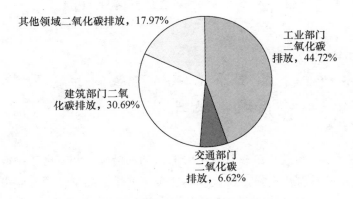

图 2-7 2005 年北京市三大部门碳排放比重

根据联合国人居署的划分，发达国家的商业型城市结构，如纽约、伦敦、东京等属于建筑主导型的排放；中等发达地区的商业型城市如中国香港等属于交通主导型的排放，而发达国家和发展中国家许多工业性的城市例如澳大利亚的珀斯、我国台湾的高雄等属于工业主导型的排放。从北京市碳排放结构变化情况来看，北京市已经由工业主导型的排放转变为建筑

---

① 具体调整方法与结果见本章附录。
② 根据北京市交通委交通能耗数据折算。

主导型的排放。这说明之前通过产业结构调整实行节能减排的确取得了成效，但同时也指出了未来北京市减排的重点部门已经由工业转向了建筑部门和交通部门。

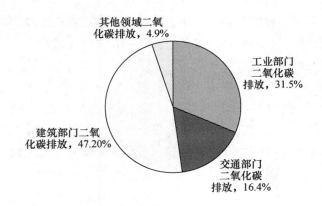

图 2 – 8　2012 年北京市三大部门碳排放比重

第四节　北京市低碳城市建设中存在的问题与挑战

这些年来，得益于诸多领域出台的行动和措施，北京市碳排放增速逐渐放缓、碳排放强度持续下降，基本实现了低排放高增长的发展模式。然而，总结北京市的"低碳模式"，我们发现在取得成效的同时，还存在一些问题。尤其是随着北京产业结构趋向服务化和高端化，碳排放结构发生了变化，"以退促降"空间变窄，如何提升"内涵促降"的能力是北京市低碳城市建设面临的一大挑战。

一　计划手段多于市场手段

回顾北京市低碳城市建设的过程，从提出"绿色奥运"到 2009 年的"科技北京"、"绿色北京"，北京市委市政府出台了多个领域若干项政策。从制定规划、财政补贴、行政推动，到近几年培育第三方节能市场，政府在其中起到了主导作用。为了兑现"绿色奥运"的承诺，2001 年以来，历次政府的产业专项规划中，都明确地提出对高耗能高污染的工业企业进行搬迁。目前陆续完成了四环路内约150家企业的调整搬迁，先后停产或部分停产了北京化工实验厂、北京焦化厂、首钢特钢公司、北京染料厂、北京橡胶一厂等一批高污染、高能耗企业。"十一五"期间又完成首钢的整体搬迁。应该说这一措施，对降低工业领域能耗做出了重要贡献。在此期间，工业部门能源消费总体上呈现了下降趋势，工业部门碳排放强度下降超过了20%。

　　根据世界低碳城市建设的经验，在高碳向低碳转型的初期，政府主导是必然的。美国、英国、日本等发达市场经济国家的大城市在面对气候变化情况下，都推出了应对气候变化的行动规划。同时，也采取了政府管制、碳排放税、财政补贴、碳基金等多种政策工具的综合使用。如英国大气影响税、日本环境税，德国、丹麦等国家对可再生能源生产进行投资补贴，英国的节碳基金、亚洲开发银行的"未来碳基金"。这些政策工具的使用充分地利用了市场机制，让企业、消费者参与到低碳城市的建设中。相比较而言，北京则更多地强调了计划，市场机制的利用相对较少。例如，高耗能企业搬迁、落后产能淘汰，财政出资百亿对企业员工进行安置。2012年启动的平原造林工程，仅2013年一年35万亩造林的后期管护费用就高达27亿元。

　　随着碳排放结构发生变化，建筑、交通已经成为北京市碳排放的最主要的领域，建筑部门的碳排放主要来自居民生活、第三产业的公共建筑领域，因此依靠计划手段进一步降低碳排放的难度变大，政府主导的计划减碳需要向市场减碳转变。

二　节能减排市场尚未发育

　　第三方节能技术服务机构作为专门提供节能技术更新改造的力量，其专业化能力的高低，影响企业节能减碳工作的成效。由于节能技术服务机构的项目开发周期长，短期内的获利能力会较差，负债率高，项目融资也会出现困难。从节能技术服务产业发展的角度看，只有节能技术服务具有稳定的盈利预期，才会有大量人才和资金涌入，从而提升节能技术服务机构的专业能力。但是北京的节能服务市场目前还没有完全发育，尚处在依靠政府财政支持的阶段。节能公司的服务市场主要还是政府机构和国有企业，而其他类型的公共建筑和住宅建筑的节能市场没有形成。此外，有相当一部分节能服务单位、节能服务企业规模较小，不具备按照合同能源管理机制实施节能服务项目的经验，还处于推销产品的阶段，与真正意义的技术服务还有较大差距，服务意识、服务能力不高。

三　未形成低碳的生活方式

近几年北京市在培养市民低碳生活方式上投入了大量精力。通过宣传、示范、公益倡导等多种途径力图在市民中树立低碳的生活习惯。2011年的"十二五"节能减排全民行动计划中也明确提出：到2015年，公众节能减排理念逐步深入人心，市民生活方式更加绿色环保，全民参与和社会监督机制进一步完善，全社会节能减排的科学素养和能力显著提升。从目前取得的效果来看，市民还没有树立低碳理念，远没有实现低碳生活方式。北京市生活部门碳排放始终居高不下，特别是家庭轿车的使用。绿色运动不是建设低碳城市的长效机制，统计上的减碳和增绿也不是低碳城市的内涵。因此，我们需要反思北京近些年的城市规划、城市建设目标和发展方式。新的时期北京低碳城市的建设最重要的主体是广大市民，只要让其开始审视传统的生活方式，真正感觉低碳生活方式是一种习惯，低碳城市建设才真正富有生动的内涵。

四　忽略了区域的协调发展

依靠高耗能高污染企业的搬迁，北京市的工业部门已经实现低碳转型。伴随现代服务业比重的逐渐上升，北京市总体碳排放强度已经处在全国的领先地位，实现了低排放高增长。北京周边的内蒙古、陕西等省份，常年为北京输送天然气、电力等清洁能源，为北京能源结构低碳化做了巨大贡献。例如，2013年，陕京三线已经贯通使用，陕京线总输气能力达到每年350亿立方米，保障了北京天然气的稳定供应。如果从区域层面来看，北京市低碳城市建设取得的成效是以周边地区的高碳发展为代价的。2011年，天津、河北、陕西、山西、内蒙古的碳排放强度分别是北京的1.56、3.13、2.41、4.18、3.77倍。从图2－6也可以看出这些地区基本都处在高排放高增长的第Ⅱ区域。低碳城市建设仅仅依靠北京市是远远不够的，无论是大气、水源、能源还是人口流动，都需要从更广泛的区域层面进行审视和平衡。如果这些地区的发展不能尽早实现低碳转型，势必影响北京的空气、水源，未来北京市必将会承担其高碳发展的负面影响。

第五节　北京市建设低碳城市的政策建议

低碳城市的内涵非常丰富，碳排放指标的下降仅仅是一种表象。因此虽然北京低碳城市建设具有多方面的优势和基础，但是从目前存在的问题来看，不仅需要理念上有所改变，更多地要借助市场手段，同时还必须从区域层面考虑北京市的低碳城市建设问题，从更广的范围实施低碳城市发展战略。

一　制定低碳城市建设中长期路线图

尽管北京市已有《北京市"十二五"时期节能降耗及应对气候变化规划》以及十多个涉及节能减排、低碳发展的规划，但是目前还没有从战略的高度制定低碳城市发展战略。根据英国、日本等发达国家的大城市成功的经验，制定低碳发展规划对低碳城市建设起到了重要的指导作用。例如，东京都的《东京都可再生能源战略》、《十年后的东京——东京在变化》、《东京都环境基本计划》，这三个计划各有重点又互相联系，共同勾勒了东京都低碳城市建设的战略路线图。因此，建议北京市借鉴国外经验，制定中长期低碳发展路线图，锁定不同阶段低碳发展的目标、途径和工作重点，明确一系列重点支持的优先领域和重大工程，为低碳发展提供指导，争取在改变城市低碳发展理念上有所突破。

二　综合利用多种政策工具

在低碳转型时，不少国际大城市采用了多种政策工具，调动相关的机构和公众的积极性，发挥了制定规则和弥补市场失灵的作用。北京的产业结构已经进入了深度调整期，高端制造业、现代服务业成为主导产业。下一阶段减碳的重点工作将是提升"内涵促降"的能力。主要体现在一是通过节能技术提高能源利用效率，从而实现减碳；二是通过树立低碳理念，向低碳生产、生活方式转型，降低碳排放强度，实现减碳。这两方面依靠"绿色运动"不可能取得真正的效果，而需要建立长效机制。在节能技术的提升和推广方面，政府要安排专门的预算资金，采取投资补贴、税收减免、贷款贴息等方式予以支持，为企业节能技术的研发提升创造环境。对于一些新技术，可以进行政府采购、试点示范等方式进行推广。在重点减碳领域，可以采取政府管制、碳排放税、节能标签等工具加以调控。例如，交通领域的新能源汽车的示范推广需要政府继续加大财政补贴的力度；白色家电领域规范节能认证的标识管理；适时对碳排放重点环节征收环境税、对重点产业征收碳税；工业企业的清洁生产实行市场准入制度，要明确量化企业的年度碳排放指标，通过碳交易市场调节企业之间的碳排放数额；推行企业节能减排自愿协议制度、税收奖惩制度等。

三　培育节能减排市场

目前来看，北京低碳城市的建设计划手段多了一点，而市场手段少了一点。市场在资源配置中还没有发挥决定性作用。事实上，在节能减排的某些环节，社会性节能中介服务机构更有效率，政府节能主管机构没有必要事无巨细地推动和主导微观事务。将减排交给市场，让市场发挥减排的作用，政府专注于规划路线图和提供减排发展的外部环境。为健全节能中介服务体系，培育节能减排市场，北京市需要重点做好以下几方面工作：一是为节能技术服务公司创造公平的市场环境，发挥好北京环境交易所的作用，为碳市场搭建交易平台。二是做好政府的服务职能，对设立或开办节能技术服务公司的各个环节提供尽可能便捷的服务。三是制定扶持节能技术服务公司的政策，给予中小节能企业在融资等方面的便利，在税收方面给予扶持。

四　完善减碳的基础管理工作

低碳城市建设过程离不开基础性的管理工作。例如，对工业企业碳排放数据的监测，对重点领域碳排放总量的统计等工作，对建设低碳城市都具有重要的意义。完善减碳的基础管理工作，重点应该包括以下几点内容：一是尽快编制城市碳排放清单。建立一套低碳城市管理工具，包括不同行业和部门碳排放量的统计、监控和预测；不同类型建筑、交通模式的碳排放清单。二是完善低碳技术和产品标准、低碳建筑建设标准、低碳城市建设标准等评价体系。三是进一步明确节能管理机构职责。建立独立的具有管理职能的节能部门或节能办公室，统一协调各部门的节能工作，充分调动各部门相关人员的节能积极性，充分利用企业的各种资源为节能工作服务。四是进一步细化第三产业的低碳管理。第三产业涉及面较广，涵盖了社会生活的方方面面，做好第三产业节能减排难度很大。但是第三产业又是当前最主要的排放领域，其大部分属于建筑排放。因此，北京市要对第三产业节能进行细化管理。例如，日常办公能耗管理的监测、成本核算、节能诊断；仓储物流部门需要有效整合资源，合理安排货物流向。

五　建成全国乃至国际低碳城市典范

按照北京城市总体规划的第二阶段目标，到 2020 年左右，确立具有鲜明特色的现代国际城市地位。当前应对气候变化成为世界各国面临的共同挑战，绿色低碳成为全球发展的大势所趋。中国积极应对气候变化，提出到 2020 年碳排放强度比 2005 年下降 40%—45% 的目标。北京作为首善之区，可以考虑以"低碳"为主题，打造全国乃至国际低碳城市的典范。

在国际上，有不少大城市在这方面做得非常好。例如，日本最大的自治体东京都就在低碳社会建设上起到了非常明显的示范效应。2008 年，东京召开全国主要自治体对气候变动对策条理化进行研讨，全国 46 个都道府县有 41 个参加、17 个政令指定城市中有 15 个参加。因此，北京首先要从战略的高度设计低碳城市发展路线图，大胆实施一系列超前的政策，充分发挥示范带头的作用，带动周边相关联城市乃至全国在低碳城市建设领域取得突破。

六　加强国际交流合作

探索建立国际合作机制。积极参与国际气候变化合作项目，充分利用国际气候变化相关援助资金，支持节能降耗、可再生能源利用、林业碳汇等项目的开展。加强与气候变化领域国际组织、非政府组织之间的联系交流，积极开展节能低碳技术指标体系、气候友好技术、国际对标等方面的合作。

此外，从区域协调发展的角度，要加强与周边地区的交流。推进京津冀都市圈在资源能源与产业发展方面的全方位合作，充分利用京津冀的地区优势，打造低碳都市群。关注晋、陕、蒙等能源供应基地的生态建设，可以将其纳入北京低碳发展战略。利用北京的生态产业优势、智力资源优势、技术优势支持晋、陕、蒙地区的生态修复与产业调整。

附　录

一　北京市碳排放总量计算

1. 确定城市主要碳源

在测算城市二氧化碳排放之前，我们首先需要确定城市主要碳源。碳源即二氧化碳气体成分从地球表面进入大气，如地面燃烧过程向大气中排放 CO_2，或者在大气中由其他物质经化学反应转化为二氧化碳气体成分，如大气中的 CO 被氧化为 CO_2，CO 也是碳源。根据《IPCC 2006 年国家温室气体排放清单指南》，主要温室气体排放源如附图 2－1 所示。从排放清单，我们可以大致界定城市主要碳源，即化石能源使用、工业生产过程、土地利用变化、城市废弃物处理。

2. 城市二氧化碳排放计算方法

根据城市主要碳源，我们定义以下城市二氧化碳排放的计算公式：

$$c = c_n + c_i + c_r + c_u + c_x - x_c$$

其中：c 代表城市二氧化碳排放量；c_n 代表能源消费产生的二氧化碳排放量；c_i 代表工业产品生产的二氧化碳排放量；c_r 代表垃圾排放二氧化碳总量；c_u 代表农地二氧化碳排放总量；c_x 代表其他碳排放量；x_c 代表二氧化碳吸收总量（森林碳汇）。

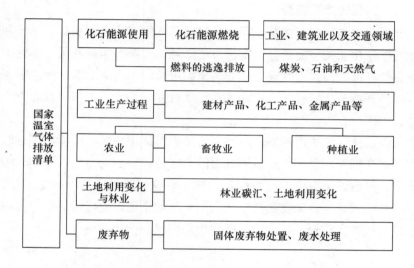

附图 2 - 1　IPCC 2006 年国家温室气体排放清单

对于 c_n、c_i、c_r、c_u①、x_c 的计算，我们参考已有的研究方法。

能源消费产生的二氧化碳排放量计算。计算 c_n 采用系数法，即能源使用量乘上二氧化碳排放系数。各种能源排放系数有所不同，为了简化，本书采用了目前普遍采用的二氧化碳排放系数，即能源燃料折标准煤后二氧化碳排放系数，一般为 2.45 吨。

根据计算，北京市 2012 年能源消费产生的二氧化碳排放量为 13329.78 万吨。（见附表 2 - 1）

---

① 农地二氧化碳排放总量计算。c_u 主要指农业二氧化碳排放，包括畜牧业和种植业。由于我国农业系统对碳的吸收基本大于排放，总体上保持碳汇功能，因此不再计算农地及农作物的碳排放和碳吸收。

附表 2-1　北京市 1990—2012 年能源消费产生的二氧化碳排放量

单位：万吨

年份	1990	1995	2000	2005	2006	2007	2008	2009	2010	2011	2012
能源消费总量（万吨标准煤）	2709	3518	4144	5522	5904	6285	6327	6570	6954	6995	7177.7
煤炭	2413	2692	2720	3069	3056	2985	2748	2664.7	2634.62	2365.53	2264.79
原油	680.98	654.66	754.71	799.6	796.12	950.91	1116.76	1162.93	1116.29	1105.08	1075.77
汽油	56.56	75.41	106.6	235.23	278.16	324.72	340.92	363.61	371.53	389.79	415.9
煤油	43.17	65.84	117.6	189.36	233.86	277.1	318.39	341.93	392.63	419.88	443.33
燃料油	228.49	196.2	89.62	65.88	48.05	42.85	25.62	42.4	66.69	74.64	78.16
焦炭	231.43	500.71	449.08	397.4	348.62	358.19	232.87	211.97	220.45	33.28	32.27
柴油	47.99	51.29	81.17	140.86	177.49	192.02	227.22	240.18	237.42	241.12	215.82
天然气	0.83	1.16	10.9	32.04	40.65	46.64	60.65	69.4	74.79	73.56	92.07
电力（亿千瓦时）	174.13	261.74	384.48	567.04	618.99	675.09	708.15	758.85	830.9	853.68	911.94
北京火力发电（亿千瓦时）	128.18	136.62	198.07	209.8	209.65	224.43	244.86	242.02	263.34	257.28	284.73
消费绿色电力（亿千瓦时）	43.5325	65.435	96.12	141.76	154.7475	168.7725	177.0375	189.7125	207.725	213.42	227.985
应扣除电力　亿千瓦时	171.7125	202.055	294.19	351.56	364.3975	393.2025	421.8975	431.7325	471.065	470.7	512.715
应扣除电力　万吨标准煤	686.85	808.22	1176.76	1406.24	1457.59	1572.81	1687.59	1726.93	1884.26	1882.8	2050.86
化石能源消费（万吨标准煤）	2022.15	2709.78	2967.24	4115.76	4446.41	4712.19	4639.41	4843.07	5069.74	5112.2	5126.84
能源消费二氧化碳排放量	5257.59	7045.428	7714.824	10700.98	11560.67	12251.69	12062.47	12591.98	13181.32	13291.72	13329.78

资料来源：原始数据来自历年《北京市统计年鉴》，能源消费带来的二氧化碳排放量根据公式计算。

（1）工业产品生产的二氧化碳排放量计算。c_i 主要计算水泥生产过程中的二氧化碳排放量。水泥生产的二氧化碳绝对排放量 = 本地生产的水泥总量 ×0.6 + （本地使用水泥总量 − 本地生产的水泥总量）（娄伟，2011）。

北京市工业产品生产的二氧化碳排放量主要计算水泥、钢材生产过程中的二氧化碳排放量。钢材生产过程中产生的二氧化碳已经在能源消费中进行了统计。因此，工业产品生产的二氧化碳主要是水泥生产过程中产生的二氧化碳。（见附表 2 −2）

附表 2 −2 北京市 1990—2012 年水泥生产过程产生的二氧化碳排放量

单位：万吨

年份	1990	1995	2000	2005	2006	2007	2008	2009	2010	2011	2012
水泥产量	339.0	574.2	827.0	1183.8	1269.4	1167.3	880.8	1077.4	1049.0	911.5	874.5
施工总面积（万平方米）	1081.2	1530.2	2358.2	4679.2	4191.0	3866.4	3840.7	4252.6	3908.4	4032.9	3723.5
水泥消费总量	432.5	612.1	943.3	1871.7	1676.6	1546.6	1536.3	1701.0	1563.4	1613.2	1489.4
二氧化碳排放量	296.88	382.4	612.48	1398.16	1168.64	1079.66	1183.964	1270.082	1143.76	1248.56	1139.6

资料来源：原始数据来自历年《北京市统计年鉴》，二氧化碳排放量根据公式计算。

（2）垃圾排放二氧化碳总量计算。c_r 采用目前普遍使用的系数，即按 1 吨生活垃圾产生 0.3 吨二氧化碳计算。（见附表 2 −2）

附表 2 −3 北京市 1990—2012 年垃圾处理产生的二氧化碳排放量

单位：万吨

年份	1990	1995	2000	2005	2006	2007	2008	2009	2010	2011	2012
生活垃圾产量	384.10	483.90	295.56	536.93	585.13	619.49	672.82	669.13	634.86	634.35	648.31
二氧化碳排放量	115.23	145.17	88.67	161.08	175.54	185.85	201.85	200.74	190.46	190.30	194.49

资料来源：原始数据来自历年《北京市统计年鉴》，垃圾处理产生的二氧化碳排放量根据公式计算。

（3）二氧化碳吸收总量计算。x_c 主要计算森林碳汇，按照 1 万立方米吸收碳汇 0.62 万吨折算。（见附表 2 −4）

附表 2-4　　　　　　　　　　　北京市 2005—2012 年森林碳汇

单位：万吨

年份	2005	2006	2007	2008	2009	2010	2011	2012
活立木蓄积量（万立方米）	1521.4	1521.4	1559.5	1574.0	1810.3	1854.7	1899.4	1943.3
吸收碳汇	943.2432	943.2432	966.8652	975.88	1122.398	1149.914	1177.609	1204.846

注：缺少 2005 年以前的数据。

资料来源：原始数据来自历年《北京市统计年鉴》，森林碳汇根据公式计算。

根据以上初步测算，可以得出北京市的二氧化碳排放总量。见附表 2-5。

附表 2-5　　　　　　北京市 1990—2012 年二氧化碳排放总量

单位：万吨

年份	1990	1995	2000	2005	2006	2007	2008	2009	2010	2011	2012
能源消费排放二氧化碳	5257.59	7045.428	7714.824	10700.98	11560.67	12251.69	12062.47	12591.98	13181.32	13291.72	13329.784
工业品生产消费带来的二氧化碳	296.88	382.4	612.48	1398.16	1168.64	1079.66	1183.964	1270.082	1143.76	1248.56	1139.6
垃圾处置产生二氧化碳	115.23	145.17	88.668	161.079	175.539	185.847	201.846	200.739	190.458	190.3035	194.493
森林二氧化碳吸收量	—	—	—	943.2432	943.2432	966.8652	975.88	1122.398	1149.914	1177.609	1204.846
二氧化碳排放总量	5669.70	7573.00	8415.97	11316.98	11961.61	12550.33	12472.40	12940.40	13365.62	13552.97	13459.03

资料来源：原始数据来自历年《北京市统计年鉴》，二氧化碳排放量根据公式计算。

二　全国及各省碳排放强度计算

碳排放强度 = 碳排放总量/国民生产总值。碳排放总量主要涉及能源系统消耗以及工业生产水泥过程中的碳排放（垃圾、农地等碳排放一般予以简化）。对于能源系统碳排放目前主要采用排放系数法 $c = \sum E_i \cdot E_i$。其中 c 为碳排放总量，E_i 代表第 i 种能源，c_i 代表第 i 种能源的排放系数。本书为了简化粗略地按照 1 吨标准煤相当于 2.45 吨二氧化碳进行折算；水泥生产过程中排放二氧化碳量采用目前普遍采用的折算系数（生产 1 吨水泥产生 0.6 吨二氧化碳）进行计算，即生产量乘以 0.6 进行折算。

几点说明：第一，写作时由于不少省（自治区）2012 年统计数据尚未公布，我们只计算到 2011 年。第二，由于各省（自治区）能源消费结构各不相同，广西、贵州、江西、贵州、云南、湖北、湖南等地区水电等

附表 2－6　1990—2012 年全国及各省（自治区、直辖市）2005 年不变价 GDP

单位：亿元人民币

地区＼年份	1990	1995	2000	2001	2002	2003	2004	2005	2006	2007	2008	2009	2010	2011	2012
全国	43044	76740	116107	125744	137161	150919	166146	184937	208387	237903	271581	296603	327580	358057	385631
北京	1381.71	2416.95	3937.94	4398.68	4904.53	5448.93	6217.23	6969.52	7875.56	9017.51	10325.05	11378.21	12550.16	13566.73	14611.36
天津	680.84	1186.79	2025.72	2268.81	2556.95	2935.38	3399.16	3905.64	4479.77	5174.13	5976.12	6962.18	8173.60	9514.08	10827.02
河北	1761.17	3480.98	5879.17	6390.66	7007.36	7820.21	8829.02	10012.11	11353.73	12807.01	14446.31	15890.94	17829.63	19844.38	21749.44
山西	861.62	1411.22	2265.40	2494.21	2815.96	3235.54	3727.34	4230.53	4772.04	5530.79	6410.19	6756.34	7695.47	8695.88	9574.16
内蒙古	641.99	1047.62	1772.09	1961.70	2220.26	2617.68	3154.31	3905.03	4650.89	5543.86	6608.28	7725.08	8883.85	10154.24	11342.28
辽宁	1922.64	3129.20	4725.14	5149.46	5677.28	6330.16	7140.43	8047.26	9189.97	10568.47	12153.74	13745.88	15697.79	17612.92	19286.15
吉林	849.19	1368.45	2182.36	2385.32	2611.93	2878.34	3229.50	3620.27	4163.31	4833.60	5611.81	6375.02	7254.77	8255.93	9246.64
黑龙江	1511.96	2182.25	3332.29	3642.19	4013.69	4423.09	4940.59	5513.70	6180.86	6922.56	7753.27	8637.14	9734.06	10931.35	12024.48
上海	1647.96	3052.14	5263.12	5815.75	6472.93	7269.10	8301.31	9247.66	10422.11	12006.27	13831.23	14965.39	16506.82	17860.38	19199.91
江苏	2719.92	5958.85	10126.85	11154.73	12455.37	14149.30	16243.40	18598.69	21369.89	24554.01	28212.56	31710.91	35738.20	39669.40	43676.01
浙江	1799.47	4313.76	7269.58	8043.79	9060.53	10392.42	11899.33	13417.68	15280.05	17521.64	20092.06	21888.29	24501.75	26719.16	28856.70
安徽	1127.71	2024.41	3259.85	3549.65	3890.77	4254.94	4821.28	5350.17	6020.55	6873.66	7847.66	8863.14	10156.27	11528.39	12923.32
福建	983.64	2288.06	3933.33	4275.53	4711.63	5253.47	5873.38	6554.69	7524.78	8668.55	9986.17	11214.47	12773.28	14344.40	15979.66
江西	911.01	1495.04	2338.17	2543.47	2811.55	3177.05	3596.42	4056.76	4555.74	5157.10	5837.84	6602.59	7526.96	8467.83	9399.29

续表

年份 地区	1990	1995	2000	2001	2002	2003	2004	2005	2006	2007	2008	2009	2010	2011	2012
山东	2776.50	5933.99	9935.15	10932.64	12215.04	13851.86	15971.19	18366.87	21066.80	24058.29	27474.56	30826.46	34618.11	38391.49	42153.85
河南	2072.82	3811.47	6172.41	6728.54	7365.73	8153.87	9270.95	10587.42	12112.01	13880.36	15906.89	17640.75	19845.84	22207.49	24450.45
湖北	1442.88	2552.45	4052.57	4413.25	4819.27	5286.73	5878.85	6590.19	7460.10	8549.27	9797.46	11120.12	12765.90	14527.59	16169.21
湖南	1541.51	2533.84	4027.40	4389.87	4784.96	5244.31	5878.88	6596.10	7440.40	8556.46	9839.93	11188.00	12821.45	14462.59	16096.87
广东	2933.72	7175.13	12079.01	13346.10	14997.02	17216.57	19764.63	22557.37	25895.86	29754.34	34187.74	37503.95	42154.44	46369.89	50172.22
广西	786.29	1592.10	2387.05	2585.17	2859.20	3150.84	3522.63	3984.10	4525.94	5209.35	5995.97	6829.41	7799.18	8758.48	9748.19
海南	174.73	395.82	567.93	619.61	679.10	751.08	831.45	918.75	1040.03	1204.35	1394.64	1557.81	1807.06	2023.90	2208.08
四川	1638.39	2804.70	4349.08	4740.49	5228.76	5819.61	6558.70	7385.10	8382.09	9597.49	10989.13	12582.55	14482.52	16654.89	18753.41
贵州	529.86	804.66	1222.24	1329.79	1450.80	1597.34	1779.43	2005.42	2262.11	2596.91	2981.25	3321.11	3746.21	4308.15	4894.05
云南	901.71	1484.28	2255.64	2409.02	2625.83	2856.90	3179.73	3462.73	3864.41	4335.86	4864.84	5453.49	6124.26	6963.29	7868.52
陕西	863.44	1347.28	2247.75	2468.03	2740.99	3064.43	3459.74	3933.72	4480.51	5188.43	6008.20	6825.31	7821.81	8909.04	10058.31
甘肃	453.62	724.61	1161.32	1274.67	1400.35	1550.75	1729.24	1933.98	2156.58	2421.84	2719.73	2999.59	3352.64	3772.39	4247.71
青海	140.68	202.51	307.97	344.03	385.59	431.32	484.24	543.32	615.36	698.25	792.31	872.65	1006.43	1141.79	1282.23
宁夏	156.77	232.10	363.29	399.95	440.78	496.76	552.40	612.61	690.41	778.09	876.91	981.26	1113.73	1248.50	1392.07
新疆	638.52	1113.46	1613.22	1751.96	1895.62	2107.93	2348.23	2604.19	2890.65	3243.31	3638.99	3933.75	4350.73	4872.82	5457.56

资料来源：根据历年《中国统计年鉴》及各省（自治区、直辖市）统计年鉴折算。

附表 2-7　　1990—2011 年全国及各省（自治区、直辖市）二氧化碳排放总量

单位：万吨

年份地区	1990	1995	2000	2001	2002	2003	2004	2005	2006	2007	2008	2009	2010	2011
全国	230222.7	317779.4	356715.9	371307.6	395045.4	456986.2	528679.7	584504.3	644586.5	700190.5	726642.8	774795.3	829405.2	893299.9
北京	6842.2	9001.2	10649.0	10847.0	11398.9	11987.4	13320.4	14239.0	15227.8	16099.5	16068.0	16745.4	17667.0	17691.7
天津	4879.2	6342.0	6417.0	6878.0	7494.7	7827.6	8942.6	9869.3	10888.0	11920.8	12968.0	14811.0	17203.0	19180.6
河北	15790.4	23678.9	30246.2	32606.8	36302.6	41566.7	47053.4	52987.1	58316.4	63405.4	64724.7	68687.3	75125.1	80990.4
山西	11908.2	16809.2	14896.8	18013.0	20847.9	23311.3	24830.4	26173.3	29039.1	31400.5	31802.4	39813.1	43380.6	47332.6
内蒙古	6074.4	8217.2	10025.0	11329.9	13142.7	16770.0	21844.1	27353.4	32700.2	37613.7	41911.6	40193.1	44470.3	49805.2
辽宁	18223.6	24131.8	25372.1	26635.3	26604.5	29469.1	32009.7	34909.8	38867.4	42989.8	45976.2	49647.3	54191.6	59124.3
吉林	7130.6	8157.3	7369.6	7821.2	8783.2	10016.2	10999.2	14897.5	16493.2	18249.6	20389.5	20124.8	21159.2	23468.4
黑龙江	13855.9	16230.9	14416.3	14864.8	15774.9	16127.7	19107.7	19396.7	19650.0	20483.9	21633.0	27206.4	29678.7	32319.0
上海	7730.3	10673.5	13660.8	14702.5	15521.7	17097.1	17819.1	19566.2	20451.8	22113.4	23202.1	23311.7	25100.7	25333.8
江苏	14416.8	22095.5	23860.1	24907.6	27162.2	31793.8	38729.7	47202.6	52503.9	57590.7	60960.0	66772.5	72644.1	76613.6
浙江	7499.7	13844.5	18626.9	20644.7	23730.8	27646.7	29132.2	32007.2	35127.1	38374.2	39456.8	40818.6	43977.6	46626.7
安徽	7314.9	11465.0	13096.5	13962.8	14466.2	15213.6	16820.1	17980.7	20134.0	22233.9	23986.0	26162.2	28623.5	31639.8
福建	3182.3	5375.3	6675.7	7256.9	8105.2	9402.8	10304.1	13742.9	15401.3	17545.5	18852.4	20762.1	22778.3	24965.7
江西	4101.2	5877.0	6401.3	6759.7	7646.8	9068.8	10266.5	11671.0	12855.7	14767.8	15675.0	17250.1	18548.9	20249.3

续表

年份/地区	1990	1995	2000	2001	2002	2003	2004	2005	2006	2007	2008	2009	2010	2011
山东	15472.9	22292.9	34585.6	38129.8	44510.0	50540.6	60151.9	70162.2	79213.9	83974.5	87284.2	87863.6	94125.1	100017.1
河南	13462.0	17867.8	21635.6	23311.0	24751.0	28791.3	35208.4	39721.1	44338.8	49393.3	52157.6	55514.4	59461.8	64796.5
湖北	8927.2	11739.0	14297.0	14599.5	16139.3	16797.9	19792.9	23203.1	25605.8	28083.0	29947.0	32750.8	36925.5	40228.3
湖南	9026.4	10929.2	10413.3	11848.6	12772.1	14145.2	18787.7	23653.7	26086.7	29051.9	30869.1	33986.2	38059.7	41253.6
广东	9440.1	17898.0	22433.0	23967.0	27084.8	30371.2	34780.6	40905.3	45511.9	49910.2	52105.2	57367.9	63002.5	66938.0
广西	3023.3	5611.1	6550.9	6965.4	7285.1	8303.9	10110.3	11745.7	13001.8	14638.2	16096.1	17728.2	20031.1	22086.3
海南	356.4	745.3	1247.4	1335.0	1766.2	2028.6	1983.4	2175.7	2471.4	2745.2	2905.7	3432.9	3921.5	4639.5
四川	11884.7	15457.5	17101.0	18059.7	19559.7	23218.8	26678.4	29233.8	32391.8	35734.2	37987.2	45093.7	50082.7	55356.4
贵州	5506.2	8439.2	11093.9	11682.9	11832.8	14639.5	15589.8	16863.2	18570.9	20795.5	21200.3	22085.2	26052.4	28708.3
云南	3997.2	5456.5	7268.3	8054.8	8770.0	9676.5	11069.1	12818.0	14159.5	15295.0	16081.6	17472.9	19286.8	21884.0
陕西	5768.0	7627.5	7318.4	8418.6	9472.8	10833.2	12875.6	14954.4	16552.3	18979.4	20547.4	22735.7	25232.6	27987.8
甘肃	4536.5	5848.4	6448.8	6570.0	6468.7	7269.0	8390.0	9386.6	10209.8	10986.2	11552.6	11797.5	12756.3	13985.9
青海	1059.6	1521.8	1912.5	2276.5	2294.6	2747.2	3217.9	3754.1	4306.7	4984.8	5482.3	6152.6	7072.9	8642.8
宁夏	1688.0	1951.2	2256.3	2441.7	2817.5	4445.0	6389.4	6926.4	7671.7	8345.4	8748.5	9413.5	10473.7	12229.9
新疆	4509.9	6399.3	7792.2	8243.5	8589.2	9644.1	11341.2	13038.7	14297.8	15567.6	16728.7	17883.4	19781.6	23733.9

资料来源：根据历年《中国统计年鉴》及各省（自治区、直辖市）统计年鉴折算。

清洁能源消费比重较高，我们在计算能源消费产生的二氧化碳时扣除了这一比例。第三，资料来源：地区（国民）生产总值、水泥生产量原始数据来自《中国统计年鉴》以及各省（自治区、直辖市）统计年鉴，其中地区（国民）生产总值全部折算为 2005 年不变价；能源消费数据来自各省（自治区、直辖市）的统计年鉴以及《中国能源统计年鉴》。

三　北京市建筑能耗与二氧化碳排放估算

目前建筑能耗的估算方法主要有三种：第一种是界定建筑能耗范围，根据现有的能源统计进行重新调整（王定一，2009；林学山，2008；张洋，2008；陈飞，2010），第二种是建筑能耗实际抽样调查统计（张蓓红，2008），第三种是通过终端电器使用状况进行折算（杨秀等，2007）。

为了简化，我们采用第一种方法，根据历年《北京市统计年鉴》中的能源统计数据，对北京市建筑能耗进行估算。

第一，界定建筑能耗范围。根据不同的调整方法，目前对建筑能耗范围也存在不同界定。本书将建筑能耗的统计范围界定为居住建筑能耗和公共建筑能耗。居住建筑能耗包括空调、照明及家用电器等用电，以及炊具、热水器等燃气用能；公共建筑能耗包括空调、照明及设备消耗的用电，以及热水和采暖的用能。根据现有的能源统计，对建筑能耗统计调整如附表 2－8。

附表 2－8　　　　　　　　建筑能耗统计调整

	类别	统计范围	对应能源统计部分	数据来源
建筑能耗	居住建筑能耗	空调、照明及家用电器等用电	生活用能中的电力消耗	历年《北京市统计年鉴》中能源平衡表
		炊具、热水器等燃气用能	生活用能中的天然气、液化石油气等热力消耗	
	公共建筑能耗	空调、照明及设备消耗的用电	交通运输、仓储和邮政业；批发、零售业和住宿、餐饮以及其他服务业用电消耗	历年《北京市统计年鉴》中分行业能源消耗总量和主要能源品种消耗量
		热水和采暖的用能	交通运输、仓储和邮政业；批发、零售业和住宿、餐饮以及其他服务业天然气、液化石油气等热力消耗	

第二，计算结果。火电按照 1 千瓦时产生 0.872 吨二氧化碳折算，热力生产按照 1 百万千焦产生 0.3 万吨二氧化碳折算。2005 年、2012 年北京市建筑能耗产生的二氧化碳分别为 4246.95 万吨、8350.97 万吨。具体计算结果如附表 2-9 所示。

附表 2-9　　北京市 2005 年、2012 年建筑产生的二氧化碳排放量

类别		实物量		二氧化碳排放量(万吨)	
		2005 年	2012 年	2005 年	2012 年
居住建筑	电力消耗（亿千瓦时）	88.92	161.83	775.39	1411.16
	热力消耗（百万千焦）	1991.28	3401.00	557.56	952.28
公共建筑	交通运输仓储和邮政业 电力消耗（亿千瓦时）	13.96	69.11	121.73	602.64
	热力消耗（百万千焦）	550.68	663.38	154.19	185.75
	批发零售 电力消耗（亿千瓦时）	29.85	45.27	260.31	394.75
	热力消耗（百万千焦）	248.05	690.58	69.46	193.36
	住宿餐饮 电力消耗（亿千瓦时）	29.53	43.62	257.46	380.37
	热力消耗（百万千焦）	427.22	653.59	119.62	183.01
	其他 电力消费（亿千瓦时）	127.55	250.93	1112.24	2188.11
	热力消耗（百万千焦）	2924.95	6641.21	818.99	1859.54
合计				4246.95	8350.97

参考文献

[1] 陈飞：《低碳城市发展与对策措施——上海实证分析》，中国建筑工业出版社 2010 年版。

[2] 陈建国：《低碳城市建设：国际经验借鉴和中国的政策选择》，《现代物业》（上旬刊）2011 年第 2 期。

[3] 初晓波：《日本的低碳城市建设——以东京都为中心的研究》，载《转变经济发展方式奠定世界城市基础——2010 城市国际化论坛论文集》，2010 年。

[4] 戴奕欣：《低碳城市发展的概念沿革与测度初探》，《现代城市研究》

2009 年第 11 期。

［5］林学山、彭家惠、姜涵：《重庆市建筑能耗宏观统计和计算研究》，《建筑节能》2008 年第 12 期。

［6］刘学敏、王珊珊：《北京低碳城市建设与区域协调发展》，载《低碳经济与世界城市建设——北京自然科学界和社会科学界联席会议2010 高峰论坛论文集》，2010 年。

［7］娄伟：《城市碳排放量测算方法研究———以北京市为例》，《华中科技大学学报》（社会科学版）2011 年第 3 期。

［8］潘家华、庄贵阳、朱守先：《低碳城市：经济学方法、应用与案例研究》，社会科学文献出版社 2012 年版。

［9］熊焰：《低碳转型路线图：国际经验、中国选择与地方实践》，中国经济出版社 2011 年版。

［10］杨秀、魏庆芃、江亿：《建筑能耗统计方法探讨》，《建筑节能》2007 年第 1 期。

［11］政府间气候变化专门委员会（IPCC）：《2006 年 IPCC 国家温室气体清单指南》，2006 年。

［12］张蓓红、陆善后、倪德良：《建筑能耗统计模式与方法研究》，《建筑科学》2008 年第 8 期。

［13］张洋、刘长滨、屈宏乐等：《严寒地区建筑能耗统计方法和节能潜力分析——以沈阳市为例》，《建筑经济》2008 年第 2 期。

［14］诸大建：《上海大都市低碳发展的战略思考》，载樊纲、马蔚华主编《低碳城市在行动：政策与实践》，中国经济出版社 2011 年版。

第三章　宁波市构建低碳交通运输体系的经验与建议

交通运输是城市发展的基础，而交通运输又是三大主要碳排放源之一，是低碳城市建设的重要领域。为深入了解东部沿海港口城市的低碳交通运输体系建设的实际做法、经验以及存在的问题，并提出相应的建议，促进东部沿海港口城市的交通低碳化发展，我们选择低碳交通运输体系建设第二批试点城市宁波进行深入的调研。

宁波市不仅是东部沿海重要的港口城市，也是国家级综合交通枢纽城市和全国性物流节点城市，是华东地区重要的能源基地，承载能源的储运与供应，其交通区位重要，肩负着内外交通运输的重担。通过调研我们发现，宁波市发展低碳交通具有一定的特色，如实施的集装箱"甩挂运输"被浙江省交通运输厅称为"浙江模式"，具有推广价值，对东部沿海城市尤其是港口城市构建低碳交通运输体系发展具有可借鉴意义。此外，宁波市在低碳交通运输体系建设中存在的一些问题，也具有一定的普遍性，为了促进城市低碳交通运输体系的建设，我们提出了相应的建议。

第一节　宁波市交通运输能耗与 CO_2 排放量

港口运输和公路运输是宁波市交通运输的主要手段，交通运输能源消费结构不断优化，清洁能源使用量逐步提升；交通运输能耗不断扩大，其中公路运输的能耗和二氧化碳排放量都很大。

一　宁波市交通运输承载现状

随着经济社会的快速发展，宁波市车辆拥有量和交通需求量不断增加。2005 年至 2010 年小汽车年均增速达到了 22%。2011 年，全市机动车拥有量达到了 23 辆/百人，其中汽车拥有量达到了 14 辆/百人。营运客车由 2005 年的 9691 辆增至 10641 辆；市区公交车总量达到了 4044 标台，其中，空调车比重达到了 83.2%。交通量的增加带来交通能源需求和碳排放量的增加，也造成交通拥堵，降低了交通基础设施的利用效率，进一步增加了无效能耗和碳排放。

1. 港口吞吐量位居世界前列

宁波市是海港城市，交通区位重要，拥有陆、海、空、水、管道立体交通体系，以港口枢纽为核心。港口是货物运输与周转的重要阵地，港口吞吐量与集装箱吞吐量居世界前列。随着货运量的不断上升，港口吞吐量与集装箱吞吐量也逐年递增（见图 3 - 1）。2012 年，宁波港口货物吞吐量达到 4.53 亿吨，增幅为 4.5%，居全国大陆港口第三位、世界第五位；集装箱吞吐量达 1567 万标准箱，增幅达 8%，稳居全国大陆集装箱港口第三位、世界港口第六位；货运量 3.26 亿吨，比 2011 年增长了 4.4%。

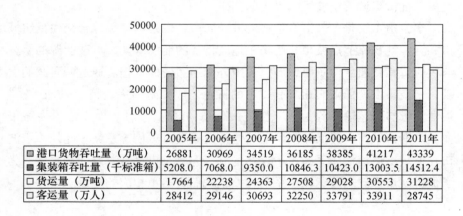

图 3 - 1   2005—2011 年宁波市港口、交通基本情况

2. 港口水运承载能源运输的重担

宁波是我国华东地区重要的能源中转枢纽，承载着能源的储运与供应，致使其交通运输的负担加重。宁波市能源运输包括集运和疏运，集疏运主要依靠港口水运，其次是管道、公路和铁路运输（见图 3 - 2）。2011年，宁波市共完成能源运输量 18971 万吨，比 2010 年增长 5.57%。港口水运运输能源量 14954 万吨，占总能源运输量的 78.83%。其中，运输煤炭 6560 万吨，比 2010 年增长 7.2%；运输原油 6470 万吨，比 2010 年增长 4.2%。

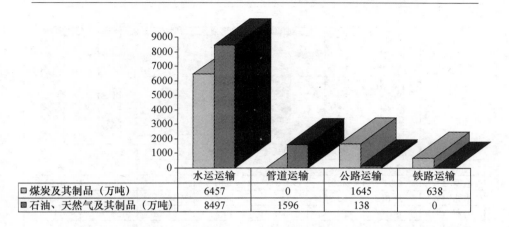

	水运运输	管道运输	公路运输	铁路运输
□ 煤炭及其制品（万吨）	6457	0	1645	638
▣ 石油、天然气及其制品（万吨）	8497	1596	138	0

图 3 - 2　2011 年宁波市港口管道、公路、铁路、水运的能源运输量

从货运层面看，以公路运输和水路运输为主，铁路运输为辅。公路运输既是一个独立的运输体系，也是铁路车站、港口和机场集散物资的重要手段，它在宁波市货运中发挥着重要的作用。除个别年份外，2005 年至 2011 年公路运输的货运量占总货运量 50% 以上，2005 年公路运输的货运比例高达 59.33%。水路运输的货运量仅次于公路运输的货运量，占货运总量的 30% 至 40%。自 2005 年以来，水路运输的货运比例不断提高，而采用公路运输的货运比例有下降趋势。采用铁路运输的货运量相对较少，2011 年铁路运输的货运量仅占货运总量的 8.61%。采用航空运输的货运量最低，最高时仅占货运总量的 0.03%。（见图 3 - 3）

从客运层面看，公路运输是客运的主要手段。2010 年，公路运输的客运量为 32340 万人，约占总客运量的 95.37%；2011 年，公路运输的客运量有所下降，占客运总量的 90.31%。铁路运输的客运量较低，铁路运输的客运量最高时为 2186 万人，仅占客运总量的 7.6%。近年来，宁波市的航空运输的客运量逐渐提高，但其客运量也相对较低。2011 年，宁波航空运输的客运量为 501 万人，是 2005 年航空运输客运量的 4.1 倍。水路运输的客运量最低；2008 年，水路运输客运量为 152 万人，是 2005 年以来水路运输客运量最高的年份，约占客运总量的 0.47%；2011 年水路运输的客运量最低，其客运量为 97 万人，约占客运总量的 0.34%。（见表 3 - 1）

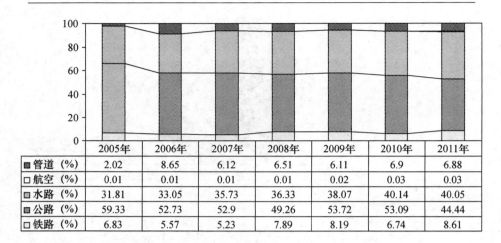

	2005年	2006年	2007年	2008年	2009年	2010年	2011年
■ 管道（%）	2.02	8.65	6.12	6.51	6.11	6.9	6.88
□ 航空（%）	0.01	0.01	0.01	0.01	0.02	0.03	0.03
▨ 水路（%）	31.81	33.05	35.73	36.33	38.07	40.14	40.05
▩ 公路（%）	59.33	52.73	52.9	49.26	53.72	53.09	44.44
□ 铁路（%）	6.83	5.57	5.23	7.89	8.19	6.74	8.61

图 3 - 3　2005—2011 年宁波市公路、铁路、水路等运输货运的情况

表 3 - 1　　　　　　　2005—2011 年公路、铁路等运送旅客情况

单位：万人

年份	铁路	公路	水路	航空	合计
2005	607	27570	113	122	28412
2006	745	28120	121	160	29146
2007	842	29541	130	180	30693
2008	1770	30130	152	198	32250
2009	1700	31545	142	403	33791
2010	1012	32340	107	452	33911
2011	2186	25960	97	501	28745

　　从营业性公路运输的汽车拥有量层面看，载货汽车拥有量远高于载客汽车拥有量（见图 3 - 4）。2011 年，宁波市共拥有营业性的公路运输汽车为 85099 辆，其中载货汽车为 75052 辆、载客汽车为 10047 辆，分别占总营业性公路运输汽车辆数的 88.19% 和 11.81%。

　　二　宁波市交通能源消费量

　　交通是能源消费大户，是推动石油消费增长的主要因素。不同运输方式其能源消费种类不同，尤其是随着公交车使用天然气燃料、集装箱牵引车油改气等措施的实施，宁波交通运输的能源消费结构发生了变化。

图 3 - 4　2005—2011 年宁波市营业性公路运输的汽车辆数

1. 港口能源消费量

港口运输消耗的能源品种有柴油、汽油、电以及煤炭，其中柴油和电是港口运输消耗的主要能源（见图 3 - 5）。例如，2011 年，宁波港柴油消费量为 25854 吨，电力消费量达到 19721 万千瓦时。柴油消费量呈下降趋势，而电力消费量不断上升。2005 年，宁波港电力消费量为 12708 万千瓦时，而 2011 年突破了 19700 万千瓦时。靠港船舶使用岸电以及集装箱轮胎式起重机油改电是导致港口电力消费量不断上升的主要因素。港口汽油消费量相对较少，2011 年，宁波港汽油消费量仅为 546 吨。

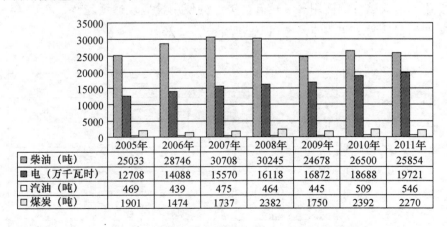

	2005年	2006年	2007年	2008年	2009年	2010年	2011年
柴油（吨）	25033	28746	30708	30245	24678	26500	25854
电（万千瓦时）	12708	14088	15570	16118	16872	18688	19721
汽油（吨）	469	439	475	464	445	509	546
煤炭（吨）	1901	1474	1737	2382	1750	2392	2270

图 3 - 5　2005—2011 年宁波市港口能源消费量

2. 公路运输能源消费量

公路运输以柴油与汽油消费为主，天然气等清洁能源逐渐被使用

（见表3－2）。2011年公路运输消耗柴油1037871吨，比2008年增长了31.72%。近年来，汽油消耗量上升较快，2008年汽油消费量为21151吨，而2011年汽油消费量达到了33099吨，是2008年汽油消费量的1.56倍。液化石油气的消费量相对稳定，其使用量在500吨至700吨。天然气作为公路运输燃料逐渐被使用，2011年天然气消费量为1140万立方米。

表3－2 宁波市公路运输的能源消费量

年份	柴油（吨）	汽油（吨）	煤炭（吨）	电力（万千瓦时）	液化石油气（吨）	天然气（万立方米）	燃料油（吨）
2008	787966	21151	1326	9774	507	0	157
2009	642235	35643	81	6367	508	0	171
2010	848244	36844	0	7865	602	0	1701
2011	1037871	33099	0	9442	663	1140	0

3. 公交车能源消费量

宁波市公交车运营过程中主要消耗的能源品种为柴油、汽油和天然气，以柴油为主（见图3－6）。2010年以前，公交车主要使用柴油和汽油两种燃料，之后汽油的使用量逐渐减少，天然气作为公交车燃料逐渐被使用，但天然气的使用量还较低。柴油的使用量呈现递增趋势，2011年，柴油消费量为27927吨，比2010年增长了8.26%。

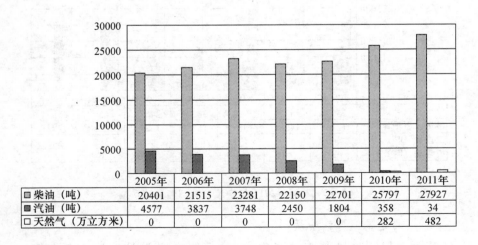

图3－6 2005—2011年宁波市公交车能源消费量

4. 出租车能源消费量

宁波市出租车消耗的能源品种主要为柴油和汽油,柴油消费量逐年递减,而汽油消费量不断上升(见图3-7)。2011 年出租车的柴油消费量为20644 吨,比2005 年的柴油消费量减少了10276 吨,平均年下降率为6.5%。2005 年出租车消耗汽油量为17561 吨,而2011 年出租车汽油消费量达到了40283 吨,平均增幅为14.8%。

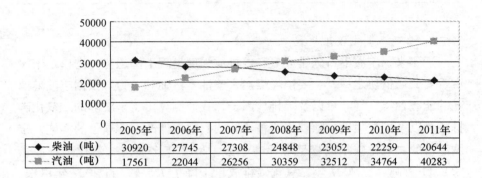

	2005年	2006年	2007年	2008年	2009年	2010年	2011年
柴油（吨）	30920	27745	27308	24848	23052	22259	20644
汽油（吨）	17561	22044	26256	30359	32512	34764	40283

图 3 - 7　2005—2011 年宁波市出租车能源消费量

三　宁波市交通运输二氧化碳排放量

随着宁波市的经济跨越式发展,其交通运输的碳排放量也呈现增长趋势。由上述分析可知,港口、公路运输、水路运输、公交车以及出租车是宁波市交通运输的主要手段,因而本章分析二氧化碳排放量时,主要考察港口、公路运输、公交车以及出租车的碳排放情况。根据《IPCC 2006 年国家温室气体清单指南》中碳排放估算方法,运用碳排放因子法,测算了宁波市交通运输的碳排放量以及碳排放强度。在测算 CO_2 排放量时,需先确定各种能源 CO_2 排放因子,我们选取的 CO_2 排放因子如表3-3 所示。由于电力作为二次能源,不考虑其碳排放。

表 3 - 3　各种能源 CO_2 排放系数、折算标准煤系数以及折算标准油系数

能源种类	折算标准煤系数	折算标准油系数	CO_2 排放系数
煤炭	0.714t ec/t	0.5t oe/t	2.0t CO_2/t
柴油	1.4571t ec/t	1.02t oe/t	3.14t CO_2/t
汽油	1.4714t ec/t	1.03t oe/t	3.04t CO_2/t

续表

能源种类	折算标准煤系数	折算标准油系数	CO_2 排放系数
燃料油	1.4286t ec/t	1t oe/t	3.05t CO_2/t
天然气	13.3t ec/万 m³	9.31t oe/万 m³	21.65t CO_2/万 m³
液化石油气	1.7143t ec/t	1.20t oe/t	2.95t CO_2/t
电力	3.33t ec/万 KWh	0.23t oe/万 KWh	—

1. 港口二氧化碳排放量

近年来，宁波港口碳排放量和碳排放强度呈现下降趋势。港口是宁波市重要交通枢纽之一，主要消耗煤炭、柴油、汽油和电力。根据宁波港消耗的能源种类、吞吐量以及碳排放因子，我们测算出了宁波港的二氧化碳排放量以及排放强度。随着集装箱轮胎式起重机油改电等项目的实施，宁波港口的二氧化碳排放量呈现递减趋势。2012 年宁波港二氧化碳排放量为 8.11 万吨，比 2007 年二氧化碳排放量下降了 7.2%。自 2007 年以来，宁波港二氧化碳排放强度逐年递减，2007 年宁波港二氧化碳排放强度为 5.77 吨/万元，而 2012 年二氧化碳排放强度减少为 3.46 吨/万元，平均每年降幅 9.7%。

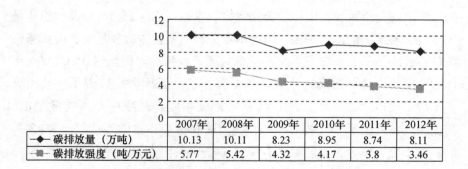

图 3-8 宁波港二氧化碳排放量与排放强度

宁波港货物吞吐量约占整个宁波港域内货物吞吐量的 50%，具有较强的代表性，因而可根据宁波港的综合能耗测算出宁波港域内的综合能耗（见图 3-9）。

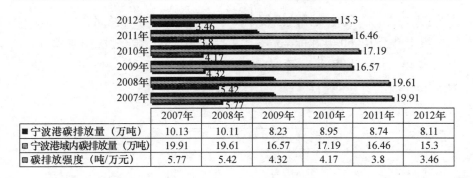

	2007年	2008年	2009年	2010年	2011年	2012年
■宁波港碳排放量（万吨）	10.13	10.11	8.23	8.95	8.74	8.11
▨宁波港域内碳排放量（万吨）	19.91	19.61	16.57	17.19	16.46	15.3
▨碳排放强度（吨/万元）	5.77	5.42	4.32	4.17	3.8	3.46

图 3 - 9　宁波港域内二氧化碳排放量与排放强度

从图 3 - 9 可知，宁波港域内的碳排放量呈下降趋势。2007 年，宁波港域内的二氧化碳排放量为 19.91 万吨，2011 年二氧化碳排放量下降至16.46 万吨，4 年减少二氧化碳排放量 3.45 万吨。碳排放强度由 2005 年的 6.14 吨/万元降至 2011 年的 3.8 吨/万元，降幅 38.11%。碳排放强度下降较大，主要得益于设备能耗结构调整，使电力占港口用能的比例逐步提升，从而在保证吞吐量逐年增加的前提下，碳排放总量和碳排放强度下降显著。

2. 公路运输的二氧化碳排放量

公路运输是宁波市货物运输的主要手段，其能耗与二氧化碳排放量都较大。2008—2011 年，公路运输能耗总量由 121.39 万吨标准煤增加至160.87 万吨标准煤，年均增长 9.8%；二氧化碳排放量由 254.31 万吨上升至 338.62 万吨，年均增长 10%。由图 3 - 10 可知，近几年来，公路运输的二氧化碳排放量不断增加，二氧化碳排放强度呈现上升趋势。2009年，公路运输的二氧化碳排放强度为 7.5 千克/百吨公里，而 2011 年二氧化碳排放强度上升至 11.47 千克/百吨公里。2012 年，公路运输的二氧化碳排放强度比 2011 年略有下降，主要原因是天然气燃料逐渐被采用。

3. 公交车运输二氧化碳排放量

公交车能耗和二氧化碳排放量呈现上升趋势，但二氧化碳排放强度不断下降（见图 3 - 11）。截至 2012 年，宁波市公交总公司共有 1905 辆公交车，其公交车数量约占宁波市公交车总量的 40%。2008—2012 年，宁波市公交车二氧化碳排放量由 19.03 万吨增加至 25.83 万吨，增幅为35.73%；二氧化碳排放强度由 306.67 千克/万人公里下降至 273.12 千克/万人公里，二氧化碳排放强度下降了10.94%；能耗总量由8.87万吨标准煤上升至12.60万吨标准煤，增幅为42.05%；能耗强度由142.90千克标准煤/万人公里下降至133.26千克标准煤/万人公里，下降率为6.75%。

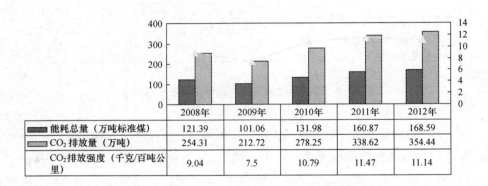

	2008年	2009年	2010年	2011年	2012年
能耗总量（万吨标准煤）	121.39	101.06	131.98	160.87	168.59
CO_2排放量（万吨）	254.31	212.72	278.25	338.62	354.44
CO_2排放强度（千克/百吨公里）	9.04	7.5	10.79	11.47	11.14

图3-10 宁波市公路运输的二氧化碳排放量与排放强度

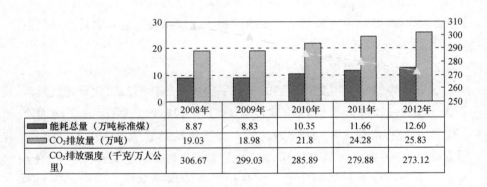

	2008年	2009年	2010年	2011年	2012年
能耗总量（万吨标准煤）	8.87	8.83	10.35	11.66	12.60
CO_2排放量（万吨）	19.03	18.98	21.8	24.28	25.83
CO_2排放强度（千克/万人公里）	306.67	299.03	285.89	279.88	273.12

图3-11 宁波市公交车的二氧化碳排放量与排放强度

4. 出租车运输二氧化碳排放量

宁波市出租车二氧化碳排放量逐年递增，二氧化碳排放强度逐年递减（见图3-12）。2012年，宁波市出租车二氧化碳排放量为19.51万吨，比2008年增加了2.42万吨。2012年，出租车二氧化碳排放强度为1022.81千克/万人公里，比2008年下降了5.32%。随着出租车能耗的增加，二氧化碳排放量不断上升。2008年，出租车能耗总量为8.08万吨标准煤，而2012年能耗总量达到了9.32万吨标准煤，增幅为15.35%。

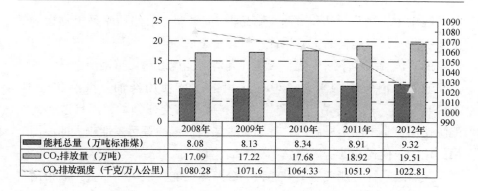

	2008年	2009年	2010年	2011年	2012年
能耗总量（万吨标准煤）	8.08	8.13	8.34	8.91	9.32
CO_2排放量（万吨）	17.09	17.22	17.68	18.92	19.51
CO_2排放强度（千克/万人公里）	1080.28	1071.6	1064.33	1051.9	1022.81

图 3 - 12　宁波市出租车的二氧化碳排放量与排放强度

5. 船舶运输二氧化碳排放量

船舶运输二氧化碳排放量不断升高，二氧化碳排放强度呈下降趋势。2010 年，宁波市营运性船舶排放了 143.68 万吨二氧化碳，比 2009 年多排放二氧化碳 23.92 万吨，增幅为 19.97%。2010 年，营运性船舶运输二氧化碳排放强度为 10.81 千克/千吨公里，比 2009 年下降了 0.73%。船舶运输能耗相对较大，而且呈现不断提高趋势。2010 年，船舶运输能耗总量为 67.31 万吨标准煤，比 2009 年上升了 20%。

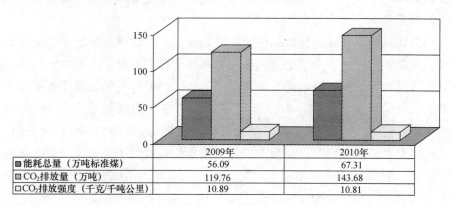

	2009年	2010年
能耗总量（万吨标准煤）	56.09	67.31
CO_2排放量（万吨）	119.76	143.68
CO_2排放强度（千克/千吨公里）	10.89	10.81

图 3 - 13　宁波市船舶运输二氧化碳排放量与排放强度

小结：

港口和公路运输是货物运输的主要手段。宁波市是海港城市，港口是其交通运输的重要组成部分，承载着货物运输的中转，货物吞吐量居世界第 5 位。宁波市作为能源供应基地，承载着能源储运与供应，宁波港口货物吞吐量中煤炭及制品和石油及制品占 34.95%。公路运输是货物运输的主要手段，公路运输的货运量约占货运总量的 50%。

能源消费结构不断优化，天然气等清洁能源燃料比重逐渐上升。从宁波交通能源消费结构来看，2011 年以前主要使用柴油、汽油和电力，2011 年之后天然气等清洁能源作为燃料应用在交通领域，而且这些清洁能源使用量呈不断上升趋势，逐渐减少柴油、汽油等污染性较大的能源使用的比例，使得交通能源消费结构不断优化。

交通运输综合能耗呈上升趋势，公路运输能耗最大。尽管宁波市出台了一系列政策来促进节能减排，但交通运输能耗不断上升，其中公路运输能耗最大，这也与公路运输占货物运输比例较大有关。例如，2010 年公路运输能耗 131.98 万吨标准煤，是第二大能耗船舶运输的 1.96 倍。

交通运输的二氧化碳排放总量不断增加，公路运输二氧化碳排放量最大。总的来看，交通运输二氧化碳排放总量呈递增趋势。就单个交通运输来看，港口二氧化碳排放量不断下降。近年来，宁波港口采取起重机油改电以及靠港船舶使用岸电等措施，使得港口二氧化碳排放总量有所下降，实现了港口节能减排效果。公路运输、公共交通以及船舶运输的二氧化碳排放量不断增加，其中公路运输的二氧化碳排放量最大，公路运输二氧化碳排放量年均增长率为 8.7%。

交通运输二氧化碳排放强度呈下降趋势，公路运输与出租车二氧化碳排放强度相对较大。虽然交通运输的二氧化碳排放总量不断增加，但其二氧化碳排放强度呈下降趋势。从货运层面看，船舶运输的二氧化碳排放强度比公路运输小。例如，2010 年船舶运输的二氧化碳排放强度为 10.81 千克/千吨公里，而公路运输二氧化碳排放强度为 10.79 千克/百吨公里。从公共交通运输层面看，出租车二氧化碳排放强度大于公交车二氧化碳排放强度。例如，2012 年出租车二氧化碳排放强度为 1022.81 千克/万人公里，公交车二氧化碳排放强度仅为 273.12 千克/万人公里。

第二节 宁波市构建低碳交通运输体系的经验及存在的问题

宁波市在打造低碳化港口、构建智慧交通等方面取得了一定的成效，尤其发展绿色低碳港口对东部沿海港口城市具有重要的借鉴意义。宁波市在发展低碳交通方面也遇到公共交通出行比例低、交通用能总量不断上升等问题。

一　宁波市构建低碳交通运输体系的主要做法

作为第二批低碳试点城市以及建设低碳交通运输体系试点城市，宁波市构建以"港·城·畅·绿"为特征的低碳交通运输体系。"港"，即将港口的绿色低碳转型发展作为宁波市交通运输体系建设的特色与亮点，促进"港（低碳港口）城联动，实现以港兴城（低碳城市）"。"城"，即积极推广低碳公交，强化需求引导，抑制低效出行。"畅"，即建设结构合理的综合交通运输体系，构建多种交通方式无缝衔接的现代化综合交通枢纽，打造畅通便捷的交通网络。"绿"即绿色低碳，是建设宁波低碳城市、低碳港口、打造低碳交通运输体系的最终目标。宁波市为实现"港·城·畅·绿"的低碳运输体系，着手发展绿色低碳港口、建立智慧交通系统、建设城市低碳公共交通等。

1. 发展绿色低碳港口，实现以港兴城（低碳城市）

发展绿色低碳港口，是宁波市实现低碳城市的重点。近年来，宁波市对港区采取靠港船舶使用岸电、港区使用液化天然气（LNG）汽车、集装箱专用牵引车"一拖多挂"等措施，减少了能源消耗，降低了港区的碳排放量，例如，2008 年，宁波港吞吐量为 18663.25 万吨，综合能源消耗量为 10.19 万吨标准煤，单位吞吐量综合能耗 5.37 吨标准煤/万吨吞吐量；而 2011 年吞吐量升至 23011.51 万吨，综合能源消耗量为 10.58 万吨标准煤，但单位吞吐量综合能耗下降至 4.6 吨标准煤/万吨吞吐量，降幅为 14.34%（见图 3 - 14）。

靠港船舶使用岸电，减少港区船舶的汽油、柴油的消耗，减少碳排放。船舶在靠港时通常采用船上的辅机发电，而船舶辅机使用的多是重油和柴油，排放大量的二氧化碳等污染物，是港口一个重要的污染源。船舶使用岸电就是利用陆地电网的电力替代船上柴油发电，以达到节能减排的目的。2008 年，宁波港已建设 33 个接岸电点，接岸电艘次 1200 余艘次，总投资额 350 万元。2014 年，接岸电点将超过 53 个，接岸电艘次将达到 3000 艘次，若按每艘次船舶在港停泊时间约 8 小时核算，每小时辅机耗油 0.02 吨，累计每年辅机耗油 480 吨。实施船舶靠港接岸电措施后，可减少二氧化碳排放 1553.6 吨（见图 3 - 15）。

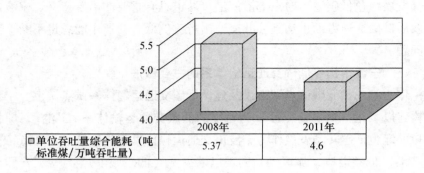

图 3 – 14　2008 年和 2011 年宁波港口单位综合能耗

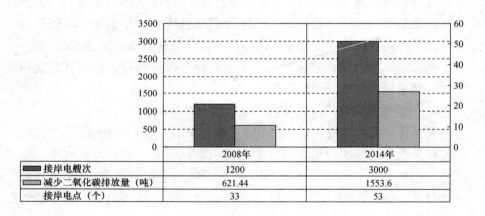

图 3 – 15　2008 年和 2014 年宁波市靠港船舶使用岸电艘次及碳减排量
注：2014 年为预测值。

集装箱轮胎式起重机油改电，推动了港区绿色低碳化发展。轮胎式起重机（RTG）是宁波港口集装箱堆场的主要起重装卸设备，一般采用柴油机组作为动力源，柴油消耗量大，污染严重。宁波港集团投资 3.9 亿元建设"集装箱轮胎式起重机油改电"节能改造项目，减少柴油消耗，降低碳排放。2008—2011 年共完成 190 台轮胎式起重机的油改电。此项目在 2009 年被浙江省交通运输厅评为省交通运输行业首批节能减排示范项目，并获国家发改委、财政部节能减排专项资金 1000 万元的补助。宁波港 190 台 RTG "油改电"后，每年节约 1.63 万吨标准煤，节能率达60.29%，节约运行成本 1.3 亿元（见图 3 – 16）。

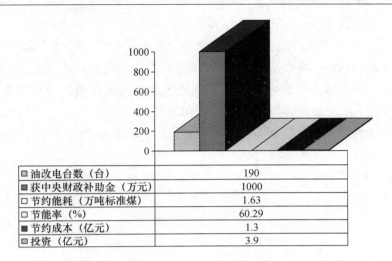

☐ 油改电台数（台）	190
▧ 获中央财政补助金（万元）	1000
☐ 节约能耗（万吨标准煤）	1.63
☐ 节能率（%）	60.29
■ 节约成本（亿元）	1.3
▨ 投资（亿元）	3.9

图 3 – 16　2008—2011 年宁波港集装箱轮胎式起重机油改电情况

　　集装箱牵引车油改气，降低港区环境污染。集装箱牵引车是集装箱码头的主要水平运输设备，目前多以柴油为动力源。为减少港区环境污染，宁波港集团投资 5400 万元将传统的柴油集装箱牵引车替换为 LNG 集装箱牵引车，截至 2011 年，共投运 102 辆 LNG 集装箱牵引车。LNG 集装箱牵引车单车每百公里综合排放污染比柴油集装箱牵引车低约 85%，二氧化碳排放量减少约 30%，能耗成本减少约 20%，具有明显的低碳经济特征。一辆 LNG 集装箱牵引车相对于柴油集装箱牵引车，一年可减排二氧化碳约 25 吨（见表 3 – 4）。

表 3 – 4　　天然气集装箱牵引车与柴油集装箱牵引车相关指标对比

百公里综合排放污染	降低 85%
二氧化碳排放量	减少 30%
能耗成本	节约 20%

　　运用集装箱甩挂运输，提高集装箱的运输效率。集装箱甩挂运输作为一种先进的运输组织方式，在降低成本、提高效率和节能减排等方面具有较强优势，被物流界冠以"绿色物流"的美誉。为提高港区集装箱运输效率、节省能耗，宁波港区开展了集装箱甩挂运输试点，并计划到"十

二五"末发展10家具有示范效应的甩挂运输企业。宁波市从2009年7月15日开始试点"甩挂运输",并被称为"浙江模式"。甩挂运输的发展,降低了燃料消耗,减少了二氧化碳的排放。宁波市甩挂运输试点企业的统计显示,采用甩挂运输后,平均百吨公里油耗与传统模式相比下降了4升,百吨公里二氧化碳排放量下降了10.9千克(见图3-17)。目前宁波市甩挂运输试点项目共有461辆牵引车,以此测算一年可节约燃油1676万升,减少二氧化碳排放45693吨。

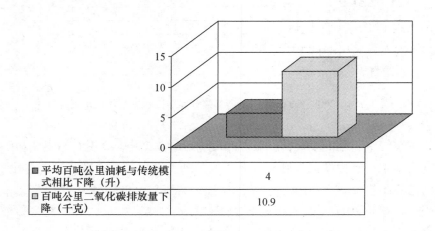

■平均百吨公里油耗与传统模式相比下降(升)	4
□百吨公里二氧化碳排放量下降(千克)	10.9

图3-17　运用集装箱甩挂运输的油耗与二氧化碳排放量下降情况

集装箱专用牵引车"一拖多挂",发展有效节能运输。宁波港区的集装箱平面运输首次在国内批量(24台样车编组运行)实施"一拖多挂"的运输方式,该项目被评为交通运输部节能减排示范项目。在集装箱码头牵引车的牵引力余量大、堆场区域路面状况好、车辆速度限制低等有利条件下,将传统的"一拖单挂"扩展为"一拖多挂"是最为有效的节能运输方式。"一拖多挂"较"一拖单挂"节能约37.25%、减少碳排放量约40%。一台"一拖多挂"车辆,可以当1.8台(套)传统的"一拖单挂"车辆使用(见图3-18)。

港区道路与堆场使用LED灯,实现港区绿色照明。宁波港区码头、堆场及设备照明基本选用高压钠灯或金卤灯,年耗电量2000万千瓦时,电量消耗大。而LED投光灯和高效节能钠灯具有光照强、能耗少、零污染的优点。2012年,宁波港在部分港口堆场、道路及设备照明上进

行节能改造，采用 LED 投光灯和高效节能钠灯，逐步在港区淘汰高压
钠灯，逐渐实现港区绿色照明。

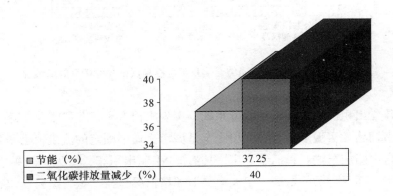

▧ 节能（%）	37.25
▦ 二氧化碳排放量减少（%）	40

图 3 – 18　运用集装箱专用牵引车"一拖多挂"节能减排情况

2. 建立智慧交通系统，提高交通系统运行效率

运用信息化技术，宁波市建立了智慧交通系统，提高了交通系统运行
效率，为建设"港·城·畅·绿"的低碳交通运输体系奠定了基础。

建立统一的城市化公共交通综合信息平台，有效提高了城市公交运
营效率和公交出行服务水平。2011 年，宁波市公运集团投入 223 万元
建立 GPS 监管中心，2012—2013 年共投入 952.8 万元用于无线公交、
数字化信息发布系统以及两级调度中心建设。目前已基本实现了以 GPS
自动化调度系统为主，人工干预为辅的公交智能调度系统，实现了公交
出行线路、在途车辆的信息及车辆动态信息通过系统与场站发布屏、电
子站牌等相关设施的对接和同步传输；建立了 G – BOS 智慧运营系统、
无线公交发布系统等。通过智能化公共交通综合信息平台，实现对城市
公交的全程实时监控，合理调整公交发车频次，优化了线路调度，同时
向公众发布公交车辆信息，有效提高了城市公交运营效率和公交出行服
务水平，吸引居民选择公交出行，缓解交通拥堵，减少因空驶、堵车造
成的温室气体和有害气体排放，实现节能减排。该系统使得公共汽车运
行速度提高 8%，发车准点率提高 20%，公交车辆燃油效率提高 3%—
5%（见图 3 – 19）。

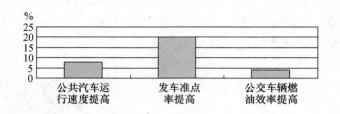

图 3-19　宁波市公共交通综合信息平台提高城市公交运营效率情况

　　建立出租汽车电召管理服务系统，实现出租汽车行业科学化管理，减少城市拥堵，实现节能减排。出租车是城市交通中固定的流量，也是可管控的自由路线车辆。目前宁波市区拥有 3851 辆出租车，每天运送乘客 56 万人次。随着车辆的增多，宁波市交通拥堵情况日益严重，给公众出行带来了不便，也给环境增加了负担。例如，2005 年，出租车能耗 71084 吨标准煤，CO_2 排放总量为 14.91 万吨；而 2011 年出租车能耗达到 89072 吨标准煤，CO_2 排放总量为 18.92 万吨。宁波市通过出租车电召服务系统，从宏观上调控运力，有效引导流向，提高了实载率，同时减少了空驶、堵车造成的车辆尾气排放。截至 2013 年年底，宁波市将投入 3300 万元建设出租车电召服务中心，以提供有效的电召服务，使公众在较短时间内打到车，实现便捷出行。建立出租汽车电召管理系统后，每年可节省燃油约 944.6 千升，减少 CO_2 排放 2122 吨（见图 3-20）。

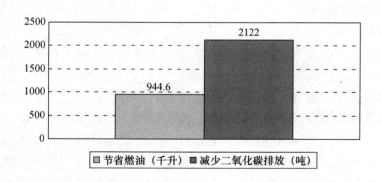

图 3-20　宁波市出租车电召服务系统节能减排情况

　　建立公共物流信息平台，实现交通物流低碳化。宁波市是全国性物流节点城市，物流运输实现低碳化是宁波市发展现代物流的措施之一。宁波市建立了以宁波四方物流为核心的公共物流信息平台，被确定为浙江省交通物流网上交易市场。对物流信息化建设与推广项目按照投资额的 30% 给予扶持，当年最高补助额不超过 100 万元，累计不超过 500 万元。公共物流信息平台的建立，提高了运输物流效率，推动了交通物流低碳化的发展。到 2014 年宁波市将投入 1000 万元建立物流公共应用信息中心和重要物流及相关信息系统联网，投入 500 万元开发物流通用软件。

3. 建设低碳公共交通，助推绿色城市发展

近年来，宁波市通过推广清洁能源公交车以及双燃料出租车的应用，调整能源使用结构，促进客运的低碳化发展，构建以"城"为特征的低碳交通运输。

加大清洁能源公交车投放力度。使用天然气燃料替代石化能源是国家节能减排、建设低碳交通运输体系的鼓励项目，该项目有利于降低汽车运行成本，减少汽车尾气污染。为推广清洁能源公交车的应用，2012 年宁波市出台了《关于推进市区公交车、出租车、港区集装箱卡车改用天然气实施方案》。宁波市加大了压缩天然气（CNG）和液化天然气（LNG）公交车的使用，2010—2011 年投入运营 176 辆 LNG 公交车，2012 年购买了 88 辆 CNG 公交车并投入运营，使得市区天然气公交车比例达到了 21.3%，到 2015 年天然气公交车将达到 2500 辆，占市区公交车总量的 50%，其中投入运营 1076 辆 LNG 公交车，配套建成公交车加气站 10 余座（见图 3-21）。

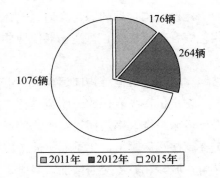

图 3-21 宁波市天然气公交车投放量

注：2015 年数据为计划数据。

推广双燃料（CNG 油气双燃料）出租车的应用。双燃料出租车节能环

保，有助于城市的绿色发展。2012年宁波市区CNG双燃料出租车比例超过了25%，计划到2015年双燃料出租车达到3500辆，占市区出租车总量的70%。为推动双燃料出租车的应用，宁波市出台了《宁波市区客运出租汽车改用天然气补助资金管理办法》，对纳入补助范围的市区CNG出租车，给予经营者一次性补助4000元/辆。2012年宁波市出租车能耗强度为488.66千克/万人公里，CO_2排放强度为1022.81千克/万人公里，随着双燃料出租车的应用加大，预计到2015年出租车能耗下降至469.85千克/万人公里，CO_2排放强度将降至933.85千克/万人公里（见图3-22）。

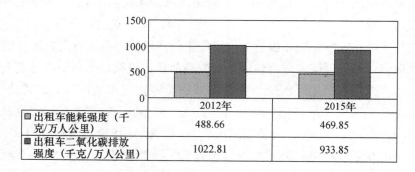

图 3 - 22　推广双燃料出租车能耗强度与二氧化碳排放强度
注：2015年数据为预测值。

4. 构建低碳综合交通运输体系，打造畅通便捷的交通网络

宁波市一直致力于建设结构合理的综合交通运输体系，构建多种交通方式无缝衔接的现代化综合交通枢纽，打造畅通便捷的交通网络，改善运力结构。

改善综合运输结构。将综合运输结构向运能大、能耗低、污染小的低碳交通运输方式转移，逐步扭转高能耗的公路运输比重偏高局面，提高铁路运输承运比重；提高运输组合效率。通过结构调整优化路网布局，实现结构性节能减碳。①提高铁路运输承运比重。宁波市以提高低碳节能运输方式的投资比重为导向，城际、城乡交通增加铁路投资，逐步提高铁路在中长距离客货运输中的比重，计划将铁路客运在城际、城乡客运总量结构中的比重由2010年的5%提高至10%，铁路货运发送量在城际城乡货运总量结构中的比重由2010年的6%提高至9%，集装箱海铁联运在宁波港口集疏运中的结构比例由2010年的0.5%提高至3%。②加快推进内河航道网建设。大力开发利用甬江、姚江以及杭甬运河组成的水网地区水道，全面提高航道等级和改善航道条件，提高通航保证率。宁波市计划到2015年和2020年四级以上航道比重分别达到10%和15%，以充分发挥内河航运节能低碳的优势，促进宁波市低碳运输体系的建设。

　　发展综合运输枢纽。宁波市抓住铁路车站和城市轨道交通站点建设的机遇，按照客运"零距离换乘"和货运"无缝衔接"要求，加快建设与宁波国家级综合交通枢纽地位相适应的综合客货运输枢纽，为实现多式联运等节能运输方式奠定了基础。综合客货枢纽方面，重点建设宁波南站综合客运枢纽等国家级综合客运枢纽。"十二五"期末将新增3个客运中心站、15个乡镇客运站、500个停靠站。综合货运枢纽方面，重点建设梅山保税港区物流中心、宁波铁路集装箱中心站、宁波陆港物流中心等综合货运枢纽，建成3个货运中心站及7个乡镇货运站，将形成全国性大型物流中心框架（见表3-5）。

表3-5　　　　宁波市"十二五"期间将建立的综合枢纽情况

单位：个

综合客运枢纽	客运站数	综合货运枢纽	货运站数
客运中心站	3	货运中心站	3
乡镇客运站	15	乡镇货运站	7
停靠站	500		

　　优先发展公共交通。构建以轨道交通为骨干、地面公交为基础、出租车为补充的多层次城市公共交通系统，提高公交运行服务水平，以吸引出行者采用低碳环保的公共交通方式出行，力争"十二五"期末城市居民选择公共交通出行结构比重达到25%。①保障公共交通配套基础设施建设。推进城市轨道交通建设，建成运营轨道1号线全线、2号线一期工程，基本形成城市轨道交通"十"字骨架，计划到2015年城市轨道交通投入运营里程达到70公里；加快中心城区快速道路建设，中心城基本形成"两横三纵"快速网络；加快公交专用道建设，"十二五"期间，宁波市中心城区将规划建设7条公交专用道，尽快使宁波市公交专用道连线成网。②改善公交车乘车环境。加大了政府对公共交通补贴的力度，增加运营车辆，优化公交路线，提高服务水平。完善了城市道路网络布局，缓解交通

拥堵并优先保证公交车运行速度，使公交车高峰时段平均运行速度不低于15 公里/小时。

鼓励居民低碳出行。不断完善慢行交通系统，构建连续通达的步行、自行车交通网络，优化自行车出行环境，鼓励居民采用自行车、步行等低碳环保方式出行。①建设慢行交通系统。以宁波"三江六岸"品质为契机，加快中心城慢行交通系统建设，构建连续通达的步行、自行车交通网络。"十二五"期间建成三江口一小时步行圈，加快了 11 处人行过街设施建设，启动了月湖西区、孝闻街区、莲桥街、南塘河、城隍庙 5 个步行街区建设。②优化自行车出行环境。除中心城区慢行交通系统建设外，结合社区支路等，在城市道路中设置更多自行车专用车道，为自行车使用者创造良好的道路出行环境。计划建设自行车租赁点，使公共自行车租赁和归还更加便利。将自行车出行作为居民短途出行的重要方式和公共交通的有机补充，解决城市交通"三公里范围"和公交出行后"最后十分钟"通达的问题。

二 宁波市构建低碳交通运输体系的经验

1. 依据城市特点，发展特色低碳交通模式

宁波是海港城市，港域能源能耗大，2011 年，港域综合能源能耗达到 19.93 万吨标准煤，是公交车能耗总量的 1.71 倍。因此，宁波市依据港口城市的特点，积极发展绿色低碳港口，实施"一拖多挂"、集装箱甩挂等运输模式，成为低碳港口的亮点。宁波市也是全国性物流节点城市，通过建立公共物流信息平台，促使交通物流低碳化。

2. 地方财政保障有力，推动低碳交通运输体系建设

通过财政补助，保障资金到位，刺激低碳交通发展。"十一五"以来，宁波市对交通运输节能减排科技创新研发、装备技术改造和交通大物流安排补助资金 12280 万元，其中装备技术改造补助资金 6354 万元。为鼓励企业采用节能型运输设备设施，从 2010 年开始宁波市每年安排约 1800 万元专项资金用于对节能型运输设备设施的补助。为保障资金及时到位，宁波市出台了《宁波市道路运输行业节能减排与安全生产设备更新补助资金管理办法》和《宁波市节能专项资金管理办法》。

3. 推广示范项目，促进低碳交通发展

"十一五"以来，宁波共有节能减排技术研发、改造和推广项目 28 项，其中成果推广计划项目 13 项，6 个节能项目被列入省交通厅节能示

范项目，3 个项目被列入交通运输部节能示范项目。在港口作业领域，推广"油改电"、"接岸电"等技术应用示范项目，达到了节能50%、节约成本60%的显著效果。在运输领域，探索创新多段甩挂和双重甩挂运输，并在宁波港推广使用，试点企业平均油耗下降30%、运作时间节约40%。

4. 积极争取中央财政补助，助推低碳交通发展

通过建设示范项目，争取中央财政补助，提高示范企业的积极性，助推低碳交通运输体系建设。2011—2012 年，宁波市交通运输企业获得中央财政拨款的节能专项资金补助2423 万元。例如，宁波大榭招商国际码头有限公司投资6000 万元建设"集装箱轮胎式起重机油改电"节能改造项目获得中央财政补助360 万元。获取中央财政的补助，助推了交通节能改造项目的实施，激起了交通企业节能减排的动力，助推了低碳交通的发展。

5. 实施目标考核机制，推进交通运输节能减排

实施"三挂钩"的目标考核机制，促使政府、企业等共同推进交通运输低碳化发展。企业单位年度能耗考核结果与政策扶持奖励挂钩、与评选标兵先进企业挂钩、与区交通运输部门目标考核挂钩，形成"政府推、企业抓、大家做"的工作联动机制。

6. 建立"学生带动家长"的模式，树立低碳理念

宁波市通过在中小学进行低碳消费、低碳生活等宣传教育，使中小学学生认识到低碳发展的重要性，树立良好的低碳理念。然后通过学生向家长宣传，把低碳理念传递给家长，形成"学生带动家长"的低碳宣传模式，提高了整个城市的低碳消费、低碳生活意识。

三　宁波市发展低碳交通中遇到的问题

宁波市发展低碳交通取得了一定的成效，但在建设低碳交通运输体系中也遇到交通运输结构不合理、用能不断上升、公共交通吸引力不强等问题，影响了交通运输的减排效果。

1. 交通运输结构性矛盾突出，结构性节能减碳效果不佳

集装箱内陆运输仍以公路为主，内河航运以及海铁联运所占比例较小，内河航运与海铁联运的低碳优势未充分发挥，不利于结构性节能减碳。例如，集装箱海铁联运比例只占集装箱吞吐量的 0.21%，内河货运量仅占水运货运总量的 0.5%。铁路运输和内河航运的能源消费相对较少、环境影响小的优势难以发挥，不利于从交通运输结构上减排。此外，综合交通枢纽建设滞后，有些项目仅在规划中，并未实施建设，综合运输

组合效率尚未充分显现。

2. 交通行业用能总量刚性增长，碳排放总量难以有效控制

宁波市是华东地区的能源基地，同时又是港口和物流节点城市，对交通运输需求大。交通运输业为第三产业和经济社会发展提供支撑和保障，随着工业化、城镇化进程加快，交通运输行业的基本装备和道路、水路运输总量迅猛增长，导致整个交通行业用能总量刚性增长，其碳排放量也不断增加。例如 2011 年宁波市公路运输能耗总量为 160.87 万吨标准煤、CO_2 排放总量为 338.61 万吨，分别比 2010 年增长了 21.89% 和 21.70%。交通行业用能总量不断上升，使得交通行业的碳排放总量难以有效控制。

3. 公共交通出行比例低，不利于城市交通用能降低

尽管宁波建立了城市化公共交通综合信息平台，提高了公共交通运营效率，但其公交出行比例较低，与武汉、大连等城市公交出行比例存在较大差距，不利于交通节能减排。2011 年宁波市的公交出行比例仅为 13.3%，而武汉的公交出行比例达到了 26.5%。据测算，公交出行比例每提高 1%，城市交通用能将下降 1%。因此，宁波市较低的公交出行比例，不利于城市交通用能的减少。公交线路布局不合理、高峰乘车难、市区缺乏公交专用车道、运营速度慢等导致居民放弃公共交通而选择私车出行。

4. 交通运力结构不合理，导致碳排放量较大

在交通运输装备结构方面，目前宁波市道路运输装备以柴油车为主，船舶运输燃料主要为柴油，LNG 和 CNG 等清洁能源应用较少，柴油的二氧化碳排放系数为 3.14t CO_2/t，高于清洁能源二氧化碳排放系数，导致二氧化碳排放量较大。此外，目前宁波市交通运输企业总体上比较分散，集约化水平不高，不利于体现规模优势和优化调整运力；车船大型化、专业化水平还有待进一步提升。

5. 交通节能减排挖潜空间有限，进一步大幅度减少碳排放的难度大

宁波市采取财政补助、奖惩制度等，加强了交通运输业的节能改造，一些大的低碳交通项目已实施，并取得很好的成效。例如，宁波港集团的轮胎式集装箱龙门起重机"油改电"节能项目实施，每年可节约标准煤 1.63 万吨、节约运行成本 1.3 亿元、减少 CO_2 排放量 4.16 万吨。而这些大的项目节能减排挖潜空间有限，若进一步促进碳排放量减少难度较大。

第三节　加快城市低碳交通运输体系建设的建议

宁波市低碳交通发展的做法对沿海港口城市乃至其他城市发展低碳交通具有重要的借鉴意义，同时宁波市低碳交通发展存在的问题在全国范围内也具有一定的共性。因此，本节在宁波市低碳交通发展状况的基础上，结合我国现实情况，提出加快城市低碳交通运输体系的建议。

一　建立信息化与智能化交通系统，提高交通运输效率

智慧交通则是在智能交通的基础上，融入人的智慧，实施及时、便捷、安全、高效的交通控制。随着技术的发展，物联网技术、云计算技术等高新技术融于交通领域，使智慧交通的实现成为可能。良好的智能交通系统应包括交通信息系统、交通管理系统、公交信息系统、车辆控制系统等。其核心是将控制技术、信息技术、通信技术融入交通领域，形成完整的控制体系。智慧交通可以提高交通系统的运行效率、减少交通事故、降低环境污染，促进交通管理及出行服务系统建设的信息化、智能化、社会化、人性化水平。有助于最大限度地发挥交通基础设施的效能，提高交通运输系统的运行效率和服务水平，为公众提供高效、安全、便捷、舒适的出行服务，减少因空驶、堵车造成的温室气体和有害气体排放。

因此，利用技术手段促进公交智能化，大力发展智能交通信息系统，为公众出行提供信息服务，提高交通运输效率与质量，实现交通节能减排。

二　增强公共交通吸引力，实现结构性减碳

公共交通是城市发展低碳交通的重点，也是减少城市交通用能的有效途径之一。城市公共交通实现了群体集中出行，大大减少了城市小汽车出行数量，是节能环保的交通方式。应增强公共交通吸引力，实现结构性减碳。随着经济社会发展和城镇化进程的加快，一些城市交通拥堵、公共交通出行比例低等问题日益突出。公共交通出行比例较低是许多城市存在的问题，尽管北京等大城市的公共交通出行比例相对高些，但与发达国家的大城市相比，其交通出行比例还有待提高。交通拥堵严重、公交路网结构不合理、公交出行时间长等导致公共交通出行比例较低。因此，应改善公

共交通状况，建设方便、快捷的公共交通体系，增强其吸引力。

1. 设置公交专用车道，保障公共交通路权优先

公交优先对于缓解城市交通拥堵、促进节能减排、建立可持续发展的综合交通系统具有重要意义。为保障公交运行速度，吸引更多出行者放弃小汽车改用公交出行方式出行，应建立公交车专用车道。目前北京、上海等大城市在个别路段设置了公交专用车道，保障了公交通畅运行，对其他城市设置公交专用车道具有重要的借鉴意义。根据路段情况，公交车专用车道可设置时段型专用车道和永久型专用车道两种类型。时段型专用车道是在工作日早晚高峰期和节假日高峰期时段启用的专用车道；永久型专用车道是不分时段，仅供公交车使用的车道，其他车辆不得占用。通过设置公交车专用车道，改善公共交通通达性和便捷性。在设置公交车专用车道的同时，充分利用科技手段，加快建立公交专用车道监控系统，加大对交通违法行为的执法力度，对占用公交专用道、干扰公共交通正常运行的社会车辆依法严肃处理。

2. 优化公交线网布局，方便居民出行

目前公交线网布局与城市发展不匹配，公交线网布局滞后于城镇化的快速发展，有的新建小区缺乏公交线网，不利于鼓励居民以公交方式出行。优化公交线网布局，降低线路重复系数，提高线网密度，形成布局合理、换乘方便、运行经济的公交线路网络格局。将常规公交线网分为公交快线、公交干线、公交支线和公交专线四个层次，建立以公交快线与公交干线为主、公交支线和公交专线为补充、各层次线网协调发展的公交线网系统。公交快线主要服务于区域间中长距离的公交出行；公交干线主要服务于区域内与区域间的公交出行，主要连接区内居住、办公、商业等功能片；公交支线主要为组团内部短距离乘客提供服务，并兼起加密网络覆盖和为快线、干线提供接驳换乘的功能；公交专线主要服务部分居民的特殊出行需求，如连接工业园区与客运枢纽之间的临时线路等。

此外，建立公共自行车租借系统，让公共自行车租借点与公交车站实现无缝对接。

3. 建立长期有效的公交补贴机制，加大公交车的投放量

等车时间长是居民不选择公交车出行的原因之一，而公交车的投放量不足会导致发车时间间隔较长，应建立财政对公交长期有效的补贴机制并加大财政补贴力度，提高公交车的投放量，优化公交车运行时间。目前，

大部分城市缺乏对公交科学有效的成本评价制度，缺乏长期有效的财政补贴机制，财政补贴数额与实际亏损存在较大差距，致使公交企业资产负债率居高不下，生产经营举步维艰，影响公交车的投放量。为保持公交的可持续发展，应建立长期有效的财政补贴机制，建立规范的成本费用评价制度和政策性亏损评估，对公交车投放和使用两个环节实施财政补贴，以保障公交车投放量。

4. 开展规范的出租车拼车业务，鼓励乘客合乘出行

开展规范的出租车拼车业务，不仅可以缓解高峰时期打车难，也能提高运营效率。北京为了鼓励乘客合乘出租车，开展了出租车拼车业务，对计费作出了规定：两个人同时上车，但先后下车，先下车的乘客负担当时车费的40%，后下车的乘客负担合乘部分的60%以及单独乘坐路段车费。为更好地提供合乘定车业务，北京还推出了两部叫车电话。从北京实施的出租车合乘业务看，打票难是出租车合乘业务发展的最大障碍。先下车的乘客没法拿到发票，因为抬表才会启动计价器打票，如果抬表，另外一位乘客的里程就没法准确计价。

因此，应尽快解决出租车合乘打票难问题，同时为了避免出租车强行拼车，规范出租车拼车业务，不断将出租车合乘业务向全国各城市推行，以提高出租车承载效率，降低城市出租车碳排放量。

三　推广绿色能源汽车的使用，减少城市交通碳排放

鼓励使用绿色能源汽车是城市降低交通碳排放的重要策略之一，然而由于缺乏相应的充电站、充气站等基础设施以及财政补贴政策不延续性等，在一定程度上阻碍了新能源汽车的使用。因此，应加强绿色能源汽车所需的基础设施建设，完善财政补贴机制，促进绿色能源汽车的消费，进一步减少城市交通碳排放。

1. 加强基础设施建设，保障绿色能源用能需求

充电设施和充气设施必须全面到位，电动汽车和天然气汽车才能真正成为公共和个人交通方式。德国目前有2200座公共充电站，目标是在2020年前建成15万座，外加7000个快速充电点，以及80万个车库内充电点。而我国目前一些城市仅建立公交车充电站或充气站，而缺乏私家车使用的充电站或充气站，不利于鼓励居民使用绿色能源汽车。

2. 建立气价补贴联动机制，促进天然气公交车的使用

目前城市公交车辆用油有油价补贴联动机制，而用气缺少气价补贴联

动机制，有的交通运输企业担心整个天然气车辆推广应用后，气价上升会增加运行成本，导致运输企业使用天然气车辆的积极性受到一定影响。因此，应建立气价补贴联动机制，促进天然气车辆的使用，优化交通用能结构。不妨像油价补贴办法一样，对公共交通车辆设置气价标准，当气价超出这一标准，国家将启动气价补贴机制，按公共交通使用量给予财政补贴。

3. 继续加强清洁能源汽车的补贴力度，刺激清洁能源汽车的消费需求

2013 年，原有的新能源补贴政策已到期，但是否继续对新能源汽车补贴，目前还未有定论。从已实施的新能源汽车补贴效果来看，虽在一定程度上起到了刺激新能源汽车的消费，但刺激新能源消费购买力度较弱。例如，在 25 个城市对新能源汽车实施财政补贴，一定程度上刺激了消费者购买新能源汽车，但由于新能源汽车存在性能以及补贴力度等问题，2012 年新能源汽车拥有量为 2.74 万辆，离国家提出的 2015 年新能源汽车拥有量达到 500 万辆的目标甚远。因此，应继续对新能源汽车实施财政补贴政策，并且提高财政补贴标准，刺激新能源汽车的消费需求，提升新能源汽车占机动车的比例，实现交通节能减排。在实施财政补贴时，应按照节能的额度进行补贴，取代按照汽车车辆进行补贴的方式。

4. 实施差别化的制度，鼓励绿色能源汽车的使用

实施差别化的停车收费和停车许可制度。按照私家车 CO_2 排放量对居民征收差别化的停车费和制定不同的停车许可制度，激励居民使用绿色能源汽车。对新能源乘用车免车船费、过路费、过桥费、停车费，并且不要限购限行，在有条件的地区将节能与新能源汽车发展纳入城市建设规划，加大公交等公共领域的使用力度，在污染严重地区，根据实际情况，加大政策支持力度，以推动产业发展。

四 发展绿色物流运输，促进城市货运的低碳化发展

绿色物流就是在物流过程中对环境污染小或无污染，而在物流各环节中，道路货运对环境的影响最大，发展绿色物流运输成为低碳城市的重要目标之一。应推广甩挂运输、发展专业化运输与第三方物流以及加强城市物流配送体系建设，实现绿色物流运输，促进城市货运低碳化发展。

1. 推广甩挂运输，提高货物运输效率

甩挂运输可以有效地提高运输过程的效率以及劳动生产率、降低成本以及车辆空驶，减少货运的碳排放量。宁波市集装箱甩挂运输模式为我国

推广甩挂运输提供了实践经验，具有可推广的意义。因此，为提高货物运输效率，降低货运对环境的污染，应积极推广甩挂运输在物流运输中的应用。甩挂运输需具备相对稳定的货源，为更好地推广应用甩挂运输，应加强企业协作，实现大型物流运输企业、制造企业、商贸企业、大型交易市场、港口码头及货运场站之间的协作。重点培育和扶持一批干线甩挂运输企业、港区甩挂运输企业，培育和扶持一批甩挂运输联盟，鼓励联盟内企业共享甩挂运输场站、甩挂运输挂车。整合货源和运力，实现集约化、规模化、网络化，促进甩挂运输的快速健康发展。

2. 构建物流信息平台，提高物流运营效率

以物流园区和国家公路运输枢纽建设为契机，搭建物流信息网络和信息共享平台，建立不同区域、物流园区、企业、货运场站之间货运信息共享机制。依靠物流信息及其反馈可以引导供应链结构的变动和物流布局的优化，协调物资结构，促进运输车辆等物流资源的合理配置，提高物流资源的利用效率。因此，依托物流信息共享平台，引导物流运输，缩短物流流程，提高物流运营效率。

3. 发展专业化运输和第三方物流

积极发展专业化运输和第三方物流，推动货物运输向网络化、规模化、集约化和高效化发展。专业化运输是现代物流运输的方向，有利于提高物流运输效率。第三方物流是相对"第一方"发货人和"第二方"收货人而言的，由第三方物流企业来承担货物运输，可以大大地降低运输量，并有效地降低重复运输，降低空载率，由此可以降低运输的次数从而降低碳排放，同时也可以节省企业自身的运输投资。

4. 加强城市物流配送体系建设

建立零担货物调配、大宗货物集散等中心，提高城市物流配送效率。借鉴欧盟城市物流配送模式，对小件物流配送、包裹配送、快递信件配送使用配送箱，而对超市配送使用小型集装箱。欧盟这一做法使物流配送终端减少了85%的汽车运输，实现了城市物流最后一公里配送的低碳化、便捷化、高效率与智能化。通过借鉴欧盟城市物流配送模式，实现我国城市物流最后一公里的低碳化。

五　加强水路运输，促进沿海港口城市交通的低碳化发展

相对公路运输，水路运输具有低耗能、污染小的特点，沿海港口城市应大力发展水路运输，降低公路运输，实现交通运输结构上的低碳化。

1. 优化交通运输结构，提高海铁联运与内河航运的比重

目前沿海港口城市交通运输中运能低、能耗高的公路运输比重偏高，而运能大、能耗小的铁路和内河水运比重偏低，影响结构性减碳，应提高铁路运输和内河航运的比重，充分发挥铁路与内河航运的低碳运输优势，推进低碳交通运输体系建设。以集装箱海铁联运物联网示范工程为契机，大力推进海铁联运项目，实现铁路运输方式与海运衔接。通过水水中转，提升内河运力。

2. 推广太阳能发电在船舶上的应用，促进沿海城市水路运输的低碳化发展

太阳能作为清洁能源，在陆上使用较为普遍，但在船舶上使用国内鲜见。宁波率先在大型船舶上试点使用太阳能发电，减少船舶的柴油消耗，降低了水路运输的二氧化碳排放量。例如，宁波神鱼海运有限公司于2010年尝试在"神鱼16"上安装太阳能装置，运行效果较好，年节约柴油量47.72吨，获得市财政补助资金6.4万元。因此，借鉴宁波水路运输的经验，在沿海港口城市发展水路运输时，在大型船舶上安装太阳能发电装备，以电替代柴油消耗，实现水路运输的低碳化。即应推广太阳能发电在船舶上的应用，选择万吨级以上的营运船舶安装太阳能发电装置，减少船舶燃料油、柴油等污染能源的使用，促进水路运输的低碳化发展。

参考文献

[1] 刘细良、张超群：《城市低碳交通政策的国际比较研究》，《湖南社会科学》2013年第2期。

[2] 龚勤、沈悦林、陈洁行、卢亚萍：《低碳交通的发展现状与对策建议》，《城市发展研究》2012年第10期。

[3] 王光荣：《零碳交通：促进城市低碳交通发展的新趋势》，《综合运输》2012年第6期。

[4] 邵亚申、张玉双：《基于交通基础设施角度的低碳交通发展研究》，《中国公共安全》2012年第2期。

[5] 蔡翠：《我国智慧交通发展的现状分析与建议》，《公路交通科技》2013年第6期。

[6] 李慧、李娅莉、朱晓海:《低碳经济时代低碳物流运输新模式》,《江苏商论》2011 年第 6 期。

[7] 朱洪芹:《基于低碳经济理念的低碳物流运输策略研究》,《现代商业》2013 年第 5 期。

第四章　深圳市依靠体制机制创新推动低碳发展

　　全球气候变化问题和资源、环境问题归根结底是发展的问题。作为最大的新兴发展中国家，我国目前正处在快速工业化和城市化进程中，转变经济增长方式，走低碳发展道路，是协调经济发展和应对气候变化之间关系的根本途径，也是解决我国面临的资源环境问题，建设美丽中国的战略举措。

　　深圳，作为我国改革开放的先锋城市，在追求"速度深圳"的同时，也开始面临土地、能源、人口和环境四个方面"难以为继"的局面。为了解决日益严峻的资源、环境约束，实现可持续发展，深圳积极探索低碳转型，提出由"速度深圳"向"效益深圳"、"质量深圳"转变。2010年，深圳正式成为国家首批试点的八大低碳城市之一。经过三年的发展，深圳低碳建设取得了显著的成果。根据国家统计局发布的《2011年中国绿色发展指数报告》，在34个参与绿色发展指数测算的大中城市中，深圳高居榜首。

　　相比其他城市，深圳具有发展低碳城市的良好基础。经济发展水平居全国首位，产业低碳化趋势明显，资源能源利用效率稳步提升，技术创新环境不断优化，碳汇基础良好等。因此，深圳作为低碳试点城市，对于全国而言，并无十分普遍的意义。深圳低碳试点更多地承担着在一些市场机制创新方面先行先试的作用。而且，对于目前正处于快速工业化和城市化的城市，深圳在产业结构优化升级、机制创新、市场机制运营模式方面的思路和做法也具有重要的示范意义。

第一节　深圳低碳城市建设的基础

深圳具有发展低碳经济良好的基础条件。经济水平发达，产业结构呈现出工业化后期特征，四大支柱产业（高新技术产业、金融服务业、现代物流业以及文化产业）合计占到了国民生产总值的60%以上；碳强度水平接近日本和英国；毗邻香港，背靠珠江三角洲的特殊区位优势，一方面使得深圳在经济全球化和世界范围内的新技术信息化浪潮中占据优势，另一方面，广阔的腹地也为深圳实现产业转移、要素扩散、一体化发展提供了可能。

一　区位优势

深圳地处广东省南部，珠江口东岸，东临大亚湾和大鹏湾；西濒珠江口和伶仃洋；南边深圳河与香港相连；北部与东莞、惠州两城市接壤；辽阔海域连接南海及太平洋。全市陆地总面积为1991.64平方公里，海域面积1145平方公里（见图4-1）。

深圳市下辖6个行政区（福田区、罗湖区、南山区、盐田区、宝安区、龙岗区）和4个新区（光明新区、坪山新区、龙华新区、大鹏新区），其中福田区是深圳市行政、文化、信息、国际展览和商务中心；罗湖区是深圳市开发较早的商业中心区，也是深圳市的中心城区之一；南山区是深圳市高新技术产业基地；宝安区和龙岗区是两大工业基地城区。

图4-1　深圳市地理区位图

深圳地处珠江三角洲前沿，是我国华南沿海重要的交通枢纽。深圳海陆空铁口岸俱全，是目前我国拥有口岸数量最多、出入境人员最多、车流量最大的口岸城市。已建成通往境外的各类口岸 18 个，各类泊位 172 个，其中万吨级以上泊位 69 个，集装箱专用泊位 45 个，港口综合吞吐能力约 2 亿吨，集装箱吞吐能力 1925 万标准箱，是我国国际班轮航线密度最高的城市之一，集装箱吞吐量连续九年位居世界集装箱港口第四位。在民航运输方面，深圳宝安国际机场是中国境内第一个实现海、陆、空联运的现代化国际空港，机场综合实力排名连续十年位居内地城市第四位。铁路运输方面，贯穿中国大陆的两条主要铁路干线——京广线和京九线在此地交会，长途客运班线覆盖省内各市县，辐射香港、澳门及内地 20 多个省（自治区、直辖市）。未来随着珠三角区域交通一体化和高速公路联网的实现，深圳作为国家级交通枢纽城市的地位将进一步巩固。

毗邻香港的区位优势为深圳利用优势技术和资源、积极参与国际分工提供了便利条件。依靠改革先发的体制优势、国家赋予经济特区的政策优势和区位优势，深圳在香港产业北移和要素扩散中"近水楼台先得月"，成为香港与珠三角经济联系和要素扩散的重要枢纽。20 世纪 80 年代中期开始，香港加工业陆续进入深圳，创办了大量"三来一补"企业。进入 90 年代，金融业、高新技术产业开始成为合作的新方向。1997 年香港回归之后，深港开始了全方位、多领域、深层次合作。2003 年 6 月，国家出台支持香港发展的《内地与香港关于建立更紧密经贸关系的安排》，打开了两地全面合作的大门。2004 年 6 月，深港两地政府签署了《关于加强深港合作的备忘录》及经贸、旅游协会、投资推广、法律服务、科技交流、旅游部门、工业、高新区合作八个协议。2007 年 5 月两地政府又签署了《"深港创新圈"合作协议》。2009 年 1 月，国家公布《珠江三角洲地区改革发展规划纲要（2008—2020）》，提出要开发建设前海，打造深港现代服务业合作区。同年，国务院审批通过《深圳市综合配套改革总体方案》，明确要求深圳与香港功能互补、错位发展，推动形成全球性物流中心、贸易中心、创新中心和国际文化创意中心。

纵观深港两地合作发展历程可以看出，深圳已由最初注重引进香港产业、与香港共建跨境基础设施逐步转为重视引进香港的发展理念、管理模式和做事规则。近年来，深圳大量借鉴了香港经验和香港模式，在成立企业、行政许可、人才引进、跨境交易、履约、结算等方面与香港紧密对接，主动向国际上通行的规则和标准靠拢，在许多方面形成了与香港相互适应的习惯做法。特别是在前海开发中，深圳全方位借鉴吸收了香港法定机构的管理模式，学习香港商事登记制度，营造接近香港的"软"环境，努力将前海打造成深港深度合作的最新样板。

珠三角一体化发展为深圳的发展提供了更大的发展空间和可利用的资源。珠江三角洲地域广阔、资源丰富，为深圳的发展、产业升级转移提供了资源和广阔的发展腹地。惠州位于深圳市东北部，是近年来广东新兴的工业城市。惠州交通便利，是珠三角东部与粤东地区以及湖南、江西、福建等省市之间的综合交通运输网和现代物流的枢纽。该地区制造业以石化、装备制造和汽车零配件为主，自2002年以来，该地区已陆续建成投产及在建的石化项目31个，总投资1110亿元；高新技术产业发达，培育了TCL、德赛、华阳等大型国有（控股）企业。根据《珠江三角洲产业布局一体化规划（2009—2020）》，惠州未来将担负对接深圳，共同打造"优质生活圈"，承接深圳、东莞产业转移，打造国家级电子信息产业基地、世界级石化产业基地和省级清洁能源基地的重任（见图4－2）。东莞南抵深圳市龙岗区和宝安区，是广东省第四大城市。东莞制造业实力雄厚，八大支柱产业主要为电子信息、电气机械、纺织服装、家具、玩具、造纸及纸制品业、食品饮料、化工，是全球最大的制造业基地之一。《珠江三角洲产业布局一体化规划（2009—2020）》中，东莞被确定为主动承接广州、深圳和港澳的产业辐射，依托制造业发展优势，着力打造成为"国际产业制造中心"，重点发展金融、物流、会展、信息服务、专业服务、文化创意等现代服务业，以及高端新型电子信息、LED、太阳能光伏、电动汽车等战略性新兴产业和高技术产业，形成服务化、高端化的知识密集型产业带。而深圳则依托资金、技术、管理优势，大力发展现代服务业、战略性新兴产业和高新技术产业，着力打造国际产业创新中心，构建"高、新、软、优"的现代产业体系。2012年，深圳、东莞、惠州三地还共同编制了《深莞惠区域协调发展总体规划（2012—2020）》，提出要致力实现深莞惠一体化发展，打造深莞惠经济圈。规划提出要通过社会组织合作，跨境河流治理、交通断头路治理、旅游开发、边界土地利用等13项合作，以体制机制创新为动力，打破行政体制障碍，发挥深莞惠三地比较优势，促进要素合理流动和资源有效配置，实行空间布局构建、产业发展共荣、基础设施共建、生态环境共保、公共服务共享，加快实现经济互融、生活同城，全面提高区域整体竞争力和辐射带动力。

图 4 – 2　珠三角产业一体化布局

深圳市碳汇基础良好，是我国首个"国际花园城市"，联合国环境保护"全球 500 佳"之一。深圳位于北回归线以南，东经 113°46′至 114°37′，北纬 22°27′至 22°52′，全年年均气温 22.3℃，年均降水量为 1924.7 毫米，年均日照时数 2060 小时。气候类型属于亚热带海洋性季风气候，土地形态以低山、平缓台地和阶地丘陵为主，平原占陆地面积的 22.1%，森林覆盖率达到了 41.22%，主要植被类型为亚热带常绿阔叶林。深圳市的林地碳汇吸收能力约为 200.47 万 t，耕地为 4.49 万 t，草地为 2.11 万 t，湿地为 12.5 万 t（李芬等，2013）。受当地地理环境、植被分布、地形，以及经济发展水平和当地工业活动的影响，深圳市高碳汇区域主要位于龙岗区的沿岸林地、宝安区中部山地等，这些地区植被丰富、碳吸收量较大。相比之下，南山区沿岸地带、福田区北部、罗湖区西部，以及盐田区中部沿岸地区林地、草地资源匮乏，经济开发强度较大，碳汇水平较低（见图 4 – 3）。

二　经济条件

改革开放以来，深圳经济快速发展，以"三来一补"的外贸加工业为主的产业结构逐渐向高新技术产业、战略性新兴产业升级，为深圳低碳转型提供了良好的经济基础和产业基础。

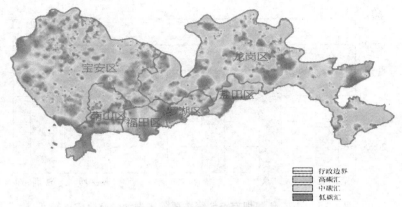

图4-3　深圳市碳汇分布

资料来源：李芬、毛洪伟、赖玉珮：《城市排放清单评估研究及案例分析》，《城市发展研究》2013年第1期。

　　作为中国的重要国际门户，深圳是世界上发展最快、中国经济最发达的城市之一。1979—2011年，深圳国内生产总值从1.96亿元增长到11505亿元，居全国大中城市第四位，经济相当于国内的一个中等省份的实力，年均增长31.1%。地方财政一般预算收入从2000年的221.92亿元增加到了2011年的1339.57亿元，年均增长17.8%。外贸出口额也从345.64亿元增加到2011年的2453.99亿元，年均增长19.5%。2011年深圳市人均国民生产总值达到了110421元，远高于全国平均水平35198元，高于北京的81658元，上海的82560元，天津的85213元，在全国大中型城市中居首位（见图4-4、图4-5）。

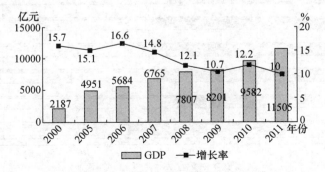

图4-4　2000—2011年深圳市生产总值及增长率

资料来源：《深圳年鉴2012》。

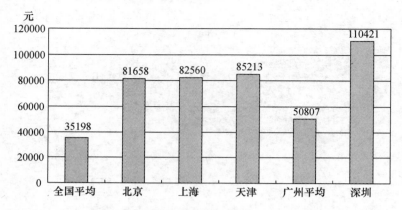

图4-5 2011年深圳市与全国主要省市人均生产总值比较

资料来源:《深圳年鉴2012》、《中国统计年鉴2012》。

深圳产业结构不断优化,高新技术产业占据主导地位。改革开放之初,利用改革开放的政策优势和毗邻香港的地缘优势,借助香港制造业大规模北移的契机,深圳大力引进发展"三来一补"出口加工工业,并带动整个产业结构的转型升级。1979年深圳三次产业结构比例为37:20.5:42.5,到1990年,三次产业结构的比重变为4.1:44.8:51.1(见图4-6)。由于"三来一补"产业属于劳动密集型的低层次产业,20世纪90年代,深圳开始重视产业规划,调整产业结构,并逐渐建立起"以高新技术产业为先导,以先进工业为基础"的工业体系。

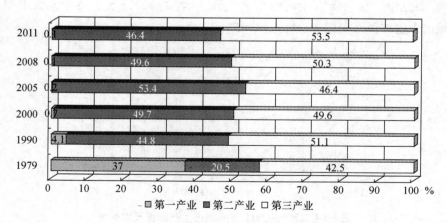

图4-6 深圳市三次产业结构变动走势

资料来源:《深圳年鉴2012》。

进入 21 世纪，随着经济全球化、国际分工、国际竞争的加剧，发达国家的技术密集、资本密集型产业在劳动力成本居高不下，新技术不断涌现，产业发展已趋成熟等情况下，产业进一步向发展中国家转移，中国东南沿海地区成为这次国际产业向东亚地区转移的承接地之一。而深圳作为中国最早改革开放的地区，经过多年的发展，已基本建立起市场经济秩序，投资环境已经成熟，部分运作机制和模式已与国际接轨。深圳抓住机遇，把握时代脉搏，通过参与国际经济竞争和国际分工，以深化自身的产业结构，不失时机地成为高新技术产业新兴地区，步入产业发展的快车道。

2008 年全球金融危机，造成我国沿海大批以出口为导向的中小企业倒闭，严重影响到我国经济稳健发展和社会稳定，深圳市在广州省政府的指导下，实行"腾笼换鸟"的战略规划，重筑珠三角，加大产业转型，将传统的劳动密集型低附加值加工业转向内地，以高新技术产业、先进制造业、高端服务业为主体的现代产业体系日臻完善。2011 年，深圳三次产业结构的比重升级为 0.1∶46.4∶53.5，其中高新技术产业、金融业、现代物流业、文化产业四大支柱产业合计占整个国民生产总值的 61%，其中高新技术产业增加值 3550 亿元，占整体经济总量 31%；金融服务业增加值 1562.43 亿元，占 14%；现代物流业增加值 1090 亿元，占 9%；文化产业增加值 875 亿元，占 7%（见图 4 - 7）。高新技术产品产值增速高于工业增速 7 个百分点。战略性新兴产业和现代服务业也迅速崛起，成为深圳经济发展的新引擎。2011 年，在生物、互联网和新能源等战略性新兴产业中，生物产业增加值 174.96 亿元，比上年增长 24%；全口径互联网产业增加值 1380.72 亿元，增长 18.9%；新能源产业增加值 254.1 亿元，增长 20.7%。生物、互联网、新能源三大战略性新兴产业整体增速高于 GDP 增速两倍以上，互联网产业收入突破 350 亿元，增长 47%，总体规模约占全国的 1/7。

三　碳排放状况

受产业低碳化趋势和技术水平不断提高的影响，深圳市能效水平在全国居于领先地位，清洁能源在能源消费结构中占有较高的比重，碳排放强度已经接近日本和英国①，这些都为深圳低碳发展奠定了良好的基础。

---

① 谈乐炎：《"低碳深圳"的现实考量》，《小康》2010 年第 5 期。

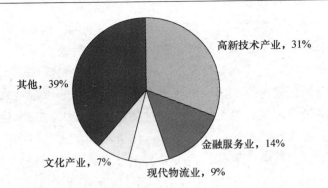

图 4 - 7　2011 年深圳市四大支柱产业占比

资料来源：深圳发改委。

　　万元 GDP 能耗居全国领先水平。深圳在快速工业化和城市化过程中非常重视低碳绿色发展，尤其是进入 21 世纪，深圳市脆弱的资源环境承载着庞大的产业规模和急剧膨胀的人口，出现了土地、资源、人口、环境四个"难以为继"的局面。为了改变这种局面，实现可持续发展，深圳努力建立以低能耗、低排放、高效率为支撑的低碳能源发展模式，不断提升企业的清洁生产能力和核心竞争能力。万元 GDP 能耗由 2005 年的 0.593 吨标准煤/万元下降至 2012 年的 0.452 吨标准煤/万元，仅为全国平均水平的50%。万元 GDP 碳排放也由 2005 年的 1.48 吨下降为 2012 年的 1.04 吨，较2005 年下降了 29.7%，较 2010 年下降了 4.4%（见图 4 - 8、图 4 - 9）。

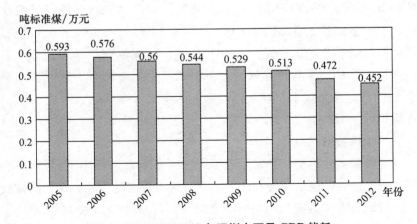

图 4 - 8　2005—2012 年深圳市万元 GDP 能耗

资料来源：《广州统计年鉴 2012》。

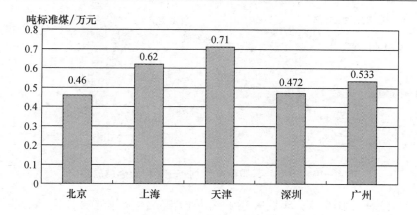

图 4 - 9　2011 年深圳市与全国主要城市能耗比较

资料来源：国家统计局网站。

　　能源消费结构不断优化。2005—2010 年间，煤炭在深圳一次能源消费结构中的比重由 12.4% 下降到了 7.49%，石油由 63.7% 下降到了 53.78%，而天然气占比则上升了 7 个百分点。在全市电力装机中，清洁电源装机占到总装机的 80% 以上，其中气电占 37.7%，核电占 43.3%，新能源占 1%，煤电占 15.8%，油电占 2%。

　　碳排放结构正在走向以欧美为代表的标准型碳排放结构。2005—2010 年全市碳排放总量由 6 千多万吨增加到了 8 千多万吨，年均增速 4.79%，其中直接排放量年均增速仅为 1.26%，电力调入引起的间接排放年均增速达到了 16.05%。化石燃料是主要的排放源，约占直接排放总量的 92%。从三次产业排放构成来看，第二产业排放总量占比由 2005 年的 51.8% 下降至 2010 年的 42.1%；第三产业排放总量占比由 39.9% 上升至 52.8%。从行业排放构成来看，制造业是在最大的排放源，但交通部门排放的增幅最大。2005—2010 年，制造业排放总量占比由 49% 下降到了 40%；交通运输碳排放占比则由 24% 上升到了 35%（见图 4 - 10）。

　　四　市场环境

　　享有立法权为深圳低碳发展奠定了良好的法制环境。目前深圳已经先后制定出台了《深圳经济特区循环经济促进条例》、《深圳经济特区建筑节能条例》、《深圳市建筑废弃物减排与利用条例》；编制发布了《深圳市节能中长期规划》、《深圳生态市建设规划》、《深圳新能源产业振兴发展

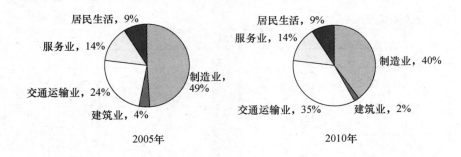

图 4 – 10　2005 年、2010 年深圳市主要行业碳排放结构

规划（2009—2015）》；印发实施了《深圳市节能减排综合性实施方案》、《深圳市单位 GDP 能耗考核体系实施方案》等有关低碳发展的法规、规章和规范性文件，初步形成了较为完善的政策法规体系。

　　技术创新环境不断优化，创新支撑体系不断完善。先后出台和实施了《深圳国家创新型城市总体规划》、《科学技术发展"十二五"规划》、《文化创意产业振兴发展规划》等十多个指导性、操作性强的创新政策，在研发投入、土地支持、人才引进、基础能力建设、企业自主创新等方面营造了良好的创新环境。2011 年，深圳市全社会研发投入（R&D）430亿元，占到 GDP 的 3.66%，居全国前列；万人专利申请量及发明专利授权量均居全国大中城市第一位，《专利合作条约》（PCT）国际专利申请量占全国申请总量的 45.4%，连续 8 年居全国首位；全球 500 强企业深圳市占据两席，其中中兴通讯居首位。处于行业领军地位、国际竞争能力强的骨干企业不断涌现，超千亿元企业 2 家、超百亿元企业 13 家。以市场为导向、以产业化为目的、以企业为主体，官、产、学、研、资、介紧密结合的创新支撑体系初步建成。

第二节　深圳低碳城市建设的主要做法

　　根据《深圳市低碳发展中长期规划〈2011—2020〉》，深圳低碳城市建设目标包括低碳产出、低碳资源、低碳环境三个方面 19 个指标。内容涉及政策体系、产业结构、碳排放核算体系、能源消费结构等。根据规划，到 2015 年，深圳万元 GDP 二氧化碳排放要达到 0.90 吨，较 2010 年下降 21%，非化石能源占一次能源消费比重达到 15%。到 2020 年，万元

GDP 二氧化碳排放达到 0.81 吨，较 2005 年下降 45% 以上，较 2015 年下降 10%，非化石能源占一次能源消费比重达到 15% 以上。

深圳低碳城市建设的思路为：依托其较高的经济发展水平和产业结构、技术创新等方面的优势，依靠政府主导和市场推动，以规划统筹为基础，从经济转型、环境优化、城市宜居和资源节约四个方面着手，以优化结构、节约能源、提高能效、创新体制机制、增加碳汇为重点，大力发展低碳型新兴产业，推进技术进步，注重管理创新，倡导全民参与，加强国际合作，努力使深圳成为我国低碳发展先行区、绿色发展示范区和科学发展引领区（见图 4-11）。

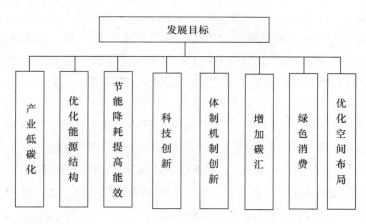

图 4-11　深圳市低碳城市建设的路径选择

一　构建以低碳排放为特征的产业体系

优化产业结构，加快推动低碳产业发展，构建低碳产业体系，是深圳实现节能减排、发展低碳经济的一个重要抓手，也是深圳低碳城市建设的一大特色。具体包括四个方面：一是大力发展低碳型新兴产业和现代服务业；二是巩固高技术优势产业；三是加快改造升级高碳产业；四是稳步推进静脉产业。截至 2012 年，深圳服务业增加值比重由 2008 年的 50.3% 提高到 2012 年的 56%，其中，现代服务业增加值占服务业比重由 2008 年的 65.7% 提高到 2012 年的 68%；高新技术产业和金融、物流、文化等现代服务业成为深圳四大支柱产业，增加值占 GDP 的比重超过 60%；战略性新兴产业成为低碳发展新引擎，其增加值占 GDP 的比重由 2008 年的 10.94% 大幅提高到 2012 年的超过 25%。

1. 大力发展低碳型新兴产业和现代服务业

大力发展低碳型新兴产业和现代服务业是构建低碳产业体系的核心。为了促进低碳型新兴产业和现代服务业的发展，深圳先后出台了生物、互联网、新能源、新一代信息技术等六大战略性新兴产业振兴、发展、规划，完善了相关配套政策，努力将战略性新兴产业打造成未来深圳低碳发展的支柱产业（见表4-1）。

2. 巩固高技术产业优势地位

巩固高技术产业优势地位是深圳构建低碳产业体系的重点之一。高新技术、金融、物流、商务会展等行业是深圳的传统优势产业。为了巩固传统高技术产业的优势地位，深圳政府提出要加快高技术产业结构优化升级步伐，以创建国家创新型城市为契机，加大技术创新力度，提升制造业信息化和数字化水平，逐渐形成以高技术产业和现代服务业为主的低碳产业结构。具体包括：①推动电子信息产业高端化，在通信、计算机及外设、软件、数字视听、集成电路、新型平板显示、LED、第三代移动通信八大产业领域形成较为完整的产业链条，打造具有全球核心竞争力的通信产业体系；②促进从加工装配为主向自主研发制造为主转变，引导装备制造业朝高端、高附加值、高技术含量方向发展，不断提升先进制造业水平；③加快现代金融、现代物流、网络信息、服务外包、商务会展等现代服务业发展，统筹考虑高端服务集聚发展功能区用地，加快金融中心区和金融后台服务基地规划建设，逐步形成与国际化城市相配套的集生产、消费、公共服务三位于一体的现代服务业体系；④推进信息技术与制造技术、优势传统产业和生产性服务业融合，提升生产效率和附加值，增强优势产业竞争力。

3. 加快对高碳产业的改造升级

加快改造升级高碳产业是构建低碳产业体系的基础。对传统高碳产业，深圳市提出要以技术创新为突破口，①加快更新改造，减少排放。具体措施包括：加快淘汰落后技术、工艺和设备，提高生产效率和能源利用率，实现产业低碳化改造；②严格控制高能耗、高污染、高排放项目市场准入；③强力推进清洁生产，实现企业及工业园区低碳化；④加快推进传统产业集群化发展，调整产业空间结构，实现产业合理布局；⑤以农业低碳生态化调整为重点，发展具有深圳特色的现代化畜牧养殖业、水产业、蔬菜水果花卉种植业和海洋渔业。

表 4 - 1 深圳低碳型新兴产业发展目标

产业	规划	重点行业	2015 年目标
新能源	《深圳新能源产业振兴发展规划（2009—2015）》、《深圳新能源产业振兴发展政策》	太阳能、核能、风能、生物质能、储能电站和新能源汽车等	产业规模达 2500 亿元，年替代传统能源 1500 万吨标准煤以上，减排二氧化碳 2000 万吨以上
互联网	《深圳互联网产业振兴发展规划(2009—2015)》	电子商务、物联网和移动互联网	产业规模达到 2000 亿元
生物产业	《深圳生物产业振兴发展规划（2009—2015）》	生物环保、生物能源、生物医疗、生物医药、生物制造等	产业规模达到 2000 亿元
新材料产业	《深圳新材料产业振兴发展规划(2011—2015)》	市场前景好、技术密集、附加值高、资源节约、环境友好的新材料产业	产业规模达到 1500 亿元
文化创意产业	《深圳文化创意产业振兴发展规划（2011—2015)》	创意设计、动漫游戏、数字视听、数字出版、新媒体、文化旅游、影视演艺、高端印刷、高端工艺美术等	产业增加值达到 2200 亿元，文化创意产业总产出超过 5800 亿元
新一代信息技术产业	—	—	产业规模达到 1.2 万亿元，年均增长速度保持在 20% 以上，成为全球重要的新一代信息技术产业基地
节能服务产业	—	—	形成一批拥有知名品牌、具有较强竞争力的大型服务企业，打造全国节能服务产业高地
低碳服务产业	—	碳排放统计、碳标准、碳标识、碳认证、碳金融、碳排放权交易等	鼓励企业开展碳足迹测算及产品碳认证，参与碳标准制定等；鼓励金融保险企业开展碳金融（信贷）和保险业务；开展碳排放权交易试点工作；鼓励境内外具有较高低碳技术研发与服务水平的企业落户深圳

4. 稳步推进静脉产业

按照低碳发展和循环经济理念，深圳采取源头减排、分类收集、无害处理、综合利用、环境园建设等措施，发展废弃物焚烧（发电）产业、垃圾填埋气利用产业、污水处理产业、废弃物回收再利用产业，减少固体废弃物焚烧、填埋和污水处理过程中的碳排放，实现碳减排和资源的综合利用。

二　建设低碳清洁能源保障体系

低碳经济是以低能耗、低排放、低污染为基础的经济模式，其实质是提高能源利用效率和创建清洁能源结构。深圳优化能源消费结构的主要措施有：①大力发展太阳能、风能、核能等新能源，积极引进天然气资源，提高清洁能源比例；②应用高效发电技术，试验应用碳捕集与封存方式，降低能源工业碳排放；③试点智能电网建设，促进可再生能源并网发电。

1. 提高清洁能源结构的比例

受益于城市产业结构的升级，进入 21 世纪，深圳就开始大力发展核能、太阳能、生物质能、新能源汽车，积极引进天然气资源。2012 年，深圳市境内发电装机容量 1277.5 万千瓦，清洁电源装机 1093.5 万千瓦，占 85.60%；天然气多气源供应保障格局也逐步形成，西气东输二线广深支干线正式供气，迭福 LNG 接收站、西气东输二线 LNG 应急调峰站等一批供气项目都加快了建设。另外，深圳还积极推进太阳能光伏建筑一体化（BIPV）示范工程、老虎坑垃圾焚烧厂二期扩建、东部垃圾焚烧发电厂和风能利用示范工程。

根据深圳低碳城市发展规划，未来深圳仍要大力发展天然气、核电、太阳能等清洁能源。积极引进天然气资源，争取到 2015 年，深圳天然气在一次能源消费中的比重要达到 14%；大力发展核电，形成以核电设计、研发、集成及服务为主，太阳能、风能等其他新能源高端产业为辅的产业集群，建设成为国家级新能源（核电）产业基地；强力推进太阳能应用，到 2015 年太阳能光热应用建筑面积不少于 1600 万平方米，太阳能发电总装机容量力争达 200 兆瓦；开展生物质能开发利用，积极开展风能利用示范，到 2015 年非化石能源占到一次性能源消费结构的 15%。

2. 降低能源工业碳排放

电力部门是主要的能耗部门，同时也是主要的碳排放部门。2009 年深圳电力、热力的生产和供应业的能源消费占到了工业能源消费量的

39.1%。因此，要降低碳排放需要对电力部门进行重点管控。深圳采取的具体措施有：①鼓励发电企业结合脱硫和脱硝工作，研发应用高效发电技术和节能减排技术改造机组主体设备和重要耗能辅机系统，加装污染控制设备，提高发电用煤用气利用效率，降低电厂自用电率，减少碳排放；②在新规划燃煤发电项目中进行二氧化碳捕集试点，建设适度规模的烟气二氧化碳捕集与资源化利用示范工程；③试点发展用户型或园区型小规模冷热电联供系统，在具备条件的建筑试点建设天然气分布式冷热电联供系统，鼓励重要场所建设储能电站，发展蓄冰空调、变相材料等储能形式，提高能源供应系统效率。

3. 试点智能电网建设

支持南方电网公司在深圳进行智能电网建设试点，争取在智能电网调度技术支持系统、智能变电站、电动汽车充电设施、可再生能源及分布式能源接入、用电信息采集系统和提高用户电能质量等方面取得突破。推动储能示范电站建设，鼓励医院、地铁枢纽等重要场所建设储能电站或储能柜，替代传统备用电源。

三 节能降耗，提高能效

节约能源、提高能源利用效率是减少碳排放最根本的途径。目前，深圳市单位GDP能耗在全国大中城市中居于领先地位，单位工业增加值能耗也大幅低于北京、上海、天津、江苏、浙江等省市，这也就意味着深圳市的节能空间相对有限，尤其是随着其产业结构的不断优化，深圳市节能空间进一步收窄。为了进一步挖掘节能潜力，深圳市政府通过推进结构节能、技术节能和管理节能，加大了工业、交通、建筑、公共机构等领域节能降耗力度，减少资源能源消耗，提高能源利用效率。《深圳市十二五规划》提出，到2015年，全市单位GDP能耗要比"十一五"下降19.5%。

1. 巩固强化工业节能

在深圳市工业结构中，工业增加值贡献最大的5个行业分别为通信设备、计算机及其他电子设备制造业、电气机械及器材制造业、工艺品及其他制造业、电力和热力的生产及供应业、仪器仪表及文化和办公用机械制造业。2011年，五大行业增加值分别占规模以上工业增加值总量的56.7%、7.9%、5.4%、3.6%、2.9%。

受产业结构的影响，深圳各行业中，能源消费量最大的为电力、热力的生产和供应业，其次为通信设备、计算机及其他电子设备制造业。2009

年，深圳市电力、热力的生产和供应业能源消费约占工业总能源消费量的 39.1%，通信设备、计算机及其他电子设备制造业约占 16.3%，电气机械及器材制造业约占 7.9%，塑料制品业约占 4.9%，金属制品业约占 3.2%，石油和天然气开采业约占 3.1%，其他非金属矿物制品业、仪器仪表及文化、办公用机械制造业、化学原料及化学制品制造业等近 30 个行业约占 25.5%（见图 4 - 12）。

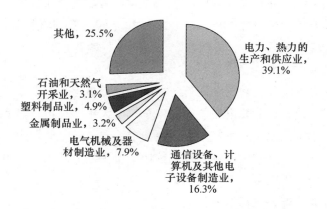

图 4 - 12   2009 年深圳市工业部门能源消费构成

资料来源：《深圳市工商业"十二五"节能规划》。

结合深圳工业能耗特点，深圳市从挖掘电力、建材等重点行业节能潜力和强化重点用能单位节能管理两方面着手，积极推动工业部门节能，提高工业能效水平。

一是挖掘重点行业的节能潜力。积极推动电力、建材、电子设备制造等能耗强度相对较高行业的节能改造工作，逐步淘汰落后设备，推广先进技术，鼓励发展循环经济，加强节能管理。

二是强化重点用能单位节能管理。将年耗能 3000 吨标准煤以上重点用能单位纳入监管范围，实行分级、动态管理。落实能源利用状况报告制度，推进能效水平对标活动，开展节能管理师和能源管理体系试点。加大资金投入，引导企业开展节能技术研发，组织开展重点用能单位节能降耗服务活动，提高用能单位计量检测能力和水平，开展重点用能单位能源计量装置检定和能源计量数据核查。

2. 构建低碳交通网络

深圳市目前已经进入工业化后期阶段，交通运输能源消耗持续快速增长，并逐渐成为主要的能源消耗和碳排放部门。2005—2012 年，深圳市公路、水路和城市交通运输能源消耗量从 258 万吨标准煤增加到了671.74 万吨标准煤，增长了 1.6 倍，道路运输能源消耗占到了能源消费结构的 57.93%。道路运输能源消耗导致的二氧化碳排放也从 2005 年的541 万吨增加到 2012 年的 1421.78 万吨，增长了 1.62 倍。

深圳市的道路运输碳排放结构中，公路营运性运输是最大的排放源。2010—2012 年深圳市公路运输碳排放占交通运输排放比重从 54.59% 上升到了 58.04%，水路货运碳排放占比则由 18.67% 下降至 17.51%，城市客运碳排放占比则从 26.74% 下降到了 24.45%（见图 4-13）。

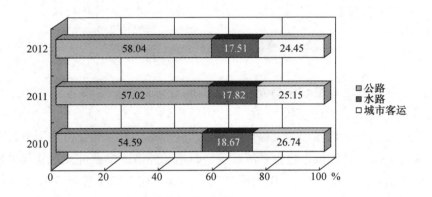

图 4-13 2010—2012 年深圳市交通部门碳排放构成

资料来源：《深圳市建设绿色低碳交通城市区域性项目实施方案（2013—2020）》。

根据交通部门的排放特点，深圳制定了《深圳市建设绿色低碳交通城市区域性项目实施方案（2013—2020）》，方案提出要按照"有质量的稳定增长，可持续的全面发展"的总要求，以"深圳质量品质交通"为主线，积极推进交通"运输方式、出行结构、交通服务、交通发展、交通排放"五个转变，综合运用"空间减碳、方式减碳、技术减碳、管理减碳"四大策略，系统推进绿色低碳交通运输体系建设（见图 4-14）。

（1）绿色低碳基础设施建设。在推动低碳基础设施建设方面，深圳注重从源头上控制排放，实现绿色低碳规划和设计，建立以公共交通为导向的城市开发模式（TOD 模式）；优化综合运输网络布局，加快综合客运

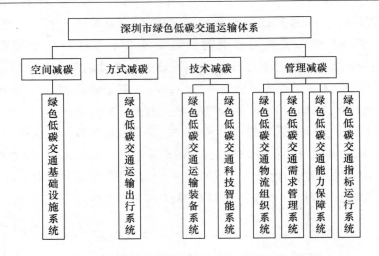

图 4 – 14　深圳市绿色低碳交通运输体系框架

枢纽、物流园区、枢纽港口及集疏运配套设施建设，实现客运"零距离换乘"和货运"无缝衔接"；通过加快城市轨道交通、城市公交专用道、快速公交系统（BRT）等大容量城市公共交通基础设施建设，加强自行车道和行人步行道等城市慢行系统建设，打造功能清晰的路网体系；集约使用土地资源，大力推广 LED 照明产品、降噪声路面等节能环保技术的应用。截至 2012 年，深圳市全港泊位数增加到 172 个，万吨级泊位 69 个。全港集装箱吞吐能力达 1925 万标准箱/年，客运泊位 19 个；形成了总长 178.1 公里、118 个站点的城市轨道交通运营网络；公交线路增加到 859 条；盐田、蛇口、龙岗建设了自行车试点项目，共有服务网点 161 个，公共自行车 5250 辆。

（2）新能源汽车、清洁能源汽车的示范推广。深圳是我国国家节能与新能源汽车示范推广城市之一。为了加快落实《深圳市节能与新能源汽车示范推广实施方案》，深圳市开展新能源公交大巴、出租车、公务车和私家车示范推广，加快充电站、加气站等基础设施建设。根据规划，到 2015 年，深圳推广使用的新能源汽车累计要达到 5 万辆，推广使用的 LNG 货车达到 2.5 万辆；到 2020 年，新能源汽车累计达到 10 万辆，LNG 长途客运车累计达到 566 辆，推广使用天然气驾培车 800 辆。截至 2012 年，深圳投放了新能源汽车 2100 辆，累计超过 5000 辆，深圳成为全球新能源汽车推广应用力度和规模最大的城市。

（3）公交都市建设。早在 2010 年 11 月，深圳市就被交通运输部确定为首个"国家建设公交都市示范城市"，为了加快实施《深圳市打造国际水准公交都市五年实施方案》，深圳坚持公交优先发展战略，重点实施线网优化、公交提速、四站提升、慢行交通等工程。根据规划，到 2015 年年底，深圳要建成公交专用道 780 公里以上，主要客流通道高峰时段公交车平均车速达到 20 公里/小时以上，2020 年达到 25 公里/小时以上；在 2016 年前建成约 348 公里轨道交通网络；扩大常规公交网络服务面，到 2015 年全市公交站点 500 米覆盖率达到 93% 以上，2020 年基本达到 100%。结合城市绿道网，建设安全、通达、便捷、舒适的步行和自行车交通网络，加强慢行交通与轨道和公交线网的便捷接驳。截至 2012 年，深圳轨道交通网络已经达到了 178.1 公里，公交运力 14660 辆，出租车 14799 辆，公交分担率达到了 54.5%，原特区外 500 米公交站点覆盖率达 90%。

（4）绿色低碳港口建设。深圳是我国第二大港口，集装箱连续 11 年位居全球第四。为了推动绿色港口建设，深圳开展蛇口绿色低碳港区主题性试点工作，创建盐田国际码头、赤湾、大铲湾"绿色生态港口"；在港口企业大力推广应用 RTG "油改电"、港口拖车"油改气"、靠港船舶使用岸电、太阳能光伏发电等先进低碳港口技术；加快了港口信息化系统建设，提高港口运作效率，节约港口运作能源。截至 2012 年年底，盐田、蛇口、赤湾等主要码头已累计推广使用 LNG 拖车 231 台，每年可替代4550 吨标准燃油，蛇口集装箱码头（SCT）被交通运输部确定为国家首批低碳示范港区之一，获得重点政策和资金支持，SCT 岸电供电项目也被交通运输部确立为全国三大岸电试点项目之一。

（5）绿色低碳物流发展。物流业是深圳的四大支柱产业之一，为了降低物流能耗，深圳市一方面在物流运输中试点推广使用 CNG 卡车。据测算，每台 CNG 卡车每月可替代燃油 2730 公升，减少碳排放 0.7 吨；二是创新物流业务模式，实施内、外贸相结合的双向物流业务模式。

（6）构建智能交通系统。为了实现信息共享和运输效率提高，搭建全市智能交通应用体系框架，深圳一方面以综合交通运行指挥中心为主要载体，打造"智能公交平台、智能设施平台、智能物流平台、智能政务平台"，形成了"一个中心、四个平台（1+4）"的智能交通应用体系框架；另一方面搭建了公众出行信息服务系统。通过打造"一站式"手机交通信息服务平台，向不同出行方式提供全面的、实时的交通资讯。根据规划，到 2015 年年末，深圳交通出行信息服务模式提供率达到 90%，准确率达 85% 以上；客运车辆智能监管率达到 95%；货运车辆智能监管率达到 80%；出租车电召成功率达到 85%。

（7）交通需求管理。深圳市以调整停车收费为主要抓手，通过设施供给、经济杠杆、行政管理和宣传倡导等综合手段，引导机动车合理使用，促进城市交通方式结构优化；通过实行机动车排气污染定期检测与强制维护制度，严格执行道路运输车辆燃料消耗量限值标准和准入制度，加强机动车排污监督管理；发挥先行先试优势，建立交通行业能源消耗和污染排放统计和监测制度，积极探索建立汽车排放费制度。

3. 推广绿色建筑，减低公共建筑能耗

低碳建筑即绿色建筑，是指为人类提供一个健康、舒适的活动空间，同时最高效率地利用资源，最低限度地影响环境的建筑。目前，全世界建筑物能源消耗占全社会能源消耗总量的 40%，是工业能源消耗的 1.5 倍。我国建筑物能源消耗占比约为 27%，虽低于全球平均水平，但每年呈快速增长态势[①]。

深圳是一座高楼大厦鳞次栉比的现代化城市，建筑用能是其主要的碳排放源之一。截至 2010 年年底，全市民用建筑面积达 5.6 亿平方米，其中居住建筑面积约 4.4 亿平方米，公共建筑面积约 1.2 亿平方米。全市民用建筑用电量为 250 亿千瓦时，占全社会总用电量的 37% 左右，达到发达国家水平。可以预见，未来随着建筑规模扩大，经济服务要求提高，生活水平提升，用能强度增大，深圳市建筑能耗仍将持续增长。据测算，2015 年深圳全市建筑用电量将达 330 亿度，折合约 1300 万吨标准煤，建筑用电量将占全社会总用电量的 40% 左右。

为了降低建筑能耗，积极发展绿色低碳建筑，深圳市率先出台了首部建筑节能的法规以及建筑废弃物利用的条例，制定了《行动纲领》，出台打造了《绿色建筑行动方案》，并成为国内首个提出把打造绿色建筑之都作为推动城市发展转型战略的城市。截至 2010 年年底，全市建成节能建筑面积共约 5315 万平方米，占总建筑量的 9.5%。全市建设近 80 个绿色建筑项目，总建筑面积超过 1000 万平方米，其中有 15 个项目通过绿色建筑认证、总建筑面积近 100 万平方米，有 10 个项目按绿色建筑最高等级

---

①　世界可持续发展工商理事会：《行业转型：建筑物能源效率》报告，2009 年。

国家三星级的标准建设。涌现了建科大楼、华侨城体育中心、万科中心、万科城四期、南海意库等一大批具有全国乃至国际影响的绿色建筑项目。

深圳推动低碳建筑发展的主要举措有：

（1）树立绿色建筑全生命周期管理理念。将绿色、低碳理念贯穿到建筑勘察、设计、施工、运营、物业管理和拆除等全生命周期中，研究制定具有深圳特色的绿色勘察、绿色设计、绿色施工、绿色评价、绿色运营和绿色物业管理等绿色建筑标准体系。

（2）推进新建建筑节能达标。建立建筑能效测评标识制度，将建筑能效测评纳入节能专项验收中。确保新建建筑100%符合节能标准；以保障性住房为突破口，推广住宅建造工业化和一次性装修，开展住宅性能认定和部品认证；培育住宅产业现代化示范基地和项目，加快住宅产业现代化构件部品生产基地建设；努力减少新建建筑建设和装修过程能耗。

（3）对既有建筑进行节能改造。通过财政补贴和合同能源管理机制政策等建筑节能改造市场培育措施，稳步推进全市既有建筑节能改造工作。通过筛选不同使用性质的高能耗办公建筑或大型公共建筑，实施公共建筑综合节能改造与单项技术节能改造；对老旧商业区和工业厂区建筑，以节能改造为主线进行综合改造；推广家电设备效率提升，鼓励进行非节能门窗和加装遮阳设施改造。根据规划，在"十二五"期间，深圳市完成既有建筑节能或绿色改造总建筑面积不得低于700万平方米，圆满完成国家公共建筑节能改造重点城市的计划任务。截至2010年年底，全市已完成和正在实施的既有建筑节能改造面积已经达到了622万平方米。

（4）推广应用可再生能源。为加快推进可再生能源在建筑中的规模化应用，落实《深圳市可再生能源建筑应用城市示范实施方案（2009—2011)》，2010年深圳市发布实施了《深圳市开展可再生能源建筑应用城市示范实施太阳能屋顶计划工作方案》，通过政府财政补贴和合同能源管理政策，重点组织实施可再生能源建筑应用示范项目。截至2010年年底，全市共批准确立了26个太阳能示范项目，其中17个为国家级示范项目，太阳能热水建筑应用面积已达820万平方米，建成太阳能发电系统总装机容量约4.5兆瓦。

（5）大力推进建筑废弃物减排与综合利用。2009年10月深圳出台了国内首部建筑废弃物减排与利用的地方法规——《深圳市建筑废弃物减排与利用条例》，大力推进建筑废弃物综合利用试点，积极推动建筑废弃物处理形成产业发展。到 2010 年年底，全市投入使用的建筑废弃物综合利用项目有 4 个，年建筑垃圾处理能力超过了 300 万吨，建筑废弃物资源化率已超过 30%，新型墙材的使用比例上升至 96%，高强度钢筋和高性能砼以及其他新型建材也已经规模化应用。

四　推动技术进步，创新体制机制

发展低碳经济，核心就是能源技术进步、制度创新和人类生存发展观念的根本性转变。作为我国首个创建国家创新型试点城市，深圳本身就具有良好的技术创新体系和制度创新的能力。深圳是我国国家知识产权示范市和国家高新技术产业标准化示范区，核心专利与知识产权产出居全国前列；拥有一批国际竞争能力强的骨干企业，经认定的国家级高新技术企业达到了 1353 家；享有立法权，是国家碳排放权交易试点城市之一；金融业发达，深圳前海是国务院首批金融改革创新试点地区。

凭借自身优势，深圳在低碳城市建设中，十分注重推动技术进步，积极探索实现制度创新，具体措施有：

1. 建设低碳发展技术体系，加强低碳创新能力建设

集中优势资源，重点在节能与提高能效技术、太阳能光热、光电技术、太阳能建筑一体化技术、风电技术、生物质能等可再生能源技术、先进核能技术、二氧化碳捕集利用与封存技术、生物固碳与固碳工程技术等方面取得突破，建立低碳发展技术体系；建立低碳技术目录，编制低碳技术标准和规范，鼓励低碳技术专利申报，逐步形成技术方向明晰、技术标准完善、知识产权申报活跃的低碳技术发展环境；加强人才队伍建设，研发平台建设和学科建设，提高低碳创新能力，为低碳技术进步奠定基础。

2. 构建有利于低碳发展的体制机制和政策法规体系

为了构建有利于低碳发展的体制机制和政策法规体系，为低碳发展营造良好环境，深圳市充分利用其市场经济发达的优势，通过制度创新，积极探索建立政府推动和市场相结合的机制。

一是发挥特区立法权优势，不断完善低碳发展政策。出台和完善有关节能、可再生能源发展的相关配套政策；修订《深圳市产业结构调整优化和产业导向目录》，从源头引导产业发展；加大财政投入，重点支持低碳关键技术研发、重大产业创新及产业化、试点示范、创新能力建设等；通过财政补助、贷款贴息等推动节能服务产业快速发展；鼓励商业银行、保险机构、投资机构开展金融创新，为企业实施低碳技术创新、节能改

造、产业低碳转型等提供金融信贷、担保、融资等服务。

二是探索低碳发展新机制。启动了全国首个碳排放权交易试点，建立起了具有深圳特色的碳排放权交易体系；尝试建立低碳产品认证和碳标识制度，并选择重点领域开展低碳产品认证和碳标识试点；完善国民经济核算体系，加强温室气体排放统计工作，到2015年基本建立数据收集系统和温室气体排放统计、核算和考核体系；发挥深圳中心城市辐射带动作用和毗邻香港的区位优势，加强国际合作、深港合作及珠三角区域低碳交流合作，探索出一条适合深圳实际情况的低碳项目合作新机制。

五 优化空间布局，挖掘碳汇潜力

1. 构建多中心、紧凑型城市空间结构

2010年国务院批复同意了《深圳市城市总体规划（2010—2020）》。该规划确定未来深圳要按照建设现代化国际化先进城市和特区一体化的要求，在1953平方公里的城市规划区范围内，实行城乡统一规划管理，通过推动空间结构优化和板块轮动，加快土地管理制度改革，推进产业空间集聚，有序推进城市更新，打造低碳生态城市，逐步形成"三轴两带多中心"的轴带组团结构（见图4-15）。

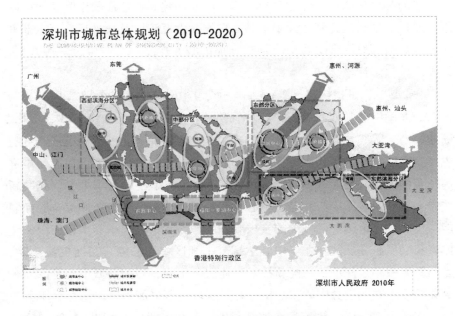

图4-15 深圳城市布局结构规划图

　　"三轴"分别指西、中、东部三条发展轴。其中西部发展轴由南山蛇口半岛通过深港西部通道向南联系香港，向北经前海中心、航空城、沙井、松岗，联系东莞西部并通往广州，这既是珠江三角洲城镇群发展"脊梁"的重要组成部分，也是深度推进深港合作、提升国际化水平的战略性地区，主要发展现代服务业和高端制造业等功能；中部发展轴由福田中心区通过广深港客运专线向南联系香港，向北经龙华中心、光明新城中心，联系东莞松山湖高新园区和莞城中心，构成莞—深—港区域性产业聚合发展走廊，主要发展综合服务、高新技术产业和先进制造业等功能；东部发展轴由罗湖中心区向南经罗湖口岸联系香港，向北经布吉、横岗，连接龙岗中心和坪山新城中心，通往惠州及粤东地区，是惠—深—港区域性产业聚合发展走廊，主要发展高新技术产业和先进制造业等功能。

　　"两带"是指北部发展带和南部发展带。北部发展带依托厦深铁路和机荷高速公路，串联坪山新城、大运新城、龙华新城、航空城等重要节点构筑的产业发展带。向西通过机荷高速公路跨珠江通道和厦深铁路西延线，加强与珠江西岸城市的联系，向东连接惠州和粤东地区，构成区域性的产业发展带。南部发展带以原特区带状组团结构为基础，打造与香港全面对接的都市功能带，经蛇口半岛跨珠江向西建立与珠江西岸滨海地区联系，通过盐坝高速公路经大鹏半岛向东连接大亚湾以及稔平半岛等东部滨海地区。南部发展带主要功能是提升都市服务功能，协调旅游资源开发，保护区域生态环境。

　　"多中心"是指构建"2+5+8"城市中心体系。2个城市主中心为福田—罗湖中心和前海中心，其中福田—罗湖中心承担市级行政、文化、商业、商务等综合服务职能；前海中心由前海、后海和宝安中心区组成，主要发展区域性的现代服务业与总部经济，并作为深化深港合作以及推进国际合作的核心功能区。5个城市副中心为龙岗中心、龙华中心、光明新城中心、坪山新城中心和盐田中心，分别承担所在城市分区的综合服务职能，发展部分市级和区域性的专项服务职能，其中龙岗中心承担市级文化体育和会展服务功能，龙华中心承担全市和区域性的综合交通枢纽功能，光明新城中心是深圳西部高新技术产业服务中心，坪山新城中心是深圳东部高新技术产业服务中心，盐田中心是深圳东部滨海地区旅游综合服务基地、深圳东部港口与物流配套服务中心。8个组团中心即航空城、沙井、松岗、观澜、平湖、布吉、横岗、葵涌，分别作为各城市功能组团的综合服务中心，发挥组团级的服务功能。

2. 挖掘碳汇潜力，增强碳汇能力

深圳注重生态保护与建设，以森林碳汇和城市碳汇为重点，不断挖掘碳汇潜力，切实提升整个城市碳汇能力。截至2012年，全市50%面积被划作生态保护区，公园总数达841个，森林覆盖率提高至41.22%，人均公园绿地面积增加到了16.6平方米，全市绿道总长度超过2000公里，密度居全国前列。

（1）严格控制基本生态线。所谓基本生态控制线，是指为了保障城市基本生态安全，维护生态系统的科学性、完整性和连续性，防止城市建设无序蔓延，在尊重城市自然生态系统和合理环境承载力的前提下，根据有关法律、法规，结合本市实际情况划定的生态保护范围。2003年深圳出台的《深圳市近期建设规划（2003—2005年）》就首次提出了"基本生态控制线"的概念。2005年深圳颁布了《深圳市基本生态控制线管理规定》及《深圳市基本生态控制线范围图》，将974.5平方公里的土地划入基本生态控制线，控制线内除重大道路交通设施、市政公用设施、旅游设施和公园以外，禁止其他建设。

（2）构建自然生态安全网络格局。围绕"四带六廊"① 生态安全体系构建，提升森林资源数量和质量，建设连通七个关键生态节点，加强生态湿地保护区建设，形成"五河两岸多库"② 的基本格局。

（3）推进区域绿道网建设。绿道是一种线形绿色开敞空间，通常沿着河滨、溪谷、山脊、风景道路等自然和人工廊道建立，内设可供行人和骑车者进入的景观游憩线路。绿道包括慢行道和配套设施两大部分。绿道分区域绿道、城市绿道和社区绿道三个级别。其中，区域绿道是指连接城市与城市，对区域生态环境保护和生态支撑体系建设具有重要影响的绿道。城市绿道是指连接城市重要组团，对城市生态系统建设具有重要意义

---

① "四带六廊"是深圳依托山体、水库、海岸带等自然区域构建的10条横贯全市，"东西贯通、陆海相连"的区域生态安全网络格局的简称。"四带"分别是东西走向的北部边界生态承接带，中北部城镇生态隔离带，中南部山脉生态支撑带和南部滨海生态防护带；"六廊"分别是南北走向的宝安生态走廊、宝安—南山生态走廊、宝安—福田生态走廊、龙岗—罗湖生态走廊、龙岗—盐田生态走廊和龙岗生态走廊。

② "五河两岸多库"是深圳生态湿地保护与建设的主要内容，即加强湿地自然保护区和城市湿地公园建设，建立五河（深圳河、茅洲河、观澜河、龙岗河、坪山河）两岸（东部海岸、西部海岸）多库（各水库）的基本格局。

的绿道。社区绿道是指连接社区公园、小游园和街头绿地，主要为附近社区居民服务的绿道①（见图 4 – 16）。

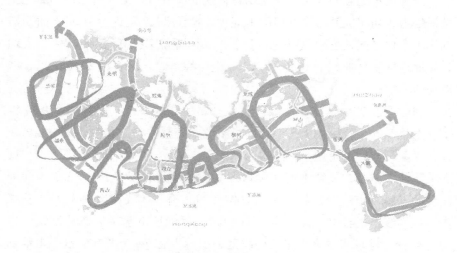

图 4 – 16　深圳市绿道网建设规划

2010 年，深圳颁布了《深圳市绿道网规划建设总体实施方案》，提出通过串联整合生态资源，挖掘历史人文和城市特色，创造积极而丰富的活动空间，支持步行或非机动交通出行，倡导绿色低碳生活方式，在全市范围内构建以区域绿道为骨干、城市绿道为支撑、社区绿道为补充，结构合理、衔接有序、连通便捷、配套完善的绿道网络。根据规划，深圳将用 3 年左右的时间，完成珠三角区域绿道深圳范围内总长约 300 公里的建设任务；用 5 年左右的时间，建成总长约 500 公里的城市绿道和总长约 1200 公里的社区绿道，实现与区域绿道的有机串联和衔接，基本建成城市绿道和社区绿道，形成绿道网络体系。

六　引导绿色消费，践行低碳生活

1. 提高全民低碳意识

充分利用广播、电视、互联网、报刊等媒体，加大低碳公益广告力度，采取专题讲座、研讨会、成果展示会等形式，加大低碳理念宣传力度，组织开展低碳理念宣传活动和科普活动。鼓励中小学校创新开展低碳

———————————

① 资料来源：深圳绿道网。

教育，开展各种形式的低碳专题活动，普及低碳知识。积极开展土地日、地球日、水资源日、能源日、公共交通日、无车日、节水行动、减塑行动、熄灯一小时等低碳活动，强化公众低碳意识。争取到 2015 年，市民对低碳理念的认知率可以达到80%，2020 年达到90%。

2. 践行低碳生活

推行低碳公务。制定政府办公楼和公共建筑的节电、节水、节材、节油计划、目标和标准。大力推行政府低碳采购，建立低碳产品、低碳服务认定制度，以政府低碳采购引导全社会低碳消费方向。

倡导低碳商务。在产品推介、营销、售后服务及回收利用等各环节融入低碳理念，鼓励发展网上交易、虚拟购物中心等新兴服务业态。搭建低碳物流体系，完善低碳市场服务，坚持实施"限塑"行动，系统开展限制过度包装工作。

引导市民低碳生活。鼓励公共交通工具、自行车、步行等低碳出行方式，加强交通需求管理，提高新车能效与排放市场准入门槛，鼓励采用低碳膳食方式，减少浪费，引导合理选购、适度消费、简单生活等低碳消费理念。

第三节　深圳低碳城市建设的特色项目

一　国际低碳城

深圳国际低碳城是中欧可持续城镇化合作伙伴旗舰项目、国家节能减排财政政策综合示范奖励项目。该项目以"深圳质量"为核心理念，以体制、管理、技术创新为动力，以低碳战略性新兴产业集群为基础，通过深化与欧美等国家和地区在低碳领域的国际合作，以低碳服务业为重点，打造"四区一高"，即国家级低碳发展试验区、应对气候变化先行区、国际低碳合作的引领区、国家级低碳产业的示范区和国家低碳发展的战略高地。深圳国际低碳城的建设是推进特区一体化、落实《珠三角规划纲要》的重要抓手，有利于促进深圳产业结构优化升级、切实转变经济发展方式，对国家乃至世界低碳经济和低碳城市的发展发挥示范和带动作用。

1. 国际低碳城规划

深圳国际低碳城项目位于深圳市龙岗区坪地街道，毗邻东莞、惠州，惠深一级公路、横坪路、惠盐高速公路穿境而过。紧邻龙岗中心城和大运新城，前海深港现代服务业合作区、深圳宝安国际机场、盐田港等均在1小时交通圈范围内，可以依托深圳发达的产业基础和交通设施。

（1）初始能耗状况。坪地街道总面积57.6平方公里，总人口约25万人，下辖9个社区。该地区经济发展水平相对较低，人均GDP、地均GDP仅相当于深圳平均水平的1/3和1/7。能耗水平高，单位GDP的耗能量达到了深圳的4倍，人均耗水量也相当于深圳的1.5倍，碳排放强度是深圳平均水平的2倍。因此，相比于深圳其他地区，该地区社会经济发展状况可以归结为低水平、高能耗和高排放。

（2）规划进程。国际低碳城项目总规划面积约53平方公里，以高桥园区及周边共5平方公里范围为启动区，以启动区域约1平方公里范围为核心启动区，建筑总面积约180万平方米，总投资约103.7亿元，建设周期为7年。

国际低碳城定位为国家低碳外交的重要平台和低碳发展综合试验区，发展策略是以建城营城为先导，以优化能源结构为基础，以资源循环利用为重点，以点面结合分步推进为原则（见图4-17、图4-18），分三个阶段推进：

一是启动区引导示范阶段。以低碳技术应用与展示为重要目标，通过关键低碳技术在产业区的研发与实践、低碳建筑的实施与展示，带动1平方公里的低碳建设进程。

二是拓展区完善功能阶段。以吸引低碳产业聚集，发展低碳企业为重要手段，拓展低碳产业有机群落，形成有层次感、特色鲜明的低碳产业体系。

三是低碳城全面开发阶段。通过落实低碳空间规划、低碳市政规划、低碳交通规划、低碳指标体系等研究成果，搭建低碳城市空间结构，构筑生态安全格局，优化低碳产业布局，集约利用土地，引导城市紧凑发展，促进产城融合，实现由产业低碳城向全方位功能的低碳城的转变，进而为探索适合我国低碳产业发展与新型城镇化建设路径提供有益经验。

图4-17　深圳市国际低碳城区位图

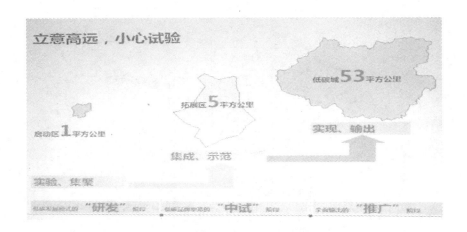

图4-18　国际低碳城项目规划进程

　　根据项目规划，到2015年，核心启动区（1平方公里）建设取得显著成效，实现新建绿色建筑比例100%、新能源公共交通使用率100%、清洁能源使用率100%、污水深度处理率100%、废弃物无害化处理率100%；拓展区（5平方公里）建设取得阶段性进展，城市基础设施项目相继建成，资源集约利用效率显著提高，生态环境得到有效改善。到2020年，国际低碳城GDP总量达到700亿元人民币，万元GDP碳排放强度小于0.32吨/万元，人均碳排放强度低于5吨/人。

（3）空间规划和布局。国际低碳城规划设计遵循了 SMART 五边形策略，即包括了碳汇网络、微气候优化、绿色建筑、低碳市政和低碳交通五个方面（见图 4 – 19）。其中碳汇网络是指通过合理挖掘潜在的绿化空间，增加城市的碳汇能力，并且减少和降低城市的能耗；微气候优化是指通过优化三维形态和微气候环境，保障室外环境舒适型的前提下，促进能耗和碳排放的减少；绿色建筑是加强对建筑节能设计的引导，以形成良好的建筑环境；低碳市政方面是指提出切实可行的资源利用方案，采取行之有效的节能减排措施，并且合理安排市政设施和管线，低碳交通则是倡导混合用地和 TOD 的开发模式，推行绿色公交要优先，实行慢行交通出行。

图 4 – 19　深圳市国际低碳城规划的 SMART 策略

运用 SMART 策略，结合基地现状、目标理念及功能构成，深圳国际低碳城提出了"一轴带、两中心、五片区"的空间布局。其中"一轴带"是指沿深惠路与轨道交通 3 号线，形成城市综合服务发展轴；"两中心"是指在丁山河与深惠路交叉口处打造低碳综合服务中心，利用原有坪地中心基础，形成生活服务中心；"五片区"是指依托两大服务中心，形成放射手指状的五个产业、居住功能复合发展的功能片区（见图 4 – 20）。

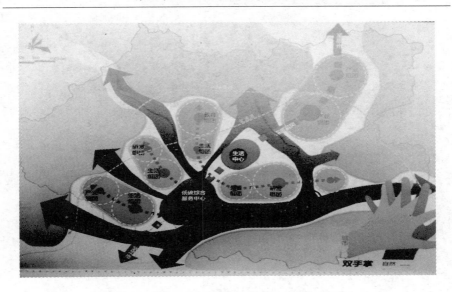

图4－20　深圳市国际低碳城空间布局示意图

核心启动区则是着力打造"一心六区"的空间布局。其中"一心"是指创制中心；"六区"分别指丁山河活力水岸、创新研发街区、生命绿岛、研发中试街区、水岸住区和健康住区（见图4－21）。

（4）产业选择和布局。根据《深圳市低碳发展中长期规划（2011—2015）》、深圳"十二五规划"中对低碳产业的要求以及低碳产业的定义，结合低碳产业的发展趋势，深圳国际低碳城的低碳产业选择主要以深圳市及龙岗区主导产业及战略新兴产业作为依托，坚持中外合作、引领低碳、面向全球的战略取向，重点发展生命健康、智慧能源、物联通信、绿色建筑、节能环保和低碳服务业，构建"5＋1"的产业格局（见图4－22和表4－2）。

生命健康产业包括基因产业和立体农业。其中立体农业，又称为层状农业，是指利用光、热、水、肥、气等资源，同时利用各种农作物在生育过程中的时间差和空间差，在地面地下、水面水下、空中以及前方后方同时或交互进行生产，通过合理组装，粗细配套，组成各种类型的多功能、多层次、多途径的高产优质生产系统，来获得最大的经济效益。立体农业体现了"集约、高效、持续、安全"的特点。

图 4 – 21　深圳市国际低碳城核心启动区空间布局

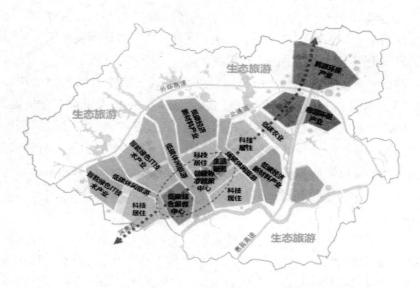

图 4 – 22　深圳市国际低碳城产业布局

　　智慧能源产业分为智能绿色 IT 产业和新能源产业。智能绿色 IT 产业包括云计算、物联网、互联网等行业，智能绿色 IT 产业要在深圳电子信息产业基础上，实现突破核心技术和关键技术，弥补产业链的薄弱环节，加快从加工装配为主向自主研发制造为主的转变，强化创新研发和产品设计能力，提高产品附加值，推进电子信息产业向产业链的高端延伸。新能源产业则包括核电、氢能、生物质能、混合动力与燃料电池、电动汽车、光伏太阳能、风能、地热能等。

物联通信产业分为智能绿色IT产业和新材料产业。新材料是指低能耗、低成本并能实现新能源的转化和利用以及发展新能源技术中所要用到的关键材料，主要包括纳米材料、新能源电池材料、高性能纤维及其复合材料、稀土功能材料、高性能轻合金及粉末冶金新材料等。

绿色建筑产业包括建筑业、新材料和新技术产业。

节能环保产业包括废弃物处理、利用和新工艺产业。

低碳服务业是促进低碳经济发展、服务低碳城市建设，为实现低碳目标的各种在市场机制运作下集聚形成的相关服务产业。低碳服务业包括低碳技术服务、低碳金融服务、低碳综合管理等。其中，低碳技术服务包括低碳制造技术研发、生产、生活过程中节能改造技术、设备更新技术、能效提高技术、能源转换与替代技术等，以及末端处理的碳捕捉、碳封存技术的研发、应用与监测；低碳金融业是指与低碳经济相关的绿色金融，包括碳交易、商业银行的碳金融创新、机构投资者和风险投资者介入的碳金融活动、碳减排期货期权市场等。

表4-2　　　　　　　　　　国际低碳城产业选择

产业类型	主要产业
生命健康	基因、立体农业
智慧能源	IT、新能源
物联通信	IT、新材料
绿色建筑	建筑、新材料、新技术
节能环保	废弃物、新工艺
低碳服务业	低碳技术服务、低碳金融服务、低碳综合管理

（5）低碳建筑。国际低碳城强调生产、生活、生态三位一体的建设理念。除了对园区系统、室内环境的营造以外，还包括对现有建筑的节能改造，实行低碳化的施工管理。根据规划，低碳城内新建建筑必须达到绿色建筑标准三星，改造建筑达到绿色建筑标准二星。

低碳城启动区目前启动了两个比较大的绿色建筑的改造项目，一个是客家围屋的改造，还有一个就是现有厂房的改造。客家围屋改造改变了过去大拆大建的旧有城市发展模式，而应用一些传统的低碳技术对原有建筑进行改造，基本上保留了原有格局，并通过引入餐饮、文娱、旅游、创意工坊、SOHO 办公等产业，将片区内村落发展成为高品质生活服务功能区，在提升改善原住民生活环境品质的同时，完善了启动区功能混合配置，创造一个和谐城市发展新模式（见图 4 - 23）。厂房改造则主要是一些立体绿化的提升和资源能源系统的改善。

图 4 - 23　客家围屋社区改造效果图

　　（6）低碳交通。按照统筹规划、合理布局、适度超前、安全可靠的原则，深圳国际低碳城以绿色出行为主要方式，推进区域交通设施建设。国际低碳城交通系统分为外部交通系统和内部交通系统。其中外部交通系统主要是通过加快外环高速建设、快轨道交通 3 号线延长线建设，加强与惠州、东莞的交通联系；而内部交通系统则是构筑高标准的主干路网系统，建设高密度、人性化的内部路网，落实公交优先政策，以轨道站点为中心，构建内部快速公交环线，并以绿道为骨架，结合地块内部的慢行绿道，积极发展慢行交通体系。

　　2. 国际低碳城的主要特色

　　（1）注重对已有建筑的改造。不同于其他国家和地区的低碳城依靠大规模重新拆建，深圳国际低碳城建设分为四个示范板块：一是在部分新土地上新建新能源系统、绿色建筑等基础设施；二是对一些已有的低密度建筑进行功能改造；三是对已有建筑进行节能改造；四是新建未来中心。目前启动区项目就包括国际低碳城会展中心、丁山河水质改善与生态环境整治、客家围屋低碳社区改造、工业厂房绿色改造以及市政设施等项目。其中客家围屋低碳社区改造是在保留原有风格的基础上，打造一个宜居的高品质生活服务功能区；工业厂房绿色改造则是通过对现有工业厂区进行的绿色低碳设计改造，实现现有建筑综合利用，并通过植入生态绿化系统，配置生产生活服务设施，形成一个功能高度复合、创新氛围浓郁、研发一体的创新型产业园区。

（2）以产业为主导，探索新型城镇化道路。深圳国际低碳城摒弃了过去土地财政、先污染后治理等观念，突出"产城融合"的特点。在引入大量的"二代半产业"①的基础上，通过土地整备将城市发展、产业发展与原住民的长远利益统一起来，引导低碳产业集聚发展，带动地区经济发展，从而在城市化进程中解决低碳问题，创造出一条产业升级、城市化进程和原住民共赢的发展新模式。低碳城摒弃了传统的单纯引入产业园，在多方吸引高精尖、创新型企业进驻的同时，更加注重配套设施的建设，如便利的商业服务、安心的居住保障，因此，低碳城更多地体现的是一个新理念的城市综合体。

（3）低碳技术规模化应用。深圳国际低碳城集成运用全球最前沿的低碳技术。根据规划，建成后低碳城将实现5项100%，即新建建筑100%绿色化、公共交通100%清洁化、污水利用100%可再生化、废物处理100%可回收化和能源使用100%低碳化。低碳城拥有十大绿色技术系统、97项绿色技术策略，其中会议中心就包含了10大系统、78项低碳技术，做到了节地、节能、节水、节材，是目前深圳最节能环保、生态低碳的绿色建筑，在世界上也居于领先行列。

（4）政府企业协同、社会资本充分参与。深圳国际低碳城在总体思路上，是由政府统筹，特区建设发展集团通过整合政府、社会以及国际国内和各种资源要素，形成多方共同参与、各方利益共享的格局。低碳城开

---

① 所谓"二代半产业"，是区别于二代科技园区而言的，它摒弃了附加的低水平生产线，取而代之的是较强的商业服务与居住配套，是一种新型的城市综合体。

创性地提出了"1 + 2 + N"的模式,其中"1"是指由国际低碳城规划领导小组统筹指导;"2"是指龙岗区政府和深圳特区建设发展集团共同承担国际低碳城的土地整备、基础设施建设以及有关项目的开发;"N"则是指吸引优秀国内外企业共同参与国际低碳城的投资、建设、运营等工作,通过搭建合作共赢的开放平台,吸取各方面力量共同推进低碳城的建设。

深圳国际低碳城启动区投资约 110 亿元。深圳市特区建设发展集团作为投融资和开发建设主体,按照一年启动,两年初步形成规模,五年建设完成的思路,计划在 2012—2013 年投资 35 亿元左右,建设会展中心和进行绿色厂房改造。2014—2015 年投资 45 亿元,用在市政设施和相关物业。2016—2017 年投资 30 亿元,建成有高端的产业配套和特色学院,吸引更多的研发机构入驻。

3. 国际低碳城的政策建议

低碳城的能源供应机制是以需求侧节能为前提,以冷热电三联供为核心,以可再生能源为特色,以电网系统为保障来运营。目前国际低碳城启动区有两个重点项目,一个项目是由深圳钰湖电力有限公司负责开发的"深圳国际低碳城分布式能源项目",该项目计划新建总装机容量 60MW 的燃气—蒸汽热电冷三联供分布式能源站,以天然气为主要燃料,生物质、光电、风电为补充。另一个项目是日处理 5000 吨垃圾的深圳市东部垃圾焚烧厂,该项目实现垃圾发电和污水处理相结合。两个项目都面临着并网难、电价高、缺乏相应的价格补贴政策三大问题。

针对以上问题,本书提出以下政策建议:

(1)完善政府补贴和财政优惠政策。我国发展天然气冷热电联供目前尚处于起步阶段,与单纯的燃煤发电项目相比,单位建设成本和运行成本均较高。据估计[①],燃气联合循环发电机组 1 立方米天然气发电 4 度(千瓦时),若天然气价格为 3 元/立方米,则燃料成本为 0.75 元/度,再加上设备运行维护成本和设备折旧成本,分布式能源站最低电价为 1.15 元/度,远远高于火电价格。因此,如果没有政府相关补贴和支持的话,天然气分布式能源站就难以盈利和发展。2011 年 10 月 9 日,国家发展和

---

① 许勤华、彭博:《"APEC 分布式能源论坛"综述——兼论中国天然气分布式能源的发展》,《国际石油经济》2013 年第 1 期。

改革委等四部委发布的《关于发展天然气分布式能源的指导意见》中提出，对天然气分布式能源项目给予一定的投资奖励或贴息、相关税收优惠以及价格折让优惠政策。国家应该尽快出台相关细则。深圳可以根据自身情况，配套相关政策。

（2）解决并网问题。目前，由于并网的技术标准不统一，城市总电网难以接受，其安全性得不到保障；若实际项目与规划不相协调，则对总网产生较大的压力，影响其正常调度；另外，由于天然气分布式发电的上网电价比煤电价格高，并网价格也存在一定问题。针对这些问题，国家发改委、能源局应该会同有关部门、电网企业研究制定天然气分布式能源电网接入、并网运行、设计等技术标准和规范；价格主管部门应该会同相关部门研究天然气分布式能源上网电价形成机制及运行机制，尽早出台天然气分布式发电上网电价政策。电网公司则应该将天然气分布式能源纳入区域电网规划范畴，解决天然气分布式能源并网和上网技术问题和调度问题。

二　碳排放权交易制度

碳排放权交易是促进温室气体减排、应对气候变化、提高资源利用效率的重要经济杠杆，目前许多国家都将碳交易作为其解决碳排放问题最重要的手段之一，欧洲、美国、日本等国家和地区都先后建立起比较成熟的碳交易市场。根据世界银行《2012 年碳市场现状与趋势》报告，自 20 世纪 90 年代第一个排放权交易——美国“酸雨计划”诞生以来，目前排放权交易体系已在 35 个国家和地区运作或规划。2011 年全球碳交易量已经达到 103 亿吨，总值达到了 1760 亿美元。到 2020 年全球碳交易规模将会达到 3.5 万亿美元，碳排放市场有可能会超过石油交易市场成为世界第一大商品市场（莫大喜，2012）。

作为世界上最大碳排放大国，同时也是世界上碳排放增量最大的国家，我国碳排放交易起步相对较晚。2011 年 10 月，我国正式启动了北京、上海、深圳等全国七个省市的碳排放权交易试点工作。深圳是我国第一个正式运行的碳排放权交易的试点城市，首日完成交易 8 笔，成交 21112 吨配额，其中 3 笔为企业交易，5 笔为个人交易，最低成交价为每吨 28 元，最高成交价为每吨 32 元。深圳碳排放权试点运行标志着我国碳排放权交易市场的建设迈出了关键性的一步。而深圳在借鉴国际经验的基础上，结合自身独特的经济发展阶段、产业结构和企业实际大胆创新，则不仅是对世界各国碳排放权交易实践的补充和完善，同时也为我国碳排放权交易体系的进一步发展提供了思路。

1. 深圳碳排放交易体系构成

（1）模式选择。碳排放权交易分为以项目为基础的交易和以配额为基础的交易。其中基于配额为基础的交易多是采取"总量控制与交易"模式，一般由政府制定总量控制目标，确定与控制目标相一致的配额总量，再将配额分配给市场参与者，市场参与者只能在持有配额的范围内排放，并可根据配额的盈余或短缺情况进行交易。基于项目的交易市场采用的是"基准—信用"模式，主要是指清洁发展机制和联合履约机制下的减排项目，其经过认证后的减排量，可以出售给负有强制减排义务或承担自愿减排义务的企业、组织或个人，以抵消其排放。2011 年全球碳市场交易中配额市场占 84.7%，项目市场占 14.4%。

总量控制与配额交易模式是现阶段国际碳排放权交易体系的主流模式。目前，欧盟碳排放交易框架、美国区域温室气体倡议、美国加州总量控制计划、澳大利亚碳排放交易体系以及日本东京碳排放交易计划等主要碳交易市场均采用了总量控制与交易的模式。其中欧盟碳排放交易框架最具代表性和原发性。欧盟碳交易基本框架包括两个部分：一是设定配额总量并进行配额分配；二是建立交易市场，管制对象可通过配额交易降低履约成本，以经济有效的途径实现温室气体减排。深圳碳排放权市场在对欧盟气候行动总司、欧洲能源交易所、德国排放贸易局、法国苏伊士集团交易公司和法国国家开发银行碳交易公司在内的十个主要碳交易机构充分考察的基础上，充分借鉴和吸收了欧盟碳交易经验以及对深圳乃至中国碳交易市场的设计、建设和运营的启示，并结合了深圳自身特点，建立起了具有深圳特色的可规则性调控总量、结构性和碳配额交易模式。

不同于欧盟总量控制和配额交易，可规则性配额调整和结构减排的碳排放交易体系的基本特征是，可规则性调整的碳排放总量目标首先与经济增长率挂钩，其次以碳强度下降为强制性法定约束。根据碳强度下降目标和预期产出确定配额数量，下放给企业，一旦下达，不可更改。当出现外部经济活动扰动需要进行配额调整时，碳强度下降目标不变，履约时依据实际产出与预期产出的差额对配额进行规则性调整。而所谓结构化减排则是指交易范围同时覆盖工业、交通和建筑物三个主要碳排放领域的生产碳排放和消费碳排放，既考虑"直接碳排放—间接碳排放"之间的转移，同时也适应产业结构调整导致的部门碳排放结构变化。

可规则性调控总量和结构性交易模式充分考虑了我国现阶段碳排放的特点，反映出碳排放与经济发展、结构调整、技术进步之间的动态关联。该模式有利于减缓由经济发展拉动的碳排放增长，推动优势产业快速增长，促进产业结构调整和企业转型升级，是适应我国现阶段国情的碳排放交易模式。

（2）覆盖范围。不同于欧盟以服务业为主导的产业结构，我国目前尚处于工业化和城市化快速发展的阶段，能源加工业和制造业造成的碳排放仍然占据主导地位，交通部门、商业和居民部门的碳排放占比相对较小（见表4－3）。根据《联合国气候变化框架公约》（UNFCCC）公布的数据，在欧盟，电力和热力生产行业为第一大能源消耗部门，占比为38%，而制造业和建筑业能源消耗仅为16%。而在我国，电力和热力生产行业碳排放占到了42%，制造业和建筑业占到了37%。

如前文分析，深圳碳排放结构虽然逐渐趋同欧美国家，但工业碳排放仍然以能源和制造业为主。2010年，深圳当年能源行业的碳排放量占比为20%，而制造业的碳排放高达32.4%。而且由于深圳长期坚持绿色低碳发展，严格限制高耗能、高污染产业，形成了以加工制造业为主体的轻型工业结构，从而导致深圳直接碳排放源呈现少而分散的特征。2005—2010年，深圳市直接碳排放占总排放的比例从81%下降到了68%，其中制造业的直接排放由44.7%下降到了20.4%（高红，2013）。为了解决直接碳排放比例低、碳排放源分散与碳排放权交易规模性要求之间的矛盾，深圳市独立开发了间接排放源（制造业）核查方法学，将制造业纳入了第一阶段的管控目标。

表4－3　　　　　　　　世界主要国家和地区碳排放结构

单位:%

部门	欧盟	美国	日本	中国
电力和热力生产	38	33	36	42
制造业和建筑业	16	20	30	37
交通运输	25	32	20	7
商业和居民	20	13	13	8
其他	1	2	1	6

资料来源：深圳市碳排放权交易研究课题组：《建设可规则性调控总量和结构性碳排放交易体系》，《开放导报》2013年第3期。

深圳目前已步入工业化后期阶段，未来交通、服务业和居民碳排放量将会持续快速增长，并逐渐替代工业部门成为碳排放增长的重要驱动力。因此，从遏制需求角度出发，重点管制不仅应该覆盖碳排放最多的制造业，同时还需要覆盖快速上升和即将快速上升的交通、居民部门。

针对上述情况，深圳以遏制需求和控制增长为出发点，将制造业、公共交通和大型公共建筑纳入碳排放交易体系管控范围，同时覆盖生产端直接碳排放和消费端间接碳排放，设计出了"四种类型、三个板块"的碳排放交易体系。具体就是管控工业直接碳排放、工业间接碳排放、建筑碳排放和交通碳排放四种温室气体排放类型，从而形成工业、建筑和交通三个独立的运行交易板块。

深圳市首批纳入碳交易的635家工业企业2010年碳排放总量合计3173万吨，占全市碳排放总量的38%，工业增加值合计占全市工业企业增加值的59%，占全市GDP的26%。2013—2015年，635家工业企业获得的配额总量合计约1亿吨，碳排放强度年均下降6.68%，合计较2010年下降32%，远高于全市平均21%的减排目标，也高于制造业25%的碳强度下降要求。深圳市碳交易控排单位筛选的具体标准如表4-4所示。

表4-4　　　　　　　　深圳碳排放控排单位筛选标准

类型	条件
控排单位	年碳排放总量达到5000吨二氧化碳当量以上的企事业单位
	建筑物面积达到20000平方米以上的大型公共建筑物和10000平方米以上的国家机关办公建筑物
	自愿加入并经主管部门批准纳入碳排放控制管理的企事业单位或者建筑物
	主管部门指定的其他企事业单位或者建筑物
准控排单位	年碳排放总量3000吨以上但不足5000吨二氧化碳当量的企事业单位
	主管部门规定的特定区域内的企事业单位或者建筑物
新进入者	申请建设总投资2亿元以上固定资产投资项目的新单位

（3）总量控制。欧盟推出的绝对总量控制是基于其已经进入后工业化阶段，碳排放总量已达到峰值，碳排放结构变化基本稳定的前提。不同于欧盟，深圳市目前经济结构和能源消耗呈现出城镇化和工业化后期阶段的典型特征，经济仍处于快速发展的时期，能源消耗总量和碳排放总量依

然呈上升的趋势，无论是能源企业还是制造业、交通，都远没有达到最大排放值，而且短期内难以达到峰值。因此，欧盟采取的绝对总量控制模式并不适合深圳，更不适合在全国推广。此外，欧洲碳排放总量控制还存在一个最突出的问题就是配额过剩和市场价格暴跌。欧洲配额总量及其分配取决于对产量的预测，行业减排潜力的测定，以及政府之间、政府与企业之间的谈判沟通技巧，碳配额分配具有包容分歧的宽松特征。如果碳配额一旦确定后不可更改的话，就无法应对产量随机波动对碳市场的系统性和结构性冲击，从而导致碳交易市场价格的剧烈波动。

与欧盟等发达国家要求的碳排放总量绝对削减不同，深圳碳交易体系设计在考虑经济发展空间的前提下，选择以碳强度为控制目标，同时加入总量目标。主管部门首先根据全市目标排放总量、产业发展政策、行业发展阶段和减排潜力、控排单位历史排放情况和早期减排效果等因素综合确定所有控排单位的配额总量。控排单位所获得的预配额等于碳强度目标乘以预测的工业增加值，待投产年度的实际碳排放量核准后由主管部门重新对其预分配的配额进行调整。深圳采取碳强度作为控制目标，可以根据实际排放对配额进行相应调整，避免碳交易市场因宏观经济形势的波动造成的大量过剩或是紧缺。但这种方法存在一个问题就是不能给企业一个明确的价格信息。由于后期配额还可能变动，在对配额总数量增加不超过10%的控制下，企业即使知道自己的分配强度、排放增加情况，但仍然不知道自己最终将获得多少配额，所以在没有最终决定之前，在市场上就会比较谨慎，甚至可能出现不买不卖（马晓明，2013）。

（4）配额分配。欧美碳排放交易体系的经验显示，祖父制和基准制分配方法适用于电力、钢铁、水泥等单一产品行业。借鉴欧美经验，并结合深圳实际，深圳碳排放体系对于电力、供水、燃气三个行业采取基准值方法进行配额分配。但由于制造业细分行业众多，产品、工艺和装置千差万别，基准值法显然无法适用，因此，深圳市还探索出采用价值量碳强度指标（单位工业增加值碳排放）对制造业企业进行配额分配的方法，并建立了电子化的企业碳配额申报与分配系统，引入多重博弈机制，鼓励、引导企业全程参与，通过自主选择获得碳配额。

引入多重博弈机制是深圳碳交易机制的一大创新。由于政府不能够完全掌握企业的信息，给其划定减排强度已属不易，更别说让企业最终心甘情愿接受减排目标。引入多重博弈机制可以有效地解决政府对行业碳排放情况及减排潜力信息掌握得不完全，而企业普遍存在"报大数"（获得较多配额，减少减排义务）动机的问题，避免政府和企业"一对一"谈判所导致的"权力寻租"和配额分配过于宽松的风险。多重博弈配额分配的具体操作过程如下：

第一步，核查企业历史碳排放数据，并进行小组分类。

政府委托第三方核查机构对年碳排放在 5000 吨以上的企业进行核查，得出企业历史碳排放数据后，按照行业、规模、产品性质等标准对企业进行分组。

第二步，确定小组总配额，制定行业基准线。

政府根据小组内部企业历史碳排放情况，以 2010 年为基准年，按照年均 10% 的工业增加值增长率和年均 5.59%（深圳提出"十二五"制造业碳强度下降 25%）的碳排放强度下降目标，确定小组的总配额。同时，将小组内历史碳排放强度较小的前 80% 企业进行加权平均，得出一条碳排放强度的行业基准线。

第三步，企业同步申报。

同一小组的企业代表在同一时间登录配额分配系统，申报其未来三年的预期生产总值和碳排放总量。系统根据企业申报的数据制定行业碳排放强度分布图，高于基准线的企业被要求下降的碳排放强度率低，低于基准线的企业则被要求下降的碳排放强度率高。系统自动给每个企业分配未来三年每年的碳排放配额总量。五分钟内，企业需要决定是否接受这一分配。如果接受，就相当于订立了强制减排合同，企业退出，并带走相应配额；如果不能接受，可以退出，参加再次博弈。

第四步，再次申报。

剩下的企业根据上轮博弈的结果调整自己所报的碳排放量，直到企业逐渐向行业基准线靠拢，并最终拿到一个可以接受的配额。

深圳配额分配采取了无偿分配和有偿分配两种方式。首个交易期内（2013—2015 年），采取无偿分配方式的配额不得低于配额总量的百分之九十。有偿分配的配额可以采用固定价格、拍卖或者其他有偿方式出售。采取拍卖方式出售的配额数量不得高于当年度配额总量的百分之三。

（5）交易制度。深圳碳排放权交易所的参与者为受管控企业、核证减排量的项目业主，以及机构和个人投资者。后两者只要完成开户和第三方存管手续，便可以与受管控企业一样平等参与碳交易。机构投资者和个人需要交纳一定的会员费用。其中，机构会员一次性缴纳会费50000元，年费30000元；个人投资者需要一次性缴纳会费2000元，年费1000元。

深圳碳排放交易所交易的品种包括配额、核证减排量和经主管部门批准的其他交易品种，其中，碳排放权交易的交易标的是配额和核证减排量。交易方式分为电子竞价、定价点选和大宗交易三种。交易收费标准为：交易经手费6‰，收费对象为交易双方；竞价手续费5‰，收费对象为交易双方；交易佣金3‰，收费对象为经过经纪会员参与的投资者。

交易价格主要由市场供求决定。主管部门可以通过市场调节储备配额制度和配额价格保护机制对价格进行调控。即当市场价格过高时，主管部门以固定价格出售给控排单位，以增加市场供给、抑制价格快速上涨，市场调节储备配额的来源包括主管部门按照年度配额总量百分之二划拨的配额、政府配额拍卖中流拍的配额和配额价格保护机制回购的配额；当市场价格过低时，主管部门按照预先设定的规模和条件从市场回购配额，以减少市场供给、抑制价格剧烈下跌，通过配额价格保护机制回购的配额数量每年不得高于当年度有效配额数量的百分之十。

（6）抵消机制。抵消机制是影响碳交易市场供给量和碳价的重要补充机制。欧盟的碳排放交易机制就允许体系内企业在一定范围内购买《京都议定书》规定的通过清洁发展机制（CDM）产生的核证减排量（CER）或通过联合执行（JI）方式获得的减排信用（ERU）来抵消排放。该机制可以减轻企业的减排成本，因此，其规模和范围的制定影响着强制减排主体之外的企业在碳交易市场的参与程度。欧盟确定抵消减排量的使用不能超过全欧盟范围在2008—2020年总减排量的50%，考虑到原有排放设施和这段时间内可能新建的设施，这相当于现有的参与者抵消的排放量不能超过它们配额的11%。

目前，国内的7个碳交易试点均设置了"抵消机制"。《上海市政府关于本市开展碳排放交易试点工作的实施意见》中写明要"适度引入补充机制、退出机制等手段"。《广东省碳排放权交易试点工作实施方案》中提出要对林业碳汇等项目类型制定"广东省核证（温室气体）自愿减排量"备案规则和操作办法。《深圳市碳排放权交易管理暂行办法（征求意见稿）》中明确提到要建立碳排放抵消制度，控排单位可使用国家发改委签发的森林碳汇等CCER履行配额提交义务，抵消年度碳排放量。最高抵消比例不高于控排单位年度碳排放量的10%。控排单位在深圳市碳排放量核查边界范围内产生的核证自愿减排量不得用于深圳市配额履约义务。

（7）监管和惩罚机制。《深圳市碳排放权交易管理暂行办法（征求意见稿）》对控排企业、第三方、交易所、市场参与者的职责和监管内容以及违法处罚措施都进行了明确的规定（见表4-5）。

表4-5   处罚措施

对象	违法行为	处罚措施
控排单位	未按时提交报告	逾期未改正的，处一万元以上五万元以下罚款；情节严重的，处五万元以上十万元以下罚款
	未在规定时间内提交足额配额或核证自愿减排量履约	逾期未补交的，由主管部门从其登记账户中强制扣除，不足部分从其下一年度配额中直接扣除，处超额排放量乘以履约当月之前连续六个月碳排放权交易市场配额平均价格三倍的罚款
核查机构	出具虚假报告或者报告严重失实	限期改正，处一万元以上五万元以下罚款；逾期未改正的，取消其核查资质批准文件及相关责任人的执业资格，五年内不得在本市开展第三方核查业务，并处十万元以上二十万元以下罚款；给控排单位造成损失的，应当依法承担赔偿责任
	泄露控排单位信息或者数据	取消其核查资质批准文件及相关责任人的执业资格，永久不得在本市开展第三方核查业务，并处二十万元以上五十万元以下罚款；给控排单位造成损失的，应当依法承担赔偿责任
交易所	超出规定碳排放权交易品种开展相关交易业务	停止该交易品种的交易，处十万元以上二十万元以下罚款
	在监管工作中不履行职责	限期改正，处十万元以上二十万元以下罚款
	未按照规定的收费标准进行收费	限期改正，退回不符合标准的费用，处十万元以上二十万元以下罚款
市场参与主体	违法从事交易活动	处一万元以上五万元以下的罚款；情节严重的，处五万元以上十万元以下罚款。给其他交易方造成损失的，应当依法承担赔偿责任
	不配合检查	处一万元以上五万元以下罚款；情节严重的，处五万元以上十万元以下的罚款；构成犯罪的，依法追究刑事责任
行政机关工作人员	渎职行为	对负有责任的领导人员和直接责任人员依法给予处分；给他人造成经济损失的，依法承担赔偿责任；构成犯罪的，依法追究刑事责任

2. 对深圳碳排放交易机制的评价

（1）经验借鉴。深圳作为全国第一个启动的碳排放交易市场，无论是制度设计还是市场培育，都有很多可借鉴之处。

①立法先行。深圳之所以可以先于其他城市启动碳排放交易，很大程度上得益于其享有立法权。为了推动碳排放交易启动，深圳出台了我国第一部规范碳交易的地方性法规——《深圳经济特区碳排放管理若干规定》，设定了企业的强制减排义务；制定了全国第一个组织层面温室气体量化、报告和核查规范和指南——《组织的温室气体排放量化和报告规范及指南》和《组织的温室气体排放核查规范及指南》，为规范深圳市各类组织温室气体的排放量化和报告，以及温室气体排放第三方核查机构的核查工作，为碳排放权交易及减排行动提供信息支持；颁布了《深圳排放权交易所现货交易规则（暂行）》，明确了交易的主体、交易品种、交易规则；出台了《深圳市碳排放权交易管理暂行办法（征求意见稿）》，确定了配额管理、数理量化报告、核查与履约、碳排放权登记、碳排放权交易、监督等细则。此外，深圳还出台了其他相关的法规政策，如《深圳市"十二五"期间主要污染物排放总量控制计划》、《深圳市低碳发展中长期规划（2011—2020）》，这些法律法规政策的出台为推动深圳碳排放交易制度的设计、出台和落实奠定了坚实的基础。

②充分借鉴国际碳交易市场经验，结合自身特点，实现制度创新。深圳碳排放交易市场框架在充分借鉴和吸收欧盟碳排放交易市场框架经验的基础上，结合深圳自身的发展特点，积极探索制度创新，具体包括：

第一，将大量间接排放源、制造业企业纳入碳交易管控体系。不同于欧洲仅将能源转化行业、钢铁、水泥、航空业等行业纳入管控范围，考虑到目前深圳市碳排放仍然主要以能源加工和制造业为主，交通运输和建筑部门将会是未来排放增长最快的部门，碳排放整体呈现出直接排放少而分散的特点。为此，深圳以遏制需求和控制增长为出发点，独立开发了间接排放源（制造业）核查方法，将制造业和公共建筑纳入了第一阶段的管控目标，在中期发展目标中，深圳还将为公共交通企业发放配额。

第二，将碳强度作为约束指标。由于缺乏历史峰值，深圳并没有完全照搬欧盟碳排放绝对总量控制，而是将碳强度作为管控企业减排的约束指标。通过首先确定全市的配额总量，进而根据各行业排放情况，确定行业碳强度基准线，并以此为基础，向各企业发放具体配额。因此，以碳强度作为分配配额的关键性指标，一方面可以在控制排放总量的基础上，充分考虑到经济发展空间，促进产业结构优化；另一方面还可以根据企业的生产情况相应地调节配额，防止出现类似欧洲在经济不景气时，配额严重过剩，碳交易价格暴跌的情形。

第三，引入多重博弈机制。多重博弈机制的核心设想是：充分允许、鼓励并引导企业参与配额分配的讨论，在政府与企业、企业与企业之间的反复博弈中，通过有效的信息传递、交换与共享，实现科学、合理的配额分配。这一机制的引进可以有效解决政府与企业之间信息不对称的问题，同时还可以有效约束企业行为。根据规定，在履约期结束时，如果企业实际的排放量和碳强度高于此前上报的总量和强度，不仅要面临法律制裁，下一期的配额也会被惩罚性削减。

第四，增设了市场价格调控机制。吸取了欧盟碳交易缺乏对宏观经济冲击的调节机制，深圳第一个提出了价格控制的详细办法，即市场调节储备配额制度和配额回收机制。本质上来讲，深圳的这种市场调节机制就是通过固定价格限制最高价和减少供给防止价格过低的组合措施。这种机制的完善可以降低投资风险，降低企业的履约成本。

③提高政策的可操作性。深圳市在制度设计、方案制定时，积极追求政策的可操作性。深圳公布的《深圳市碳排放权交易管理暂行办法（征求意见稿）》共八章、八十二条，条目数量约为广东、上海、湖北三试点的三倍。而且，不同于上述试点方案中宽泛、原则性的规定，按照碳排放权交易制度的流程，《深圳市碳排放权交易管理暂行办法（征求意见稿）》分别对配额管理、数量量化报告、核查与履约、碳排放权登记、碳排放权交易、监督管理和法律责任等做出了详细规定，具有较强的操作性[1]。其中在惩罚机制设计上，深圳也突破了我国过去惩罚力度不够，惩罚机制形同虚设的问题，对于市场参与者各方都制定了严厉的惩罚措施，使违约成本大大高于遵约成本，确保企业履约的动力。

（2）存在的问题。当然，深圳碳排放交易也面临着一些问题，主要包括：

①市场活跃度不高。截至2013年11月11日，深圳碳交易所5个月内共计完成碳交易金额823万元，交易量12.8万吨。相比2013—2015年

---

① 《深圳碳交易管理办法公布总量价格双调控》，《21世纪经济报道》2013年11月5日。

1 个亿的配额，市场活跃度明显过低。

②价格波动剧烈。与欧洲市场碳价格一路狂跌不同，自首个交易日开始，深圳碳交易价格就一路飙升，从最初的 28 元/吨一度飙升至 10 月中旬的超过 140 元/吨，4 个月上涨 4 倍。之后又快速回落到 80 元/吨，1 个月下跌了 43%。

与欧洲碳交易配额过剩，需求严重不足不同，深圳碳交易活跃度不高，价格波动主要在于企业缺乏参与的积极性，市场供给不足，导致这一现象既有整个市场环境的原因，同时也有制度自身的问题。

首先，作为第一个试吃螃蟹者，深圳市首先面临的一个问题就是企业对碳排放市场认知不够。英国碳排放披露项目（Carbor Disdour Prosece）发布的《面对碳交易，企业是否已经准备就绪?》之《2013 中国报告》指出，在对中国 100 家市场价值最大的企业调查中，仅有 32 家回复了问卷，虽然较 2012 年的 23 家有所提升，但相比全球五百强企业 81% 的回复率还是存在着很大的差距。中创碳投科技有限公司对深圳的 120 家企业进行了调研，结果显示 80% 的企业对碳交易市场选择"等"，而非主动融入和参与到其中去，大多数企业虽然对碳交易市场有一定的了解，但对企业应该如何具体参与到市场中却认知不够。

其次，配额采取预分配和后期调整的方式，在避免出现类似欧盟配额过剩情况的同时，也使得控排企业尚不了解自身对碳配额的具体需求，对于自身可获得的配额也并不确定，因此多数企业仍处在观望阶段。

复次，被纳入管控的部分企业经过长期的技术改造，碳排放量基本趋于稳定，自身的减排压力不大，配额基本无结余亦无缺口。

再次，交易品种单一，碳信用（CCER）缺席，导致配额缺乏相应的参照物，配额的价格不能真实地反映企业的减排成本。

最后，在当前投资渠道有限的情况下，同时向机构投资者和个人开放，在一定程度上会增加碳交易的投资风险，减低了企业参与的积极性。

（3）政策建议。

①完善政策环境和相关制度。排放数据的准确有效是配额总量确定，以及合理分配的关键，因此除了由政府出资由第三方核查机构核查外，深圳还可以借鉴北京经验，引入第四方专家评估，从而确保核查数据的准确和中立，为配额核定打下坚实的数据基础；完善浮动配额调节制度，科学处理配额总量目标、企业碳强度目标和企业实际产量之间的关系；继续制

定碳抵消方面的规定、配额拍卖方面的规定等其他多部配套支持文件。

②扩大控排企业的范围和规模。深圳首批纳入了 635 家工业企业，碳排放合计占全市总排放量的 38%，工业增加值合计占全市工业企业增加值的 59%，占全市 GDP 的 26%。由于深圳企业整体能效水平较高，高耗能、高污染企业作为碳排放大户已陆续被转移出去，企业减排压力相对不大，配额量不够大，因此，深圳需要扩大管控企业的范围和规模，尽快将排放增速较快的交通运输和公共建筑纳入到控排覆盖范围之内。

③提高企业的参与意识。由于目前深圳碳交易市场的建设尚处于初级阶段，多数企业还不熟悉碳市场的交易规则和交易策略，缺少交易经验和专职的交易部门，其交易策略和交易流程方面的知识仍然空白，因此，深圳政府应进一步加强在碳交易政策法规及相关配套文件、碳交易与资产管理等方面的教育和培训；增强企业参与碳市场的能力，提升企业参与碳市场的积极性，积极和已运行碳交易体系的企业代表进行沟通，鼓励企业建立多层次、具有风险决策能力的碳交易管理团队，确保企业可以根据实际情况进行履约、交易，降低企业碳资产管理的风险，增强企业管理者今后对碳资产管理方面的风险和机遇的识别。

④增加交易品种，建立全国统一市场。目前，各个试点碳排放权市场都是分割的，即深圳配额只能在深圳区域市场内流通，上海配额只能在上海区域市场流通，这种人为分割市场，很容易导致区域市场供应短缺或者价格波动，不利于单个市场的稳定，因此要从根本上破解碳排放权商品化的局限性，需要尽早建立全国统一的碳交易市场。另外，深圳还需要增加交易品种，尽快建立起碳排放权期货等相关衍生品市场，与现货市场相补充，更好地利用市场的价格发现功能。

参考文献

［1］《深圳国家创新型城市总体规划实施方案》。

［2］《深圳市科学技术发展"十二五"规划》。

［3］《深圳市绿色建筑促进办法》。

［4］《深圳市建筑废弃物减排与综合利用条例》。

［5］《深圳市建筑节能与绿色建筑"十二五"规划》。

［6］《深圳市绿道网规划建设总体实施方案》。

［7］《深圳市低碳发展报告》。

［8］《深圳市低碳发展中长期规划（2011—2020）》。

［9］《深圳市低碳试点工作实施方案》。

［10］《深圳市"十二五"控制温室气体排放工作方案》。

［11］《深圳市节能中长期规划》。

［12］《深圳新能源产业振兴发展规划（2009—2015）》。

［13］《深莞惠区域协调发展总体规划（2012—2020）》。

［14］《深圳市工商业"十二五"节能规划》。

［15］《深圳市建设绿色低碳交通城市区域性项目实施方案（2013—2020）》。

［16］深圳市碳排放权交易研究课题组：《建设可规则性调控总量和结构性碳排放交易体系——中国探索与深圳实践》，《开放导报》2013年第3期。

［17］莫大喜：《深圳建设碳金融试验区初探》，《特区实践与理论》2012年。

［18］童罡：《广东省天然气分布式能源的发展及相关政策研究》，《能源技术经济》2012年第2期。

［19］哈尔滨工业大学深圳研究生院、戴德梁行房地产咨询有限公司、深圳市城市规划设计研究院：《中国深圳国际低碳城总体发展规划纲要》，《开放导报》2011年增刊。

［20］杨朝红：《天然气分布式能源及其在我国的发展趋势——专访天然气分布式能源专家王新雷》，《国际石油经济》2012年第1期。

［21］许勤华、彭博：《"APEC分布式能源论坛"综述——兼论中国天然气分布式能源的发展》，《国际石油经济》2013年第1期。

第五章 济南市低碳转型模式研究

国民经济的低碳转型是实现可持续发展的必然要求，但我国仍处于快速工业化和城镇化进程之中，低碳转型的实施必然受到历史和现实因素的种种制约。如何在各种约束下，探寻城市的有效转型模式，需要进行深入的调查研究。本章以济南为蓝本剖析了具有高碳特征、强路径依赖、高转型成本的内陆省会城市实现低碳发展的转型路径，阐释了此类城市实现转型的一般规律，既发掘出适宜推广的经验，也找到需要修正或调整的不足。

第一节 济南市低碳发展的形势分析

总体来看，济南市实现低碳发展的难度较大，转型进程相对缓慢。表现在济南经济发展的高碳特征明显，尚难以实现绝对减排，而且传统路径依赖效应明显，低碳转型成本较高。

一 济南的经济发展具有显著高碳特征

1. 济南 CO_2 排放的数量特征

根据相关研究，济南的 CO_2 排放总量从 1990 年的 2181 万吨增长到 2010 年的 7789 万吨，年均增长约 6.6%，总体上呈现快速上升的态势。2010 年，济南的 CO_2 排放量约占全国排放总量的 1.45%，而同期 GDP 占全国比重为 1%，人口占全国比重为 0.46%，说明济南的 CO_2 排放量整体偏高。从碳排放结构来看，济南的 CO_2 排放量主要是由化石能源消费产生，不过不同类型的能源消费对碳排放的影响程度不同，其中煤炭消费的碳排放贡献最大，达到 71.31%，石油为 27.2%，天然气和其他能源分别为 0.72% 和 0.77%。从人均 CO_2 排放量来看，1990 年济南的水平为 4.21 吨/人，到 2010 年增长到 12.89 吨/人，累计提高了 2 倍多，年均增长约为 5.8%。济南的人均碳排放水平是全国和全球平均水平的 3 倍，明显偏高。从 CO_2 排放强度来看，1990 年济南的万元 GDP 碳排放量为 10.14 吨，2010 年下降为 2.16 吨，降幅为 79%，年均下降约 7.4%。由于同期济南 GDP 的增长率高达 15.1%，因此济南尚不能实现碳排放量的绝对减排。

2. 济南 CO_2 排放的三产分布特征

济南市第一产业的 CO_2 排放量最小且比较稳定，近年来约在 80 万吨，占总排放量的 1.2%；第二产业 CO_2 排放量最大，年排放量在 3776 万吨左右，占总量的 59% 左右，其中，工业能耗 CO_2 排放量占 55% 左右；第三产业 CO_2 排放量每年在 1912 万吨左右，约占总排放量的 30%，不过近年来却增长最快，比重不断上升；居民生活能耗 CO_2 排放量比重在近年基本稳定在 10% 左右，总量比 2008 年之前略有上升，2009 年之后开始下降。

济南市第一产业的万元 GDP 碳排放量最低，近年来保持在 0.5 吨/万元左右；第二产业万元 GDP 碳排放量最高，但呈迅速下降态势，从 1990 年的 14.87 吨/万元下降到 2009 年后的 2.74 吨/万元；第三产业碳排放强度较低，万元 GDP 的碳排放量基本保持在 1.1—1.5 吨/万元。

3. 济南市 CO_2 排放的行业分布特征

工业、建筑业及水泥生产是 CO_2 排放主要来源。工业增加值占第二产业的比重居高不下，2005 年为 85%，2009 年为 83.11%，工业生产过程的 CO_2 排放量 2009 年达到 3903.18 万吨，占第二产业 CO_2 排放量的 94.72%，占全社会 CO_2 排放总量 53.62%。建筑业增加值在第二产业中的比重基本稳定，由 2005 年的 15.0% 下降到 2009 年的 14.32%，CO_2 绝对排放量逐年增加，2009 年 CO_2 排放量为 290.48 万吨，占第二产业 CO_2 排放量的 7.05%，占全社会 CO_2 排放总量的 3.99%。水泥生产是济南市 CO_2 排放的重要来源，但随着济南从 2005 年开始逐步关停淘汰落后水泥产能，产量从 1595.70 万吨下降到 734.58 万吨，水泥生产的 CO_2 排放量占总排放量的比重也从 2005 年的 3.62%，下降到 2009 年的 1.30%。

行业的高贡献、高排放、高强度特征显著。2009 年，在 37 个工业行业中，CO_2 排放量居前五位（黑色金属冶炼及压延加工业，电力、热力的生产和供应业，化学原料及化学制品制造业，石油加工、炼焦及核燃料加工业，非金属矿物制品业）的行业 CO_2 排放量为 3277.47 万吨，占 37 个工业行业总排放量的 91.90%。CO_2 排放量居前十位行业的 CO_2 排放量占 37 个行业排放总量的 96.84%（其中黑色金属冶炼及压延加工业 CO_2 排放量占 45.28%，几近一半），其他 27 个行业 CO_2 排放量仅占 37 个行业排放总量的 3.16%。

济南市 2009 年 CO_2 排放量前十位行业的工业增加值之和占 37 个行业工业增加值总量的 66.42%，大大小于其碳排放量所占的比重（96.84%）。从另一个角度看，2009 年增加值排名前十位行业的增加值之和占 37 个行业增加值总量的 73.89%，而 CO_2 排放量占 37 个行业排放总量的 95.39%。

2009 年，CO_2 排放强度居前五位的行业（黑色金属冶炼及压延加工业，化学原料及化学制品制造业，石油加工、炼焦及核燃料加工业，电力、热力的生产和供应业，工艺品及其他制造业）的工业增加值之和占 37 个行业增加值的 32.72%，CO_2 排放量占 37 个行业排放量的 84.44%。排放强度前十位的行业的增加值占 37 个行业工业增加值总量的 43.47%，而其 CO_2 排放量占排放总量的比重却高达 93.80%。

二 济南市低碳转型面临的难题

1. 路径依赖性强

济南处于工业化的中后期阶段，工业在区域经济中的比例在相当长的时期内仍占据主导地位，能耗高的工业所占的比例不仅不会大幅降低，而且还可能升高。2001 年济南的三产比例为 9.1:41.6:49.3，2012 年为 5.2:40.3:54.5，其间二产比重甚至曾上升至 46%，尽管近年来第二产业比重呈现稳定下降态势，但总体水平也与十年之前相比不大（仅低了 0.7 个百分点）。而且从 2013 年第一季度的运行数据来看，济南市只有第二产业实现了 2 位数的增幅，说明工业的份额再次相对提升。这就反映出工业对济南的经济增长具有决定性作用，而且这种作用在短中期内不可能发生实质性的重大变化，因为难以寻找到新的支柱型产业。总之，低碳转型必然受到已有发展路径的长期制约。

2. 转型成本高

由于高排放、高强度行业往往都是经济发展的高贡献行业，因此在低碳约束下，这些行业受到的短期冲击更为明显。无论针对高排放、高强度行业采取何种转型方式，都会产生对原有产能的淘汰、替代或升级，从而面临高额的转型成本问题。对于济南这种重工业资本存量规模巨大的城市而言，许多重大项目在投资时并未考虑碳排放约束，从而导致在转型过程中面临搁浅成本问题，即按原来的项目设计无法收回所有成本。同时由于这些行业往往具有资本密集性特点，且就业带动效应明显，转型过程中很可能导致经济增速的明显下滑及失业问题的加剧，这些都构成了济南市推进低碳转型的重要成本。

第二节　济南市低碳发展相关工作的进展

一　济南市节能工作的成效

1. 全面完成了"十一五"节能任务目标

2006—2010 年，济南市万元 GDP 能耗分别比上年下降了 3.53%、4.64%、6.48%、5.4% 和 4.16%，2010 年济南市万元 GDP 能耗下降到 1.00 吨标准煤，比 2005 年下降了 22%。2006—2010 年，济南市规模以上工业万元增加值能耗分别比上年下降了 5.59%、7.05%、10.35%、7.45%、6.67%。2010 年，济南市规模以上工业万元增加值能耗降至 1.4 吨标准煤，比 2005 年下降了 32%。"十一五"期间超额完成了省政府下达的万元 GDP 能耗下降 22%、规模以上工业万元增加值能耗下降 22% 的责任目标。

2. 以较少的能源消耗支持了经济的较快增长

"十一五"期间，济南市经济快速增长，地区生产总值由 2005 年的 1846.3 亿元增长到 2010 年的 3600 亿元（按 2005 年不变价），年均增长 13.8%。同期，济南市综合能源消费量由 2411.24 万吨标准煤增长到 3594.66 万吨标准煤，年均增长 8.31%，能源消费弹性系数为 0.6。其中，2010 年，济南市规模以上工业完成增加值 1300 亿元，比 2005 年增长 80.2%，年均增长 12.5%，而规模以上工业能耗年均增长 4.12%，工业能源消费弹性系数为 0.33。2010 年实现第三产业增加值 2021 亿元，年均增长 15.4%，而第三产业能耗年均增长 13.48%，第三产业能源消费弹性系数为 0.87。

3. 促进了产业结构调整和发展方式转变

通过强力推进节能降耗，高耗能行业得到有效控制，低耗能行业快速发展。一是济南市三次产业结构得到进一步优化。济南市三次产业的比重由 2005 年的 7.1∶46∶46.9 调整为 2010 年的 5.6∶41.9∶52.5，第三产业比重提高 5.6 个百分点。二是高新技术产业和先进装备制造业得到迅速发展。2010 年，济南市规模以上高新技术产业实现产值 1598 亿元，比 2005年增加 1042 亿元；规模以上高新技术产值占规模以上工业产值比重达到41.5%，比 2005 年提高 11.4 个百分点，并形成了一大批在国内具有重要影响力的名、优、特产品。三是推进了传统产业改造升级。通过组织实施八大行业振兴规划，落实国家、省的一系列宏观调控政策，实施大项目带动战略，建立领导联系重点建设项目制度，开辟重点工业投资项目绿色通道，"十一五"期间累计投入技术改造资金 1599.3 亿元，取得了明显的产业提升效果。四是淘汰了一批落后生产能力。"十一五"期间，共淘汰落后炼钢 150 万吨、炼铁 83 万吨、小火电机组 40.2 万千瓦、水泥立窑生产线 24 条，超额完成淘汰落后产能任务。五是新能源和可再生能源的开发利用取得重要进展。力诺瑞特、桑乐、豪特等企业已形成了完整的太阳能光热产业链，重点支持了力诺集团光热光电、山东晟朗光伏、华光光电子 LED 等一批重点项目，积极推进济南轨道交通装备有限责任公司风电、平阴大唐风电等项目建设。新能源产业已形成年销售收入 260 亿元的能力。全面推动民用建筑中太阳能热水系统及成套技术应用，实施太阳能热水系统与建筑一体化建筑面积 721 万平方米。济南市新建户用沼气池 15万户，年减少能源消费 4 万吨标准煤。

4. 实施了一批重大节能技术改造项目

"十一五"期间，十大节能工程在济南市得到大力实施，一批重大节能项目得到国家、省支持。重点是冶金行业的干熄焦、燃气蒸汽联合发电、连铸连轧、热能梯级利用技术；水泥行业的水泥窑尾余热发电、窑体余热回收利用、助磨剂技术；热电行业的冷却水余热利用、热电联产技术；化肥行业的造气炉烟气余热回收、造气炉渣综合利用技术；炼油企业的火炬气回收、低温余热回收利用技术；循环流化床锅炉、绿色照明、电机变频调速技术、燃煤锅炉节能改造、电机系统节能、能量优化等重大节能技术得到广泛应用，取得显著节能效果。济南市公共机构照明、空调、电梯等实施了收效明显的节能改造。

5. 节能管理体系得到加强完善

"十一五"期间，济南市建立了以市政府主要领导为组长、市直有关部门负责人为成员的济南市节能减排工作领导小组，形成了强有力的节能工作协调机制。设立了市政府节能办、市节能监察支队等节能管理和监察机构。各县（市）区政府成立了以主要领导任组长的节能减排工作领导小组，设立了节能办（科）。重点用能企业设立了能源管理岗位，部分企业参加了能源管理师培训，首批能源管理师已经持证上岗。已初步构建起了市、县、企业三级节能管理网络，为进一步加强节能管理提供了组织保障。

二　济南市循环经济的成效

济南市作为山东省循环经济试点城市之一，循环经济发展起步早。"十一五"以来，济南市着力推进了循环经济的"678"工程，即培育 6 个循环经济型县（市）区、7 个循环经济型工业园区、80 家循环经济型企业，循环经济特色鲜明，节能减排成效显著。2009 年万元 GDP 能耗为 1.04 吨，为全国平均水平的 80%；万元 GDP 取水为 58.09 立方米，为全国平均水平的 28.8%；工业用水重复利用率 96.48%，农业灌溉用水利用系数 0.52，工业固体废弃物综合利用率 94.4%，主要再生资源回收利用率 95.2%，城市再生水利用率 10.3%，生活垃圾无害化处理率 86.1%。

济南正在推进 6 个县（市）区、7 个工业园区、80 个企业的循环经济试点工作，探索推广循环经济发展模式，形成以重要资源为纽带的循环经济产业链。按照转方式、调结构的战略部署，及时把握国家和省的试点政策，结合济南实际，探索建立低碳工业园，设立低碳经济示范和试点区域。在电力、交通、建筑、冶金、化工、石化等高能耗、高污染行业选择一批企业，通过低碳技术的引入和改造，进行低碳经济试点，使之成为探索低碳经济发展的重点领域。积极推广济钢、十方新能源公司、中氟化工清洁发展机制（CDM）项目获得国际资金支持的成功经验，支持和鼓励企业策划实施低碳经济示范项目。借鉴河北省保定市和上海市的成功经验，探索建设低碳城市的方法途径，申报国家低碳经济试点示范城市。

三　济南市环境保护的成效

济南市按照"维护省城稳定，发展省会经济，建设美丽泉城"的总体要求，济南市紧紧围绕着环境质量改善、污染减排、生态环境建设与保护的目标，统筹兼顾，多管齐下，强化生态市建设，加大城乡环境综合整治力度，环保"十一五"规划得到了较好的贯彻落实，环境质量明显好转。

2010 年，市区环境空气良好以上天数达到 178 天，主要污染物二氧

化硫、二氧化氮和可吸入颗粒物年均浓度分别达到 0.100、0.056 和 0.170
毫克/立方米，其中二氧化氮年均浓度达到国家环境空气质量二级标准要
求，二氧化硫和可吸入颗粒物年均浓度分别超过国家标准 0.7 倍和 0.7
倍；县（市）环境空气质量良好以上天数占全年天数的比例保持在 90%
以上，主要污染物年均浓度均控制在国家二级标准以内。

地下水水质保持良好，地表饮用水水源地水质达标率达到 96%。黄
河（济南段）水质达到地表水环境质量Ⅲ类标准；小清河各支流水质逐
年改善，干流出境断面化学需氧量和氨氮的年均浓度分别比 2005 年下降
42.6% 和 63.0%；大明湖水质明显好转，由重度富营养化变为轻度富营
养化；徒骇河出境断面化学需氧量和氨氮年均浓度分别比 2005 年下降
38.5% 和 81.8%。声环境质量总体状态良好，市区交通噪声、区域环境
噪声均达到国家标准要求。

四　济南市新能源发展的成效

在新能源利用方面，济南积极调整能源结构，大力发展太阳能、地热
能、沼气、生物质能等可再生能源和清洁能源，加快新能源和可再生能源
的推广应用，替代传统能源消耗。目前，济南已形成国内唯一的具有完整
太阳能光热产业链的太阳能优势产业，拥有一批较大规模、科技创新能力
较强的太阳能骨干企业，太阳能镀膜管的产销量居国内市场第一位。

济南市开发利用新能源起步较早，现已初具规模，尤其是太阳能产业
发展较快，太阳能热水器制造已形成较大规模，产业基础优势明显。经过
多年发展，形成了一批以力诺集团、桑乐公司、华艺集团为龙头的骨干企
业，开发了高温金属镀膜管、高效太阳能光伏电池、晶硅原料提纯等一批
国际先进新技术，同时济南市在风电装备、生物质能、地热能开发利用方
面也获得了较快发展。在热能利用方面，济南市正在实施"生态富民行
动、阳光屋顶工程"项目，并出台了《关于加快太阳能光热系统推广应
用的实施意见》。"十一五"末，济南市热水器使用面积占有率达 280 平
方米/千人，比国家确定的 2020 年太阳能热利用发展目标高 38%，每年
节约标准煤 36 万吨。在光伏发电方面，截至 2009 年，济南市已投入运行
的太阳能光伏发电项目共有 7 座，总容量约为 0.261MW，在建项目 4 座，
总容量约为 3.35MW。

济南市是清洁汽车推广应用试点城市，先后承担了全国智能交通系统
应用示范工程试点城市、清洁能源行动试点示范城市、"十一五"国家

"863 计划"——济南市工况下代用燃料汽车运营考核研究等课题，2009年济南市拥有 CNG 公交车 1048 辆，CNG 出租车 8000 余辆，混合动力公交车 100 辆。在新能源汽车重点推广应用方面，济南市经科技部等有关部委的批准，被列入国家"十城千辆"示范试点城市。截至 2009 年年底，济南市拥有电车近 300 辆，纯电动公交车 6 辆（电池）。电动汽车换电站规划也已纳入济南市电力发展规划统一编制。

五　济南市战略性新兴、高科技产业发展成效

1. 新能源产业。济南市新能源产业起步较早，太阳能光伏、风电装备、地热能开发利用和生物质能发电及相关配套产业发展较快。2009 年，规模以上企业主营业务收入 140 亿元。拥有国家级企业技术中心 1 个、省级企业技术中心 3 个，中国驰名商标 2 个、中国名牌产品 2 个。太阳能热利用产业优势明显，是全国最大的太阳能热利用产业研发和产业化基地，太阳能热水器年产能突破 700 万平方米，居全国首位，占据国内太阳能热水器行业前 4 强企业中的 2 强。力诺集团的高硼硅 3.3 玻璃管产量居世界第一，占据国内市场 60% 的份额；全玻璃真空镀膜管生产规模居世界第一，占国内中高端市场的 70% 以上；太阳能中高温利用研发在国内居领先地位。山东桑乐拥有国内最大的太阳能热水器生产基地。太阳能光伏发电产业已形成了从多晶硅、硅片、电池片到组件、光伏工程及应用产品较为完整的太阳能光伏产业链，力诺 300 兆瓦电池片项目进展顺利，晟朗项目全部建成后可形成年产 2000 兆瓦太阳能多晶硅、1000 兆瓦电池片的生产能力。新能源利用加快推进，太阳能发电孤网装机容量 1500 千瓦，并网容量 1200 千瓦，大唐平阴风电场开工建设。生物质发电装机 0.12 万千瓦，垃圾填埋气体收集发电项目日均发电量 7 万千瓦时，日处理生活垃圾 2000 吨的垃圾焚烧发电项目正在建设。济南圣泉集团是全国生物质能源十大重点企业之一。

2. 新材料产业。济南市有机高分子材料、特种功能纤维、高性能金属材料、光电子材料、环保节能节材建筑材料等领域产业基础较好，拥有一批市场竞争力强、市场占有率高的名牌产品。拥有山东大学晶体材料国家重点实验室，省级企业技术中心 6 个、工程技术中心 5 个，建立了国家火炬计划章丘有机高分子材料特色产业基地，拥有国内最完整的氟材料和氟化工产业链。

3. 节能环保产业。生物质型锅炉、输配电网无功补偿、燃煤锅炉烟气脱硫装置、能源监测、环境在线监测、环保治理等方面产业优势明显，涌现出十方环保、济锅集团、迪生电子、大陆机电等一批优势骨干企业，配电网变电站电压无功综合控制及谐波治理技术居国内领先地位。城市生物质垃圾厌氧消化关键技术等居于国内领先地位，在清洁生产技术、环保材料和环保处理方面拥有一批特色企业。济钢循环经济走在行业前列，干法熄焦、高炉干法除尘、燃气蒸气联合发电、中水回收利用等技术国内领先。

4. 新能源汽车产业。济南市是国家新能源汽车示范城市，目前已在整车制造、车用动力电池等方面进行了有益的尝试。山东大学、山东省科学院等科研院所研发实力雄厚。山东省新能源汽车技术创新联盟成立运行。中国重型汽车集团、青年汽车、吉利汽车正在研究制定本企业新能源汽车发展规划，加强技术攻关。宝雅公司拥有电动车底盘传动、驱动电机的适配优化、高速高扭直流变频无刷电机、可换挡前驱变速箱等核心技术。耐特新能源公司与山东大学合作开发的磷酸铁锂车用动力电池正极材料及电池成组已具备产业化条件。

综上所述，济南市战略性新兴产业已具备良好发展基础。同时也应看到，与先进城市和省会城市发展要求相比，济南市上述产业还存在着总量规模偏小、有龙头无产业和有产业无龙头并存、自主创新能力和创新型人才不足、扶持政策和投融资体系不健全等问题，需要在今后的工作中着力加以解决。

在高新技术产业发展方面，"十一五"期间，济南市高新技术产业产值从 2005 年的 676 亿元增加到 2010 年的 2028 亿元，五年年均增长 24.6%，占规模以上工业总产值比重由 2005 年的 30.1% 提高到 41.5%，提高了 11.4 个百分点。高新技术重点企业已跻身国内前列。高新技术产业的创新能力建设水平不断提高，高新区形成创新发展新格局，"十一五"期间初步形成了具有鲜明特色的四大产业集群，即以浪潮集团、松下电器、积成电子、百利通等企业为龙头的电子信息产业集群；以吉利、青年、中车、重汽、轻骑等企业为龙头的交通装备产业集群；以齐鲁制药、福瑞达集团、宏济堂等企业为龙头的生物医药产业集群；以鲁能集团、北车风电、中实易通、齐鲁电机等企业为龙头的电力装备产业集群。这四大产业集群与以中创软件、山东冶金设计院、蓝剑物流、九州通等企业为龙头的现代服务业，共同构成了支撑高新区经济发展的五大支柱产业。

六　济南市其他领域的低碳发展成效

在低碳建筑方面，济南积极推进建筑节能，对既有居住建筑供热计量及节能进行改造，目前已完成改造项目 97 万平方米。对新建建筑全面执行居住建筑节能 65%、公共建筑节能 50% 的标准，达不到节能设计标准的不予通过设计审查，不予办理施工许可，不予竣工验收备案。全面推动民用建筑中太阳能热水系统及成套技术的建筑应用，规定济南新建多层建筑必须统一安装太阳能热水系统，小高层、高层建筑须预埋太阳能热水系统管道、管件。

在低碳交通方面，济南积极倡导低碳交通方式，加快建设以低碳排放为特征的交通体系，实施公交优先战略，发展"节能公交"，加快推进轨道交通项目建设，完善公共交通体系。目前，济南已经成为全国 13 个节能与新能源汽车示范推广试点城市之一，2009 年公交部门购进了 100 辆新能源汽车，投入到多条线路中运营。

在生态碳汇建设方面，济南充分发挥森林系统的碳汇功能，提高济南市森林覆盖面积，加大南部山区、沿黄地区、北部平原等生态地区的植树造林力度，发展"碳汇林业"；加大湿地生态保护力度，发挥湿地碳汇功能。

第三节　济南市与低碳发展相关的"十二五"规划目标

《济南市国民经济和社会发展第十二个五年规划纲要》提出，要树立绿色、低碳发展理念，继续强化节能减排和生态建设，加快构建资源节约、环境友好的生产方式和消费模式，努力打造水清、天蓝、树绿、气爽的生态文明城市。为此重点做好四个方面的工作，即加强能源资源节约和管理，大力发展循环经济，加大环境保护力度和改善生态环境。在此目标的指导下，济南市通过各专项规划确定了相关具体工作的"十二五"目标。

一　节能工作的"十二五"目标

济南市将节能工作的"十二五"目标确定为，到 2015 年年底，济南市万元 GDP 能耗达到 0.83 吨标准煤，比 2010 年下降 17%，年均降幅为 3.66%。规模以上工业万元增加值能耗达到 1.12 吨标准煤，比 2010 年下降 20%，年均下降 4.36%，全面完成省下达的各项节能目标，基本建立与市场经济体制相适应、比较完善的节能法制约束体系、节能政策支持体系、节能监督管理体系、节能技术服务体系和节能文化促进体系，节能管理达到国内先进水平。

二　循环经济发展的"十二五"目标

济南市发展循环经济的"十二五"目标是，到 2015 年，基本形成较为完善的资源回收利用体系，公众参与循环经济建设的积极性得到有效提升，绿色的消费模式和生活方式基本形成，在济南市培育 2 个循环经济型示范市（区、县）、10 个低碳和谐社区、10 个循环型农村和 10 个绿色学校，构筑起济南市循环型社会的框架和运行机制，并将济南市建设成为山东省的循环经济示范市。为此，济南将建成完善循环经济的四大体系，分别是循环经济型的工业体系、循环经济型的农业体系、循环经济型的服务业体系、循环经济型的社会体系。

三　环境保护的"十二五"目标

到 2015 年，主要污染物排放量持续下降，城乡环境质量明显改善，生态环境得到有效保护和恢复。落实环境经济政策，充分发挥环保科技对污染防治和生态保护的引领和支撑作用，不断推动工业结构调整和重点污染源治理，建立完备的污染防控体系和环境安全保障体系，环境基础设施建设和环境监督管理能力进一步加强，环境保护政策法规进一步完善。努力让居民喝上干净的水、呼吸清洁的空气、吃上放心的食品，为全面建设小康社会奠定良好的环境基础。

四　新能源发展的"十二五"目标

济南市将新能源发展的"十二五"目标确定为，力争在"十二五"期间建成更为完善的太阳能光热产业链，促进济南市地热能、风能以及生物质能的有效开发利用及相关技术和产品的创新开发，初步形成一定规模的新能源产业，进一步加强浅层地热能的开发利用以及相关技术与产品的开发集成，力争把济南建设成华东地区新能源、可再生能源开发利用技术与产业的中心城市之一，为在全省率先建成创新型城市奠定坚实基础。具体针对太阳能、生物质能、地热能、新能源汽车发展上提出了具体的发展目标，同时对新能源发展的产业布局提出了具体要求。

五 战略性新兴、高科技产业发展的"十二五"目标

济南市为促进战略性新兴产业发展，提出力争在"十二五"期间，实现以下目标：战略性新兴产业主营业务收入比 2009 年翻两番，达到 6500 亿元，年均增长 26% 左右；主营业务收入 100 亿元以上企业达到 10 家，努力培植千亿元以上的超大型企业集团；研究与开发费用占国民生产总值比重达到 2.6% 以上，突破 100 项关键核心技术，建立 20 个新兴产业技术创新联盟，新增国家级工程实验室、国家级工程（技术）研究中心 20 个，培育 100 个省级以上名牌产品；建成产业特色明显、产业链比较完善、龙头企业主导、创新能力突出、辐射带动作用强的综合性国家高技术产业基地。

将节能高科技发展的"十二五"目标确定为，力争到 2015 年，济南市高新技术产业实现跨越式发展，生物、信息、新能源、新材料和先进制造五个特色高新技术产业成为支柱产业，自主创新能力与创新成果产业化水平显著提升，形成一批具有自主知识产权的重大核心技术产品和国际品牌，造就一批高层次的科技人才队伍，培育 10 个年销售收入超百亿元的大型高新技术企业，争创 50 个有较强竞争力的高新技术产业品牌，建成 100 个市级以上创新能力平台（工程研究中心、工程技术研究中心、工程实验室、重点实验室和企业技术中心），掌握一批产业关键核心技术，主营业务收入 100 亿元以上企业达到 10 家，千亿元以上超大型企业集团 2 家，新增国家级工程实验室、工程（技术）研究中心 20 个。力争到 2015 年规模以上企业和高新技术服务业实现主营业务收入 6000 亿元，年均增长 25%，占规模以上工业比重达到 50%。

第四节 济南市低碳发展面临的困难

一 缺乏针对性的政策法规支撑

无论是中央和地方，均缺乏对低碳城市转型的明确政策法规支持，更缺乏针对地方实际情况的低碳发展指导细则。目前我国较为完善的低碳城市标准是 2010 年 3 月 19 日中国社会科学院公布的《评估低碳城市新标准体系》，但这只是倡导性的体系。现行《环境保护法》是 1979 年制定的，最近一次修订是 1989 年。全国环保事业发展迅速，但立法却未同步跟进。

全国人大曾在 2002—2008 年，不断建议修改《环境保护法》，但是始终未达成一致意见。由于全国没有专门的法律法规，也没有相应的保障机制，作为承担发展低碳经济任务的主要部门（如发展改革部门、环保部门、工信部门等），面对企业钻空子、违法成本低的情况，无所适从。如果强行采取行政手段，又会造成政府与企业甚至与老百姓的利益冲突，陷入"政府有压力，企业没压力"的尴尬局面。

济南市作为低碳发展压力巨大的内陆工业型省会城市，面临的法律制度保障有限，在对低碳发展的认识上也很难突破传统发展模式。因而在低碳发展进程中，难以放开手脚。这也是全国城市均面临的问题。

二　缺乏系统性的低碳发展规划

建设低碳城市是一项系统工程，面临的战略选择问题是如何权衡低碳发展与经济增长之间的关系。对二者关系的定位决定了低碳转型的进程和经济增长的质量。对于内陆工业型省会城市而言，低碳转型既会产生相对于沿海城市较高的成本，也会创造出独有的机遇；既会产生短期内的增长压力，又会形成长期的增长动力。因此，要发展低碳城市，首先应对低碳发展对于城市转型的成本收益做出系统分析，并探索以转型促增长的良性机制。为此，这类城市首先要形成完整的低碳发展规划，从各个领域、各个行业对经济社会发展的贡献度、对碳排放贡献度及发展潜力做出综合权衡，从而制定出分阶段、分层次和有重点的低碳转型路线图，从整体和长期上切实把握实现真正低碳发展的正确方向和转型时机。

整体来看，济南市政府已经逐渐认识到低碳发展的重要性，并努力将低碳发展内容融入现有改革与发展规划中，但是仍未形成以低碳为主线的专项统一发展规划。比如，济南市在其"十二五"规划中规定了"坚持绿色发展。……推广低碳技术，实现绿色增长，建设生态城市，促进经济社会发展与人口资源环境相协调，增强可持续发展能力"，"加快突破节能和清洁能源、可再生能源等低碳技术'瓶颈'……"，"树立绿色、低碳发展理念……"，"……倡导文明、节约、绿色、低碳消费理念……"，"大力发展低碳生物能源"等内容，并在相关专项规划中多次涉及低碳发展的内容。

总的来说，这些规划的内容尽管针对低碳但却过于分散笼统，难以保证经济增长与低碳理念实现真正有效的结合，很多情况下，所谓低碳发展仅仅是在原有增长路径上的修修补补，甚至是换汤不换药。同时，由于建设低碳城市本身具有系统性和复杂性，统一规划的缺乏无疑会影响到低碳发展的进程和质量。这成为济南低碳转型相对缓慢最主要的内因。

三 低碳发展模式存在缺陷

目前国内的典型路径有两种：一种是新建低碳生态城区，另一种是对原有城市进行低碳生态改造。第一种路径的特点是受现状制约较小，规划和建设空间较大，所需投资数量较大，我国目前进行中的低碳生态城市建设多属于此类；第二种路径的特点则是根据发展水平和特色，兼顾低成本、高效益的原则，利用适宜的低碳生态技术，逐渐改变原有不合理的发展方式和生活方式。相比第二种路径，第一种路径尽管投入大，但却见效快，因此多数城市都采用这种思路，开展"新城运动"，而老城区的低碳生态化改造却未受到足够重视。

济南作为老省会城市，受自然地形条件和建成区现状制约，新城建设成为济南市政府的首选。房地产开发作为经济增长动力，存在着建设选址的盲目性较大的问题，如国内正在开展的一些低碳生态城市实践，针对生态环境问题考虑不周，将地点选在自然基底良好的生态敏感区内进行开发建设，这不但是对自然环境的极大干扰，同时也会破坏生物多样性、引发连锁性自然灾害的产生，对低碳生态城市的建设安全造成隐患，酿成不可弥补的损失。

四 促进低碳发展的政策手段单一

目前，济南与国内其他城市面临的情况相同，政府在发展低碳经济方面的政策手段十分单一，基本是通过行政指导或直接行政命令的方式来实现相关低碳目标。"十一五"期间，我国实现降低单位 GDP 能耗 20% 的目标，主要依靠的是行政手段，即减排压力主要依靠指标的层层分解来约束地方政府和企业。由于激励约束机制不健全，"奖励少、惩罚多"，加之低碳技术的改造和应用成本较高，不少中小企业缺乏发展低碳经济的内在动力。大型企业尤其是垄断企业凭借其垄断地位就能获得超额利润，能源环境成本的约束作用弱化，发展低碳经济的外部压力不足，导致高能耗、高排放、高污染的现象仍然普遍存在。

比如，济南市的国有企业在济南市国民经济中占有举足轻重的地位，但缺乏有效的低碳转型激励。在政府以行政手段推动低碳发展项目的前提下，实际的低碳转型效果并不明显，而且许多企业存在着形式主义问题，造成了付出大量低碳投资成本，却未体现出相应的低碳发展效果的问题。

五　低碳发展的保障机制不健全

在保障机制方面，济南面临的问题带有全局性和普遍性特征。

首先，现行税收体制不适宜低碳发展的要求。在分税制下，地方不发展经济就没有税收，就保不了稳定，也保不了就业；而在短时间内大幅压低能耗排放，必然会制约地方经济发展，影响地方财税增收。中央与地方财权事权不统一、不匹配，不适应低碳转型。尤其是一些老工业城市反映，由于历史原因，老工业城市多为贡献型财政体制，上交国家多，地方留成少，长此以往，造成地方"转方式，调结构"的财力支撑条件不足。比如，特大型国有企业齐鲁石化公司2009年纳税总额达75.82亿元，而地方分成部分只有4.25亿元，但同期齐鲁石化公司的SO_2和COD排放分别占到济南市工业排放总量的27%和10%，这两者之间显然是极其不相称的。

其次，低碳转型缺乏资金支撑和技术支撑。从资金成本看，"十一五"期间，我国降低碳排放成本大约是94元/吨，这与我国出售清洁能源发展机制的价格相当。假设整个"十二五"时期，我国降低碳排放的成本也按此水平匡算，全国可能需要上万亿元的资金才能够达到降低单位GDP碳排放强度40%—45%的目标。显然，资金是低碳城市改造的主要约束因素。从技术条件看，目前国内企业尚不具备对低碳技术设计、规划及整个产业链的实现能力。即使济南作为区域核心城市，在低碳领域具有领先地位的企业也为数不多。近年来，尽管相继出台了一些鼓励节能和低碳技术研发的优惠政策，但济南乃至山东地区的低碳技术研发和推广能力远远不能适应形势发展的需要，多数核心技术需要进口，这在很大程度上制约了地方发展低碳经济。

第五节　破解低碳发展难题的思路

内陆工业型省会城市的低碳发展不仅是城市自身的发展问题，同时也是全局性的发展问题，需要中央和地方共同努力，从法律法规、统筹规划、发展内容、政策手段和保障机制多方面协调配合，才能有效突破目前存在的诸多难题。

一　健全促进低碳城市发展的法制保障体系

为了保障低碳城市的顺利发展，需要制定符合城镇化发展趋势的法律保障体系，以立法形式确定低碳城市发展的定位，加大执法力度，严格抑制高碳排放行为。同时建立行之有效的规章制度来配合法律的实施，鼓励和引导从事提供低碳建设法律咨询的律师事务所等法律咨询机构的发展，建立一支高素质的律师队伍为低碳城市建设服务。

发展低碳城市不可避免地会受到地方保护主义等不确定因素的干扰，因此有必要建立碳排放管理和监督制度，建立考评审计制度，把低碳发展的相关内容作为考核领导干部实绩的内容，把碳减排目标任务的完成情况作为政府和政绩的评价内容。建立决策失误追究制度，对造成碳排放过量的，要追究其经济责任，甚至法律责任。

二　与城镇化配合制定系统的专项低碳发展规划

必须将低碳城市建设纳入国民经济和社会发展计划体系，把低碳化发展的思想与战略贯彻到城镇化的计划和决策之中。加强经济、社会、资源与环境因素的综合决策，在各种经济活动中要充分考虑到资源能源与生态环境承载力以及碳减排的要求，凡是涉及资源与生态环境的经济项目，都应该估算该项目的碳排放量，实行碳排放量否决制度，对碳排放量过于巨大的项目，不予以批准。

制定专门的低碳发展规划，将多个规划中的相关内容纳入统一行动之中。从目前济南市的现实情况来看，城市化进程不断加快，农民逐步向城镇集中，推行低碳生活方式必须以实现公共服务系统的全城覆盖为现实基础。而从减碳最快、减碳量最大、可操作性强的角度来看，应从低碳交通和建筑节能两个领域重点突破。在低碳交通上，除了加快智能化交通和轻轨等低碳交通工程以外，还应大力发展以步行和自行车为主的慢速交通系统，可以借鉴目前杭州推出的"免费单车"工程，在城市主要通道和公交站点附近，设立自行车借用点，并在城市交通系统中开辟自行车专用道，推动"低碳出行"；建筑节能方面，在建筑物的规划、设计、新建（改建、扩建）、改造和使用过程中，执行节能标准，采用节能型的技术、工艺、设备、材料和产品，提高保温隔热性能和采暖供热、空调制冷制热系统效率，加强建筑物用能系统的运行管理，利用可再生能源，在保证室内热环境质量的前提下，减少供热、空调制冷制热、照明、热水供应的能耗。

在此过程中，应特别注意城市发展的土地规划和交通规划。在低碳城市规划中，规划部门应科学合理地进行土地规划。①控制建设用地的总量，盘活建设用地的存量，利用土地调控手段，优化土地使用结构，节约集约用地。②重点控制城市边缘地区土地的规划。由于城市边缘地区土地权属关系复杂，其土地用途冲突非常明显。规划人员在规划时要重点控制，不能盲目进行扩展和蔓延。③科学合理安排城市工业园区用地规划，设置准入条件，规范园区用地管理，提高工业用地的效率。总之，在进行土地利用规划时，要注重各类用地的比例，尽可能增加土地功能的混合度，确保城市土地使用的低碳化。

重视低碳城市交通规划。在道路系统规划时，要注重实效性，适当提高道路等级配置，减少干道，提高路网密度，在居民聚集区和城市中心区域增加支路的设计。在设计道路的时候，应充分考虑未来城市发展的重点和方向，对未来城市发展交通需求进行可行性预测分析，对城市道路的设计不仅要着眼于当前更要放眼于未来。在进行城市轨道交通建设前，要对城市综合情况进行整体科学的规划，将地铁建设与沿线土地开发相结合，从一定的高度进行统筹安排。另外，要鼓励绿色出行，即鼓励选择自行车或者步行的方式出行。为了更好地鼓励市民选用自行车或者步行的方式出行，在规划时要考虑出行道路的空间和安全。自行车道和人行道设计宽度要符合规范，并与机动车道有分隔；合理设置路口信号灯的时长；增加在公共场所自行车停车场的设置；在城市道路规划时要考虑人行道座椅的设计，方便行人休息。

在低碳产业园的规划上，需要特别注意：①加强低碳产业园区建设首先要确保园区内企业处在同一产业链条上，通过建立低碳生态系统，实现园区内企业共同发展。②优化园区内的交通网络，科学合理地铺设交通路径，减少不必要的交通道路。③建立可循环利用的基础设施，对园区内的污水及废弃物进行循环利用。如建立污水处理厂，通过雨污水分流，做到雨污水净化、循环再利用；建立垃圾分类处理机制，通过对生活垃圾进行发酵等方式将其转化为新能源，对于其他类的垃圾可进行处理后，循环再利用等。

三　通过产业调整推动结构性减碳

济南市仍处于工业化的中后期阶段，决定了工业在区域经济中的比例在相当长的时期内仍占据主导地位，能耗高的工业所占的比例不仅不会大幅降低，而且还可能升高。因此，在城区制造业将逐步向郊区转移，中心城区将形成现代服务业发展核心区，为产业结构调整提供了契机，同时也给济南市的结构性减碳提供了重要契机。

大力发展第三产业，特别是现代服务业，是优化产业结构、降低能源资源消耗和碳排放的重要途径。第三产业内部行业可根据满足人民需求的不同划为四个层次：第一层次为流通部门，第二层次是为人们生产和生活服务的部门，第三层次是为提高人民科学文化水平和人民素质服务的部门，第四层次是为社会公共需要服务的部门。要大力发展第二、三、四层次的第三产业，促进第三产业结构的优化升级。要加快以计算机服务业和软件业、信息传输、专业技术服务、研究与试验发展、科技交流与技术推广服务业等科技含量较高行业为主的现代服务行业的快速发展，增强其在经济发展方面所发挥的重要作用。

为此首先应进一步坚定地走服务经济的道路，加快调整济南市的产业结构，逐步建立起以服务经济为主导的产业体系，降低产业发展对能源的需求量；其次，郊区在承接制造业转移时，不能仅仅是简单的腾挪，而应建立低碳标准的引入门槛，限制和逐步淘汰高碳产业和产品，并大力发展循环经济，积极鼓励企业运用清洁生产技术和工艺，并采用低碳技术、节能技术和减排技术，努力提高现有能源体系的整体效率，遏制石化能源总消耗量的增加，逐步减少工业对石化能源的过度依赖，最大限度地实现能源的高效利用和污染物排放的最小化；最后，进一步加强济南市和周边区域的合作。应集中资源和要素，发展高端产业和产业链的高端行业，把部分不具备发展优势或者优势不突出的产业，通过区域合作的方式，转移到周边区域，这既带动了周边区域的发展，又为自身发展低碳经济腾出了空间。

四　充实低碳发展的生态内容

发展低碳经济不仅要有效遏制"碳源"，还应当大力发展"碳汇"。森林和广阔的绿地是自然界吸收二氧化碳的主体，是城市的重要碳汇系统，因此加强森林、草地和湿地等的保护，扩大绿地面积是低碳城市理念的重要内容。

内陆工业型省会城市往往碳汇相对缺乏，为此从低碳经济视角来看，内陆工业型省会城市的植树造林不再是简单的绿化生态环境，还是发展低碳经济的重要工作内容。发挥城市森林植被的吸碳减排功能，大力发展城市生态碳汇林业对于济南建设低碳城市具有重大的意义。一方面，应坚持政府主导，明确植树造林责任，加大资金投入，加强对山区植被森林的管理，严防乱砍滥伐、伐而不植等现象的发生，继续推进济南生态碳汇林业快速发展；另一方面，还应促进碳汇林培育的精确化，利用现代高科技手段，建立智能化、数字化、一体化的现代林业技术体系，在城市中合理布局碳汇林，制定适宜的碳汇林发展规划。

为此，济南市应大力开展植树造林活动，使其成为生物固碳、扩大"碳汇"经济的最有效途径之一，并充分发挥市场机制的作用，综合运用价格、财税、金融、产业和贸易等手段，探索科学合理的资源环境补偿、投入、产权和使用权交易、污染治理责任保险等机制，对承担环境功能的主要区（市）县，通过财政转移支付或者税收补贴的形式，给予相应的补偿，最终形成"城乡一体、排碳支付、减碳补偿"的协调局面，在促进经济发展与减少碳排放之间找到平衡点。

促进城乡公共服务均等化，推行低碳生活方式。生活中的碳排放是广泛存在的，因而需要每个人以实际行动积极参与。一方面，要大力倡导低碳消费理念、低碳生活方式，在全社会强化低碳生活、低碳消费意识和低碳生活文化；另一方面，要创新和推广低碳生活的技术与方法，完善低碳生活条件，在不降低人们生活质量的前提下，鼓励和帮助人们将低碳生活方式体现在日常生活的点滴之中。

五 健全保障机构促进低碳发展

建设低碳城市是一项系统工程，要求建立系统的低碳发展机制，才能增强低碳经济发展的力度和可持续性。对内陆工业型省会城市而言，第一，要建立有利于节能减排的体制机制。第二，建立有利于产业结构优化升级、发展具有低碳特征的产业、限制高碳产业的市场准入的体制机制，推动高新技术产业基地、现代制造业基地、现代服务业基地和现代农业基地的建设。第三，建立区域内资源节约和环境治理的市场机制；建立城市圈内环保部门之间的协同监管、信息共享和河流、水库等污染综合防治机制，建设城乡一体化的污染防治监控体系；建立生态建设与环境保护的补偿机制和投融资机制，确保区域经济发展与环境保护相互协调。第四，建立有利于促进基础设施共建共享和公共资源合理配置的体制机制，推动资源和要素在城乡之间高效流动。

同时，除了完善内部机制外，还要积极引入 CDM 项目，加强低碳技术合作与交流。CDM 即清洁发展机制，是《京都议定书》中引入的三个灵活履约机制之一。根据"共同但有区别的责任"原则，已完成工业革命的发达国家要对全球变暖承担更多的历史责任，济南市应充分利用这一优势，积极探索建立碳排放交易市场的可能，积极寻求合作项目，努力引进国外先进技术和资金来推动本地的温室气体减排，降低减排成本。

同时，在哥本哈根全球气候变化大会上，发达国家如何向发展中国家提供技术援助是其中重要的议题之一，这意味着发展中国家引进低碳技术的成本将大大降低。济南市应当抓住机遇，加强与发达国家的低碳技术合作与交流，特别是要加强与欧盟、美国的合作，引进先进的节能技术、提高能效的技术和再生能源技术。积极探索与西方国家、企业和学术、研究、管理、培训等机构之间以及其他非政府组织、协会的合作伙伴关系，为环境的可持续发展探索新的合作模式，开展具体项目技术合作、经验交流及能力建设等形式的合作活动，加快自身低碳技术进步。

小结：

低碳城市的建设是一个长期、艰巨的系统工程，即使世界发达国家大多也只能计划在 2050 年前后才实现低碳发展的目标。对于中国而言，推进低碳城市的发展还面临着比西方发达国家更为严峻的挑战，比如相关法规制度的空白，城镇化、工业化进程仍在进行当中，能源结构短期转型困难，体制机制仍比较僵化，低碳技术的滞后等。因此，建设低碳城市需要系统性的思维，才能有效应对挑战，切实推动低碳发展。

以济南为样本，本章着重剖析了内陆工业型省会城市在建设低碳城市方面的困难，并提出了针对性的政策建议。低碳城市的建设涉及社会、经济、资源环境等多个领域，这需要包括中央政府在内的各级城市管理者结合不同城市自身发展阶段和现实条件，对城市内部不同空间尺度上的低碳发展行动，进行统筹规划，从制度上和政策上保障低碳城市建设，使其健康、有序发展。具体提出五个方面的针对性建议：健全促进低碳城市发展的法制保障体系；与城镇化配合制定系统的专项低碳发展规划；通过产业调整推动结构性减碳；充实低碳发展的生态内容；健全保障机构促进低碳发展。

参考文献

[1] 董霜、张杰、赵龙:《济南市新能源发展现状及规划目标展望》,《农业工程技术（新能源产业）》2012 年第 2 期。

[2] 李贞、李玉江、孙强:《济南都市经济圈可持续发展能力评价研究》,《山东师范大学学报》（自然科学版）2006 年第 3 期。

[3] 齐敏、徐天祥:《近年来济南市二氧化碳排放结构分析》,《菏泽学院学报》2011 年第 2 期。

[4] 王少东、钱伯宁:《济南城市水资源可持续利用研究》,《水资源与水工程学报》2004 年第 3 期。

[5] 王新军、高晓斌:《济南都市圈产业结构调整路径探析》,《山东纺织经济》2012 年第 12 期。

[6] 吴国华、张春玲:《基于能源消费的二氧化碳排放量估算》,《经济发展与管理创新——全国经济管理工业技术研究会第十届学术年会论文集》,2010 年。

[7] 祝蕾:《济南发展低碳经济可走三条路》,《济南日报》2010 年 3 月 25 日。

[8] 济南市发改委:《济南市高新技术产业发展"十二五"规划》。

[9] 济南市发改委:《济南市新能源产业发展"十二五"规划》。

[10] 济南市发改委:《济南市战略性新兴产业发展"十二五"规划》。

[11] 济南市环保局:《济南市环境保护"十二五"规划》。

[12] 济南市经济和信息化委、市节能办:《济南市节能"十二五"规划》。

[13] 济南市经济和信息化委、市节能办:《济南市循环经济发展"十二五"规划》。

[14] 济南市人民政府:《济南市国民经济和社会发展第十二个五年规划纲要》。

第六章　西安市低碳城市规划建设研究

低碳城市的建设与发展已成为应对全球气候和促进人与自然和谐相处的重要领域和关注点。建设低碳城市，已成为当今城市可持续发展的一个必然的战略选择。所谓"低碳"，就是降低能源消耗、减少二氧化碳排放，它是一种城市的环境指标。"低碳城市"是指城市在经济高速发展的前提下，保持能源消耗和二氧化碳排放处于相对较低的水平，其核心为主动从初级工业文明跨越到生态文明。低碳城市关注的是在城市可持续发展过程中其经济发展模式、能源供应、生产和消费模式、技术发展、贸易活动、市民和公务管理层的理念和行为等是否体现为低碳化。

由于城市布局、产业结构、交通出行模式、土地利用集约水平、基础设施建设以及其他方面的资金和技术的锁定效应，决定了城市规划在低碳城市建设中将发挥重要作用，城市规划应当切实发挥好先导统筹作用，促进节能减排，提高城市适应气候变化能力。

很多人认为，发展和建设低碳城市，就是节能减排，这种观点是片面的。在以"低排放、高能效、高效率"为特征的"低碳城市"中，通过产业结构的调整和发展模式的转变，合理促进低碳经济，不仅不会制约城市发展，而且可能促进新的增长点，增加城市发展的持久动力，并最终改善城市生活。要发展理想的低碳城市，低碳城市规划理论和方法是不可少的。也就是说，仅仅通过节能减排技术手段尚不足以解决二氧化碳的排放问题，还需要以更加多元的标准衡量城市规划与建设，通过低碳城市规划寻求城市发展的低碳化方向，探索可持续的低碳城市发展模式。

本章以西安市为研究对象，把视角侧重在城市规划与低碳城市建设研究上，通过对西安市的碳排放状况、城市规划现状进行分析，制定相应目标，并根据低碳城市的建设目标针对西安市提出建设低碳城市的途径，最后提出建设低碳城市的实现机制与政策建议。为西安提高能源效率、降低碳排放提供措施，解决现实的能源和环境问题，政府制定系统性的低碳城市建设政策提供了科学依据。

<h1 style="text-align:center">第一节　西安市概况</h1>

一　地形地貌分析

西安市位于渭河流域中部的关中盆地，东经 107.40°—109.49°和北纬 33.42°—34.45°之间，北临渭河和黄土高原，南邻秦岭。东以零河和灞源山地为界，与华县、渭南市、商洛市、洛南县相接；西以太白山地及青化黄土台塬为界，与眉县、太白县接壤；南至北秦岭主脊，与佛坪县、宁陕县、柞水县分界；北至渭河，东北跨渭河与咸阳市区、杨凌区和三原、泾阳、兴平、武功、扶风、富平等县（市）相邻。辖境东西长约 204 公里，南北宽约 116 公里。面积 9983 平方公里，其中市区面积 1066 平方公里。

西安市的地质构造兼跨秦岭地槽褶皱带和华北地台两大单元。距今约 1.3 亿年前燕山运动时期产生横跨境内的秦岭北麓大断裂，自距今约 300 万年前第三纪晚期以来，大断裂以南秦岭地槽褶皱带新构造运动极为活跃，山体北仰南俯剧烈降升，造就秦岭山脉。与此同时，大断裂以北属于华北地台的渭河断陷继续沉降，在风积黄土覆盖和渭河冲积的共同作用下形成渭河平原。

西安市境内海拔高度差异悬殊位居全国各城市之冠。巍峨峻峭、群峰竞秀的秦岭山地与坦荡舒展、平畴沃野的渭河平原界线分明，构成西安市的地貌主体。秦岭山脉主脊海拔 2000—2800 米，其中西南端太白山峰巅海拔 3867 米，是大陆中部最高山峰。渭河平原海拔 400—700 米，其中东北端渭河河床最低处海拔 345 米。西安城区便建立在渭河平原的二级阶地上。

西安自古有"八水绕长安"之美称（见图 6－1）。市区东有灞河、浐河，南有潏河、滈河，西有涝浴河、沣河，北有渭河、泾河，此外还有黑河、石川河、零河等较大河流。其中绝大多数属黄河流域的渭河水系。渭河横贯西安市境内约 150 公里，年径流量为 25 亿立方米。

二　区位分析

西安是陕西省交通畅达、区位优势明显的西部城市。西安地处中国陆地版图中心和我国中西部两大经济区域的结合部，是西北通往中原、华北

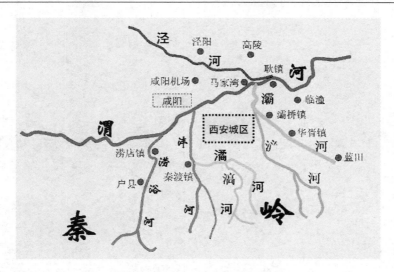

图6-1　西安市水系示意图

和华东各地市的必经之地。在全国区域经济布局上，西安作为新亚欧大陆桥中国段——陇海与兰新铁路沿线经济带上最大的西部中心城市，是国家实施西部大开发战略的桥头堡，具有承东启西、连接南北的重要战略地位。西安是陕西省"米"字形铁路交通的重要枢纽，是全国干线公路网中最大的节点城市之一、中国八大航空枢纽之一、八大通信枢纽之一（见图6-2和图6-3）。

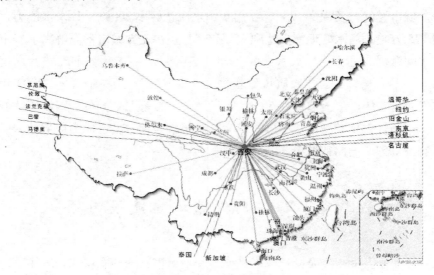

图6-2　西安市航空线路示意图

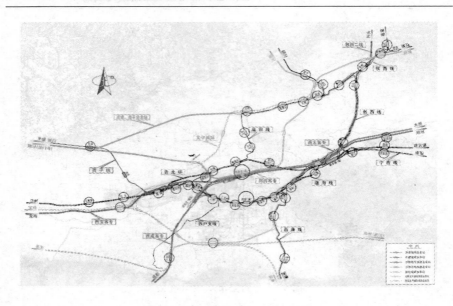

图 6 - 3　西安市铁路枢纽示意图

　　西安生态优美、环境宜人。西安北濒渭河，北有著名黄土高原，南有
秦岭山脉，自然景观优美。近年来，西安城市建设投入力度逐年加大，城
市基础设施条件进一步完备，城市道路、绿化、供气、供水、供电、供
热、通信、污水和垃圾处理条件进一步完善，城市综合服务功能明显提
升。城市燃气普及率97.7%，饮用水源水质达标率100%，日供水能力达
到175万吨，污水处理能力达到95万吨/日，在北方城市率先解决了城市
供水问题。通过实施"大水大绿"和"蓝天碧水"工程，重现"八水绕
长安"的胜景，人居环境质量显著改善，森林覆盖率达到42%，2009年
空气质量二级以上天数达到304天。先后荣获国家卫生城市、国家园林城
市、中国优秀旅游城市、中国最具幸福感城市等称号，已成为西部休闲居
住、投资创业的向往城市。

第二节　西安的低碳城市建设回顾

　　近年来，低碳生态城在我国已成为各地城市发展的新模式，天津、杭
州、株洲、合肥、深圳、保定、日照等城市不约而同地提出了建设低碳生

态城的目标，其中有的城市已经启动生态城的规划建设，有的开始着手编制向低碳生态城转型的工作方案。而在西安，由于具有良好的基础条件，在城市建设过程中，西安在城市空间布局、产业选择及居民出行方式的组织方面，都考虑了建设低碳城市的可能性。

一　城市发展形态为发展西安低碳城市奠定了良好的基础

西安南靠秦岭，北有渭水，其自然历史环境及台塬地形地貌有机共生，并延续至今。唐长安"六岗"的自然形态，历史上的兴庆池、太液池、曲江池、昆明池等"十一池"，由泾、渭、灞、浐、沣、滈、潏、涝形成了"八水绕长安"，以及明清西安护城河水系，构成了西安独特的自然历史环境，造就了西安"山水城市"的宏大格局，"八水绕长安"的自然禀赋，"天人合一"的文化特质，塑造了历史上与自然水系和环境有机共生的山水城市建设的典范，这一条件为西安低碳城市的建设提供了坚实的基础。

二　绿色生态城市的营造是西安发展低碳城市的有效措施

改革开放以来，随着关注自然、注重生态建设思想的日趋深入人心，西安的生态环境建设取得了一系列的成绩：浐灞生态区、曲江新区都是宜居新城的代表；环城工程、二环绿色长廊、城市广场绿化工程等一批重点生态绿化项目，"大水大绿工程"、"蓝天碧水工程"和"秦岭西安段保护"等工程，奠定了西安良好的城市生态环境。

三　大力发展公共交通、集约节约土地利用、发展高科技产业

目前正在实施的《西安城市总体规划（2008—2020年）》，明确了西安城市发展应走节约资源、高效利用的集约化道路。在城市土地资源使用方面，本着节约集约的原则，合理配置土地资源，实现城市功能，为建设低碳城市努力。

其次，在第四轮总体规划中，首次提出城市慢行交通系统和轨道交通系统的建设，同时进一步完善公共交通系统。实现交通模式的转变是本次总体规划推进低碳城市建设的一个重要内容，通过公交优先战略，减少机动车尾气排放，减少碳排放量。

最后，在第四轮总体规划中，对城市产业也进行了明确的定位。按照规划，西安要突出特色，加强整合，构筑优势产业集群，重点发展高新技术、现代装备制造、旅游、现代服务、文化五大优势产业。这些措施一方面进一步提高了现有城市产业的技术含量，另一方面推进了第三产业的发展，减少传统制造业的碳排放量。

第三节　西安市二氧化碳排放现状

一　城市二氧化碳排放来源

低碳城市是以城市空间为载体，以能源、交通、建筑、生产、消费为要素，以技术创新与进步为手段，通过合理的空间规划和科学的环境管治，在保持经济社会有效运转的前提下，实现碳排放与碳处理动态平衡的发展模式。能源消费结构主要以石油为主，部分地区以煤作为能源的主要来源，这集中表现为一次能源。因此，城市的碳排放来源主要是从生产和消费两方面来分析的，生产性碳排放涵盖工业、建筑、交通运输业、商业及宾馆服务业等方面，消费碳排放主要来自人类的相关活动。此外，城市中的森林、草地、湿地有着固碳、汇碳的能力，也可以利用碳捕捉技术封存碳排放。本节对于碳排放来源的研究主要从生产性碳排放，如工业、建筑、交通方面来分析。

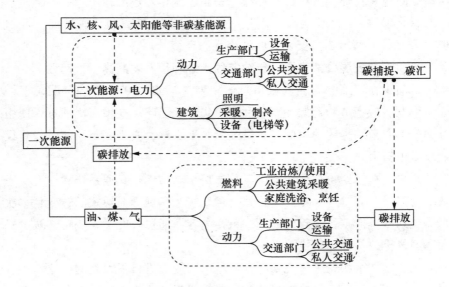

图 6-4　城市中碳流动示意图

二　西安市二氧化碳排放现状

1. 二氧化碳排放量衡量方法

衡量低碳城市碳排放的基本指标是二氧化碳排放量，即城市在生产和消费的过程中向大气排放的二氧化碳的绝对值。本节参考 1989 年日本教授 Yoichi Kaya 在 IPCC 研讨会上最先提出的 Kaya 碳排放恒等式分析，将碳排放量与人口、经济、政策等因素通过简单的数学公式联系起来。

Kaya 恒等式为：

$$C = \frac{C}{E} \times \frac{E}{GDP} \times \frac{GDP}{P} \times P$$

式中，C 为碳排放量，E 为一次能源消费总量，GDP 为国内生产总值，P 为人口规模。上述 Kaya 恒等式可以变形为：

$$C = \frac{C}{E} \times \frac{E}{GDP} \times GDP = \sum_i \sum_j \frac{C_{ij}}{E_{ij}} \times \frac{E_{ij}}{E_i} \times \frac{E_i}{GDP_i} \times \frac{GDP_i}{GDP} \times GDP$$

式中，C 为碳排放量；E 为一次能源消费总量；GDP 为国内生产总值；C_{ij} 为第 i 产业消耗 j 种能源的碳排放；E_{ij} 为第 i 产业第 j 种能源的消费量；E_i 为第 i 产业能源消费总量；GDP_i 为第 i 产业的产值。

此外，碳排放强度是衡量一个地区经济活动的能源利用效率的指标，是指每产生万元 GDP 的排碳量，即单位国内生产总值的排碳量。碳排放强度体现了一个地区经济活动中对能源的利用程度，是反映能源利用效率和节能降耗的重要指标，其变化会直接影响二氧化碳的排放。因此，CO_2 排放强度的计算公式为：

$$\eta_i = \frac{E(CO_2)_i}{GDP_i}$$

式中，η_i 为第 i 区域碳排放强度，$E(CO_2)_i$ 为第 i 区域碳排放量，GDP_i 为第 i 区域 GDP。

2. 数据来源

不同国家、地区、不同的技术条件及能源结构，碳排放系数 K 是不等的，本节采用系数的平均值（见表 6 - 1）。本节计算相关数据来源于西安市统计年鉴。

3. 西安市二氧化碳排放总量

根据公式和统计的数据，可以计算出 2000—2011 年西安市碳排放总

表 6 - 1 　　　　　　　　　　各类能源的碳排放系数

数据来源	煤炭消耗碳排放系数 t(C)/t	石油消耗碳排放系数 t(C)/t	天然气消耗碳排放系数 t(C)/t
DOE/EIA	0.702	0.478	0.389
日本能源经济研究所	0.756	0.586	0.449
国家科委气候变化项目	0.726	0.583	0.409
徐国泉	0.7476	0.5825	0.4435
平均值	0.7329	0.5574	0.4226

量（见表 6 - 2）。根据《西安市统计年鉴》和能源统计年鉴，西安市 2011 年常住人口达到 851.34 万人，万元产值所消耗的能源折算为 0.80 吨标准煤，每吨标准煤的 CO_2 排放量为 2.6 吨左右，通过公式可以算得西安市 2011 年的 CO_2 排放量为 8062.721 万吨。

从计算结果来看，西安市碳排放总量呈逐年递增趋势，且在 2005 年后增速明显加大。

表 6 - 2 　　　　　　　　西安市 2000—2011 年碳排放总量

年份	人口（万人）	人均 GDP（元/人）	单位 GDP 能耗（吨标准煤/万元）	CO_2 总排放量（万吨）
2000	741.14	9484	1.78	3253.008
2001	754.45	10628	1.58	3293.915
2002	768.25	11831	1.45	3426.615
2003	782.13	13341	1.21	3282.661
2004	791.24	15294	1.13	3555.34
2005	806.81	16406	1.03	3544.741
2006	822.52	18890	0.99	3988.238
2007	830.54	22463	0.93	4513.489
2008	837.52	27794	0.87	5257.078
2009	843.46	32411	0.82	5828.33
2010	847.41	38343	0.80	6787.114
2011	851.34	45475	0.80	8062.721

从 2011 年西安市各区县的碳排放量来看，雁塔区的碳排放总量最高，达 1337.86 万吨，阎良区碳排放量最少，为 200.54 万吨；碳排放强度最高的区县为户县，达 5.1428 吨/万元，最低的为碑林区，为 1.6614 吨/万元。反映出目前西安市的产业布局和人口集聚状况，主城区是碳排放总量集中区域，碳排放强度高的区域则处于产业发展相对落后的郊县地区（见表 6-3）。

表 6-3　　　　　　　　2011 年西安市各县区碳排放指标

县区	人口 （万人）	人均 GDP （元/人）	单位 GDP 能耗 （吨标准煤/万元）	CO$_2$ 总排 放量（万吨）	人均碳排放 （吨/人）	碳排放强度 （吨/万元）
新城区	50.47	75270.46	0.656	647.94	12.8381	1.7056
碑林区	72.47	60260.80	0.639	725.55	10.0117	1.6614
莲湖区	64.46	67821.91	0.722	820.67	12.7315	1.8772
灞桥区	51.62	40114.30	1.394	750.50	14.5390	3.6244
未央区	53.73	87288.29	0.806	982.84	18.2921	2.0956
雁塔区	80.21	90609.65	0.708	1337.86	16.6794	1.8408
阎良区	25.49	46987.05	0.644	200.54	7.8675	1.6744
临潼区	70.4	26242.90	0.789	379.00	5.3835	2.0514
长安区	99.92	32518.01	1.041	879.43	8.8013	2.7066
蓝田县	64.74	12656.78	1.446	308.06	4.7584	3.7596
周至县	67.39	9833.80	1.464	252.25	3.7431	3.8064
户县	60.07	21496.59	1.978	664.09	11.0553	5.1428
高陵县	30.86	61017.50	0.725	354.95	11.5018	1.8850

4. 西安市二氧化碳排放量与人口、经济的现状

根据 2000—2011 年的人口数量、GDP 及二氧化碳排放量，可以看出随着人口及经济的增长，二氧化碳的排放量是增加的，在 2007 年时超过 4000 万吨，2011 年时达到 8000 万吨，如图 6-5 所示。

西安过去 8 年的碳排放总量随着 GDP 的增长而上升，这主要由于经济的高速增长和规模扩张，能源消耗增加，导致 CO$_2$ 排放总量持续增长。2011 年西安的能源消耗逼近 3095.232 万吨标准煤，碳排放总量约为 8062.721 万吨。虽然低于东部地区的北京、上海、天津等城市，但在中

部地区排放量较高。从图 6-5 的增长趋势看，西安的经济发展特别是经济增长与碳排放具有密切的关系。

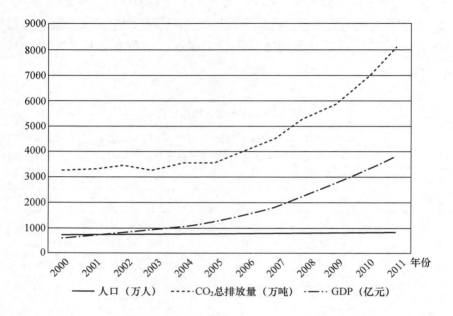

图 6-5　西安市 2000—2011 年碳排放总量、GDP、人口数量变化趋势

5. 西安市人均碳排放量与碳排放强度

根据 2000—2011 年的人口数量、GDP 及二氧化碳排放量，可以计算出人均碳排放量与碳排放强度。2009 年，西安人均碳排放量为 6.91 吨，2011 年人均碳排放量达 9.47 吨，而 2009 年世界的人均 CO_2 排放量为 4 吨左右，我国人均碳排放量约为 5.5 吨。因此，西安人均 CO_2 排放量高于世界人均水平，与我国人均水平相比也处于较高水平。从图 6-6 可以看出，西安人均碳排放量在 2004 年达到阶段拐点，2004 年后，人均碳排放增长速度明显加快。

西安碳排放强度总体呈现逐年下降趋势，2000—2006 年碳排放强度下降趋势明显，2006 年后下降趋势放缓，在 2011 年达到阶段最低点，为 2.0865 吨/万元。由此可见，城市在保持一定的经济增长速度的同时，可以通过对碳排放强度的控制，提高能源利用效率，增加节能技术投入，达到逐步减弱生产与消费对环境的影响。

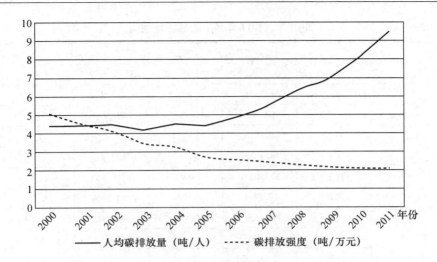

图 6 - 6　西安市 2000—2011 年碳排放强度与人均碳排放量变化趋势

6. 碳排放结构

通过计算 2000—2011 年的第一、二、三产业及其他产业的二氧化碳的排放量，可以看出西安市的第二产业的二氧化碳排放量是最高的。从产业结构看，三大产业中，第二产业的排放量最高。西安作为一个以第二产业为主导产业的中等发展城市，碳排放量随产业结构的优化呈现增长变缓的趋势。

从 CO_2 排放的结构表 6 - 4 看，西安 2010 年 CO_2 排放量中第二产业占 51. 50%，2011 年这一比例升至 55. 98%。工业与建筑占第二产业的99%，2010 年分别占总排放量的 41. 54% 与 9. 94%，而 2011 年这两者的比例均有升高，分别达到 43. 26% 和 12. 54%；2010 年，西安市交通占总排放量的 6. 75%，2011 年上升至 9. 85%。根据联合国人居署的研究指出，发达国家的城市如纽约、伦敦、东京等目前属于建筑主导型的排放，中等发达地区的城市如香港等目前属于交通主导型的排放，而发展中国家的城市如上海、北京目前处于工业主导型的排放。西安的 CO_2 排放的领域结构正好体现为工业高于建筑、建筑又高于交通的特征。这表明，西安的能源消耗与经济规模扩张有很大关系，而与生活水平提高关系不大。随着西安城市经济发展和产业结构调整，生产性的 CO_2 排放比重会不断下降，但消费水平的提升，将带来建筑与交通的 CO_2 排放比重的增加。

表 6 – 4　　　　　　　　2010 年、2011 年西安市碳排放结构

		2010 年		2011 年	
		CO_2（万吨）	百分比（%）	CO_2（万吨）	百分比（%）
总量		6787.114	100	8062.721	100
第一产业		188.6818	2.78	203.9868	2.53
第二产业	总量	3495.364	51.50	4513.35	55.98
	工业	2819.367	41.54	3487.933	43.26
	建筑	674.6391	9.94	1011.065	12.54
	其他	17.5108	0.26	14.35164	0.18
第三产业	总量	1808.087	26.64	2093.889	25.97
	交通	458.1302	6.75	794.178	9.85
	其他	1349.957	19.89	1299.711	16.12
其他		1294.981	19.08	1219.083	15.12

三　西安市建设低碳城市存在的问题

西安虽然有着很多发展低碳城市的优势，但如其他城市一样，发展速度快，不可避免地出现非低碳化消耗，表现在以下四个方面：一是二氧化碳排放限制的压力日趋增加，特别是工业的消耗与排放；二是市域范围内的城市化进程加快，建设用地短缺已成为城市发展的"瓶颈"；三是交通拥堵与机动车能耗产生的空气污染已成为影响人居环境的重要因素；四是高能耗的增长模式与资源短缺越来越成为尖锐的矛盾，正在对城乡居民生活质量构成威胁。

1. 自然系统层面

（1）碳排放量逐年增加严重危害城市大气环境。城市建设发展需要消耗大量的能源，燃料在燃烧过程中产生大量的二氧化碳和氮氧化物等温室气体。排入大气的污染物或其转化的二次污染物大量增加，当其总量超过大气的自净能力时，就会造成大气污染。污染物排放超标时会产生各种气候效应，降低空气的透明度，能见度变低，同时由于生产、生活过程中产生的废气，使城市热量增加，出现"热岛效应"。大气中的二氧化碳含量过高产生"温室效应"，直接抑制了低碳城市的发展。西安地势决定了全年逆温、静风、大雾等不利气候天数比较多，对大气环境质量影响很大。此外，机动车数量持续增长，道路超载严重，市区机动车在上下班高

峰期基本处于慢行状态，汽车尾气产生的污染较为严重，导致空气质量一直较差。西安的空气状况对低碳城市的建设提出了比较严峻的挑战，建设低碳城市应注意大气环境的保护与治理。

（2）西安地理位置不利于碳排放与污染物扩散。西安市位于黄河流域中部的关中盆地，地势东南高，西北低，秦岭山脉横亘于西安以南（见图6-8）。这样的地势特点不利于温室气体向外扩散，因此成为低碳城市建设的一个制约因素。西安所处的西部地区生态比较脆弱，发展的环境支撑能力也比较脆弱，大力发展以低能耗、低污染、低排放为基础的低碳经济，是西安实现科学发展、和谐发展、绿色发展的战略选择。

2. 经济系统层面

（1）碳排放量大、产业结构不合理。西安市经济增长依然依赖能源消费，经济增长的能源依赖度是比较高的，巨大的能源消费是支撑西安市经济增长的动力之一。高能耗、高污染等能源依然占据能源消耗的大部分比例。从消费方式看，西安煤炭消费方式单一，技术相对落后，清洁煤技术的研发、推广、应用有待加强。煤炭转换所占比例偏低，发电动力用煤远远低于世界平均水平（65%），用于炼焦、制气及其他加工的煤炭所占比例更小。洁净煤发电工程技术尚处于示范阶段。

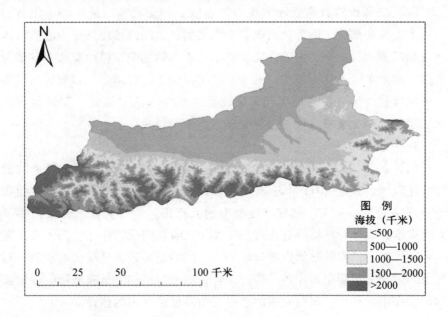

图6-7　西安市地形示意图

（2）可再生替代产品利用比例低。与可再生能源资源丰富程度及国外可再生能源开发状况相比，西安的可再生能源开发利用水平较为落后。太阳能热水器等在西安得到了较好的开发利用，但热水器的用户比例比较低。光伏电池发电、太阳能发电等高端太阳能开发利用技术在西安刚起步，地热能开发缓慢。

（3）新增建筑碳排放量逐年增加。建筑是国民经济的支柱，建筑同时也是高能耗的排放大户。建筑部门的能源消耗与温室气体的排放主要为原材料的利用产生的温室气体、建筑建造过程中因为运输、施工、使用产生的温室气体，以及建筑物修缮、拆除过程中产生的建筑垃圾等。据资料显示，随着我国城镇化进程的加快，预计到 2020 年，房屋在建造和使用过程中的能耗将占总能耗的 40%，成为能源消耗最高的部门。据测算，如果将建筑产生的能源消耗量折算为二氧化碳，那么每新建 1 平方米的建筑就要排放 0.8 吨的二氧化碳。如此推算，按照我国每年新建 20 亿平方米的建筑，相当于每年建筑业增加 16 亿吨的碳排放，建筑业无疑将会成为碳排放的最大部门。西安城市化及经济发展需要每年新增大量的建筑面积，例如 2009 年西安新增建筑面积为 996.30 万平方米（已竣工的商品房面积和住宅面积总和），相当于增加了 797.04 万吨碳排放。

（4）交通碳排放造成环境压力日趋增大。交通部门是石油等化石燃料的主要消耗部门，因为化石燃料的燃烧而排放的汽车尾气成为温室气体的重要来源。近年来，由于西安市城市化进程的加剧，城市交通业越来越发达，机动车所占比例增加，其中私家车使用量越来越多，目前因为机动车尾气排放的污染物占到大气污染比重的 60% 左右。因此，建设低碳城市，实现低碳交通将有效地为西安城市能源消耗减压。

3. 社会系统层面

（1）城市人口基数大。通过对碳排放因素的分析，人口对碳排放的影响比较大。截至 2011 年年末，西安常住人口 851.34 万人，占地面积 9983 平方公里，是人口密度高度集中的大都市。人口为城市建设提供了人力资本，人口对环境既有正向反馈作用又有负向反馈作用。当人口比重过大时，由于消费的自然资源量增加，人类活动会破坏环境的承载力，对城市环境建设起到阻碍作用。因此，合理的人口结构对低碳城市的建设起到促进作用，相反，人口规模的扩张会阻碍低碳城市的建设。

（2）对低碳的认识不够。虽然由于各种媒体对于"低碳经济"的宣传铺天盖地，而且越来越多的人开始倡导低碳生活，但是在大多数人眼里低碳的生活方式只是新名词，对它的发展内涵和发展要义并没有什么感受，更不了解要如何减少自己的"碳足迹"。在普通民众中低碳知识的普及度不够也是发展低碳经济的一个问题，只有政府观念和民众的低碳意识提高了，发展低碳城市才会有最基本的动力支持。

4. 城市建设方面

新中国成立初期，西安建成区面积只有 14 平方千米，仅仅局限在城墙圈内。而到 2011 年，建成区已经扩大到了 415 平方千米（见图 6 - 8）。同时城市空间布局逐步优化，目前已经从原来的东郊纺织城、南郊电子城、西郊电工城、北郊仓储区，转变为"四区两基地"新的产业布局和城市格局。

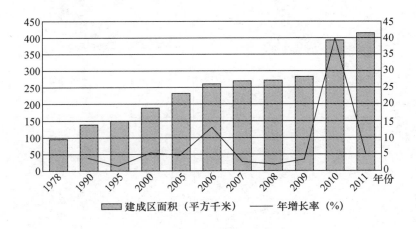

图 6 - 8　西安市建成区面积变化趋势

近年来，西安市城市建成区的急剧扩张，一方面可以实现城市功能的向外延展，但同时由于城市面积的扩大和相应的公共服务设施，城市功能区以及产业布局的滞后，导致城市能耗增加，致使城市碳排放量增加，而由于历史原因造成的主城区功能区集聚的锁定，导致城市"热岛效应"并没有随城市向外延展而缓解，钟摆式交通，居住区与产业布局不匹配，人口过度集中，进一步加剧了城市的能源消耗强度，导致城市碳排放量持续增长。

由图 6 - 9 可以看出，虽然西安市建成区在快速增长，从 1995 年与

2005 年建成区对比来看，扩张面积主要集中在原有老城区周边，工矿企业周边用地面积变化不大，农村居民用地也主要是在原有居民点扩张。

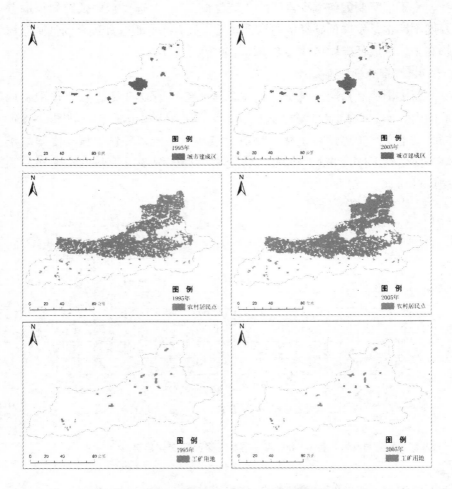

图 6 - 9 1995 年与 2005 年西安市建成区面积变化对比

第四节 西安建设低碳城市的目标及发展模式

一 西安建设低碳城市的基本原则

根据分析可知，要实现低碳城市发展模式，必须对城市重新进行科学规划，合理配置资源，从城市空间、功能组织、生态建设等一系列要素出发，以和谐城市和可持续发展观为原则，大力推进低碳城市的建设。建设低碳城市的基本原则包括以下几个方面：从市民生活角度看，应倡导和鼓励市民以低碳生活为理念，改变现有的生活模式；从城市产业角度看，应以低碳经济发展模式为方向，大力推动低碳产业的发展；从城市规划管理角度看，应以低碳社会建设为城市发展蓝图，进而对城市空间、资源进行合理配置。

二 西安建设低碳城市的总体目标

1. 全国的总控制目标

"十二五"期间，我国确立了单位 GDP 能耗下降 16% 以及单位 GDP 碳排放强度下降 17% 的目标。"十二五"期间和 2010 年我国工业节能减排四大约束性指标为：到 2015 年我国单位工业增加值能耗、二氧化碳排放量和用水量分别要比"十一五"末降低 18%、18% 以上和 30%，工业固体废弃物综合利用率提高到 72% 左右。专家认为，从"十一五"我国节能减排的完成情况来看，四大节能目标确定得并非过高，但由于核电建设放缓，未来通过大幅度提高清洁能源利用，达到节能减排的效果恐受影响。

目前各省不可能减缓工业化和城市化进程，但是，可以把低碳经济转型作为一个发展的机会。在碳强度指标约束下，通过制定和执行积极的产业政策和能源战略，提高能源效率以及更清洁的能源结构。也就是说，碳强度指标的核心是要求各省在保证经济持续快速增长的前提下，寻找适合本省发展的产业结构与能源消费方式。比较简单的做法就是继续对各省设定能源强度指标，力求在 2020 年单位 GDP 能源强度在 2005 年基础上下降 40%，然后对全国的能源结构设立一个碳强度指标，基本可以完成政府提出的 2020 年碳强度指标。

2. 西安市的总控制目标

西安作为陕西省的政治、经济中心，首先进行节能减排，西安根据陕西省的节能目标制定西安能达到的目标。根据西安市每年的经济发展规模，可以测算出西安未来几年的二氧化碳排放量。2020 年的单位 GDP 能耗按照国家"十二五"规划比 2005 年下降 40%，二氧化碳的排放总量按照相应国家号召相比"十一五"期间降低 18%。

沣渭新区作为大西安的重点区域，规划将以"两河、两心、三园、五基地"的城市空间布局，通过产业发展、生态环境改善、基础设施建设，将沣渭新区建设成为统筹城乡发展、推进城城合作、加快西咸一体化的引领区和示范区；建成大水大绿，生态宜居，历史文化与现代文明交相辉映的城市功能新区和西安国际化大都市的重要板块区；建成带动关—天辐射西部的低碳经济和绿色产业的重要聚集区和关—天经济区发展规划的重要承载区。通过低碳新城与低碳社区的建设，最后推广到低碳城市的建设。

3. 西安低碳城市建设区域目标

在西安建设低碳环保城或者低碳社区，由社区推广到整个城市的低碳化建设。例如，西安航空基地规划建设，将建成"低碳环保城"。

在城市规划方面，航空基地将在每3—5平方千米内形成一个综合功能区，城市交通道路规划为"窄而密"的网络结构。通过密集的、窄的次干道随时分流主干道的车辆，大大缓解交通负担。在城市绿化方面，实现环境与产业相结合的特色，将航天基地建设成为低碳环保的科技新城。在产业发展方面，航空基地将以现有产业资源为依托，以统筹航空科技资源为手段，以做大做强西安航空产业集群为目标，全力推动包括整机制造、零部件加工、航空新材料、飞机维修改装、航空培训、航空主题旅游等环节在内的特色产业链发展，有目的地吸引配套产业，拓展上下游产业，充分发挥航空这一朝阳产业的经济带动作用。

通过全方位规划建设，西安航空基地将逐步成为中国真正的低碳环保新城。

三　西安建设低碳城市的三大碳排放领域目标

1. 低碳产业

低碳经济的发展不仅需要新能源的研发和市场化，而且还需要较大的产业链，比如低碳设备、低碳制造业、低碳服务业、低碳教育产业等都是低碳经济比较重要的下游延伸行业。从西安目前的工业化水平来看，煤炭和石油开采、汽车制造、重化学工业、原材料工业等产业处于发展阶段，表明传统的能源产业规模仍在扩张，如果对它们进行限制会影响经济的发展。相比较而言，调整传统产业的结构比重，扩大低碳产业比重可能成为一种现实的选择。

2. 低碳交通

交通能耗增加温室气体的排放。根据国际经验，私家车出行的习惯形成后，要想改变这种模式需要付出巨大的代价，还可能会引发城市的低密度蔓延。创建低碳机动化城市交通模式，应该以轨道交通为主，地面公共交通为辅。此外，在城市交通道路方面尽量保留和扩展自行车道和公共车道，并发展公共交通出行方式，扩大公交的覆盖范围，提倡乘坐公共交通工具出行，从而减少交通的碳排放和城市空气污染。

3. 低碳建筑

发达国家的实测数据表明，随着人们生活水平的提高，建筑能耗将达全社会总能耗的 40%（我国目前为 27%），是二氧化碳最大的排放项目。我国还有数十年的城镇化高速发展期，在此期间预计全国每年有 1500 万—2000 万农民进入城镇，每年新建建筑约为 20 亿平方米，每个城市建成区面积平均每年增长 5% 左右。应该抓住这个机遇期，推行绿色建筑和建筑节能，将建筑发展模式真正推向低碳化。

首先，对西安地区推行供热计量改革，预计此项改革可减少建筑碳排放 1/3 左右；其次，对新建建筑一律实行强制推广节能标准，对未达标准的不予验收和不准许上市销售；再次，推行以奖代拨式的财政补贴，限期对耗能大的公共建筑进行改造；与此同时，建议建立国家财政补贴制度，直接补助节能达 60% 以上的高等级绿色建筑、鼓励在建筑中大量应用可再生能源和促进既有建筑绿色化改造。

第五节　西安建设低碳城市的规划思路探索

一　研究低碳城市的目标，建设国际化大都市

2009 年 6 月，国务院批准实施《关中—天水经济区发展规划》，在国家战略层面上提出将西安在 2020 年建设成为 800 平方千米、1000 万人口以上的国际化大都市。未来的大西安将是国际一流旅游目的地、国家重要的科技研发中心、全国重要的高新技术产业和先进制造业基地，以及区域性商贸物流会展中心、区域性金融中心，将逐步建设成为国家中心城市之一、富有东方历史人文特色的国际化大都市、世界文化之都（见图 6-10）。

在大西安的建设中，一方面紧紧围绕建设富有东方历史人文特色的国际化大都市、世界文化之都的目标，坚持项目带动、板块推进、科技引领、创新驱动的发展模式；另一方面按照低碳城市的发展目标，加强资源环境保护，着力调整产业结构，努力促进经济发展方式转变，实现低碳城

市的发展目标。

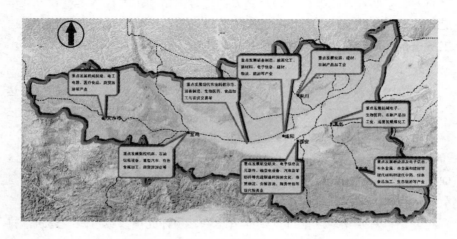

图 6 - 10   关中—天水经济区产业布局图

1. 集约紧凑的用地布局

大西安范围包括西安市整个行政辖区、渭南富平县城、咸阳市秦都、渭城、泾阳、三原，至规划期末，建设用地共 1329 平方公里，总人口 1250 万人。由于大西安涉及多个行政区，在空间上是一个区域的概念，因此确定城市用地范围是非常重要的工作。在大西安的城区范围的划定上，充分考虑到低碳城市空间集约发展的思路，使大西安城市建设区布局方正、空间紧凑，主城区范围北至泾阳、高陵北交界，南至滈河，西至涝浴河入渭口及秦都、兴平交界，东至灞桥区东界，至规划期 2020 年末，建设用地共 850 平方千米，总人口 850 万人。

在大西安建设用地使用节约，合理布局，完善城市功能的原则基础上，在空间上以"组团式、多中心"为布局原则，力求组团明晰、职能互补，形成"一个核心城市、三个副中心城市、八个新城，指状分布，协同发展"的功能结构（见图 6 - 11 和图 6 - 12）。

一个核心城市：大西安主城区。

三个副中心城市：做大做强阎良、临潼、户县，以特色主导产业打造 50 万—60 万人口规模的副中心城市。

八个新城：包括周至、蓝田、高陵、泾阳、三原、富平、常宁、洪庆等，以建设 10 万—15 万人口规模的新城。

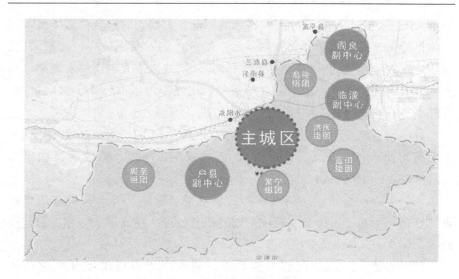

图 6 – 11　大西安空间布局图

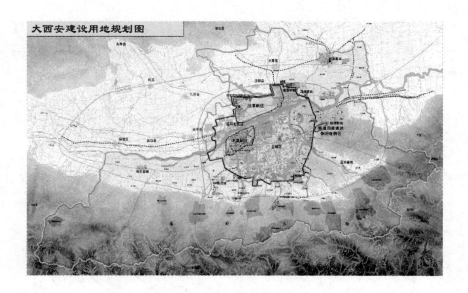

图 6 – 12　西安市建设用地规划图

2. 高效绿色的交通体系

随着大西安的建设，城市与区域一体化以及城市与区域间的协作分工程度将越来越高，由此必然会带来更大的交通需求。传统的交通方式将会加剧城市的碳排放量，而快速的交通网络与现代化的区域公共交通系统能够最大限度地减少机动车的尾气排放。因此，大西安的综合交通体系发展总体目标是建设中西部和北方内陆地区的现代国际交通中心，构筑安全、通达、高效、绿色的一体化综合交通体系，适应未来大都市的发展趋势和关中—天水经济圈核心地位的客观需要，构建都市区对外 2 小时辐射圈、内部 1 小时通勤圈、主城区半小时通达圈。

具体而言就是建设"1233"综合交通体系（即一个交通信息中心、两个高速、三个枢纽及三个系统），倡导安全、高效、绿色的交通出行（见图 6－13、图 6－14 和图 6－15）。

一个中心：交通运输信息中心，集航空、铁路、公路客货运信息收集、处理、发布于一体，实现统一调度运营管理，提高都市区客、货运输效率。

两个高速：高速铁路和高速公路，建设三条直通都市区高速铁路（盐西、集昆、西湛），完善都市区"两环八放射"高速公路体系、绕城高速公路转换为城市快速路。

三个枢纽：加快西安咸阳国际空港、西安铁路北客站、新筑物流园区三个一级对外交通枢纽建设，成为国内及区域中转功能的复合型枢纽，实现旅客"零距离换乘"，货物"无缝隙衔接"。

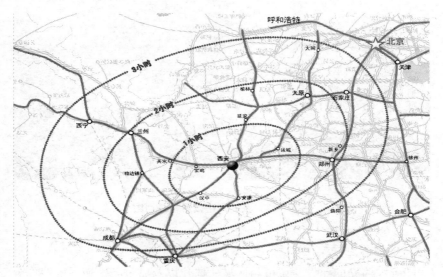

图 6－13　西安市铁路快速客运网络辐射示意图

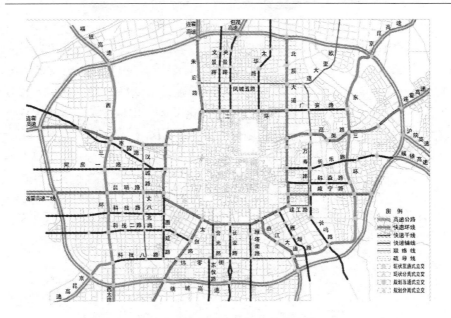

图 6 – 14 西安市对外多通道路网规划示意图

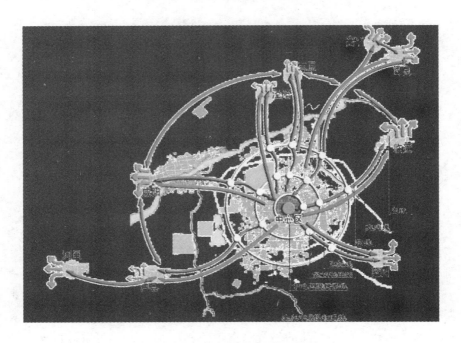

图 6 – 15 西安市交通体系图

3. 传承历史的自然环境

低碳城市的重要建设目标就是要通过区域生态环境的改善来减少碳的排放。而大西安区域在位于八百里秦川的八水环绕之中，历史上就是我国自然条件优越的山水城市。因此在大西安的建设中传承了历史上城市的山水格局，完善山—水—城的空间布局，强化轴线、串联主穴、恢复胜景，以构建文化特色鲜明的生态宜居城市（见图6-16）。

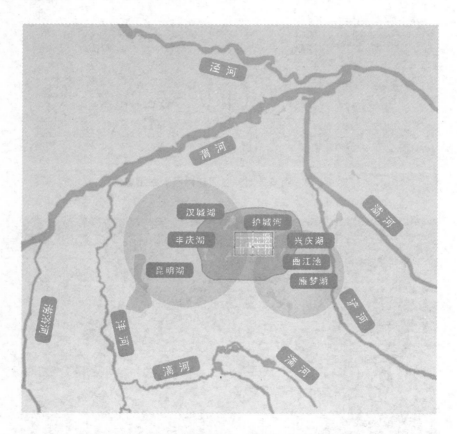

图6-16　西安市山水同构城市格局图

在大西安的自然环境建设中，改造恢复城区生态环境，一方面要"融山"，另一方面要"纳水"。"融山"就是整合秦岭资源，提出从"南控"到"南融"规划思路的转变。真正使其成为市民"可游、可享、可居、可养"的空间。考虑在地势相对平坦、视野开阔地区适量、合理统筹开发秦岭内部建设用地，提倡科学发展观，积极合理利用其生态资源，实施城乡一体化建设，缩小城乡差距，协同城乡发展。未来的秦岭已不仅仅是西安的后花园，它将成为西安市民身边触手可及的生态绿园。

"纳水"就是恢复历史上八水绕城的自然胜景，在大西安的建设中，不仅仅是恢复八水"绕城"，更是将八水纳入城市空间内部，成为城市生态廊道。即城市北部以泾河、渭河为纽带构建泾渭新区，东部通过浐河、灞河构建浐灞新区，南部结合潏河、滈河建设潏滈组团，西部依靠沣河、渭河打造沣渭新区。通过自然与城市的有机串联及水体与周边生态绿化廊道，构建低碳城市。

二　探索低碳城市发展内涵，引导主城区建设

1. 低碳城市空间——紧凑型布局是建设的核心

低碳城市建设的核心目标是减少城市温室气体的排放，其实施途径首先表现在城市空间布局和功能组织方面，这一方面也正是城市规划研究的核心内容。因此为了实现节能减排，应对土地、能源等各项资源进行更高效、更谨慎的使用，城市的空间应呈现更紧凑的布局形态。

作为一个人口超过千万的超大城市，西安的城市建设日益出现城市后备发展空间不足、交通以及环境压力等问题，在规划实践中，根据西安的城市现状，综合分析西安的用地条件及社会经济发展环境，汲取西安历史上城市布局中的精华，在以低碳城市建设目标的指导下，西安城市空间结构应以"九宫格局，棋盘路网"为特色，走紧凑集约化发展的道路（见图6-17）。

"九宫格局"指在主城区范围内形成富有中国传统城市空间特色的"九宫格局"模式。首先从空间功能上而言，每一宫格的定位不同，功能不同，实现城市大功能分区，从而使每个特色区域能够最大化实现其职能，以形成功能规模化的发展思路，实现高效、集约化的空间利用；其次从空间形态而言，九宫格局形态方正，用地较为经济，各个功能区之间的联系紧密、便捷，城市空间结构紧凑集约，体现低碳城市的建设思路；最后，每个宫格都集聚了人们日常活动如居住、办公、商业、娱乐等综合的城市功能，完全能够满足人的各项生活及工作的需求，减少了市民对外通勤交通需求，从而实现城市的低碳化。

2. 低碳城市交通——新交通模式是建设的支撑

创建低碳城市最直接的手段就是强化节能减排工程，限制交通、制造等环节的排放，这其中与城市规划联系最紧密的就是对城市交通的综合部

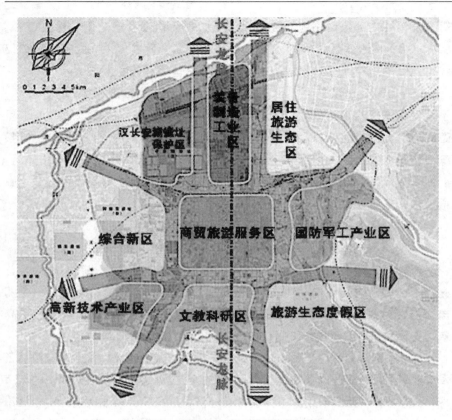

图 6-17 西安市主城区发展格局示意图

署。为了实现低碳城市，适应西安作为全国重要交通枢纽的需要，构筑一个高效、快捷、一体化、人性化和可持续发展的绿色综合交通运输体系。突出公共交通优先战略，加快公共交通的建设，同时建立自行车、步行等交通体系，有效调整交通方式。

在城市交通规划中主要考虑两方面的内容。其一是要通过城市功能组织和集约化发展减少交通量，进而减少温室气体的排放。城市交通配合"九宫格局"的城市结构，延续历史上的棋盘路网形式，构建方正、集约的城市形态，支撑城市空间的紧凑发展。其二是要通过交通资源的配置，改变居民的交通出行方式。在这一方面首先要大力推行公共交通优先的发展策略，减少个人交通的尾气排放；其次要大力发展城市轨道交通，建立城市快速、便捷、安全、高效的轨道交通系统；最后应结合西安的城市特色，发展城市慢行道路体系，推动自行车道路系统和步行街系统建设（见图6-18）。

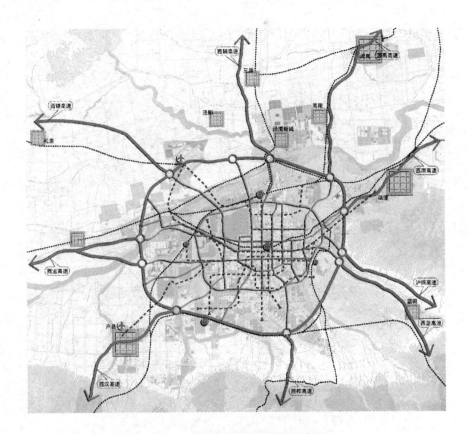

图6-18 西安市交通发展示意图

3. 低碳城市环境——生态环境恢复是建设的内涵

低碳城市建设是针对20世纪以来城市快速发展后，带来严重的城市生态环境问题而提出的，其本质内涵是要恢复城市的生态环境，尤其以大气环境为出发点。通过城市绿地系统和水系环境的恢复等手段，限制温室气体排放，构筑良好、和谐的生态环境，使城市生产生活实现低碳模式，创造舒适、宜居的人居环境（见图6-19）。

4. 低碳城市产业——产业模式转变是建设的重点

低碳城市模式其实质在于能源高效利用、清洁能源开发以及追求绿色GDP。因此，低碳城市建设的重点首先是对城市产业结构进行调整，同时淘汰高能耗、低产出的产业类型，大力推进高效、环保、经济低碳产业的发展。

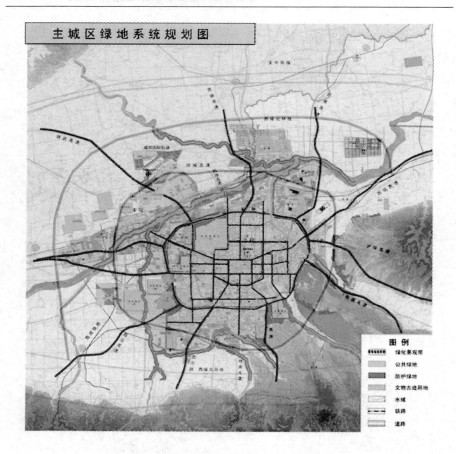

图6-19 西安市主城区绿地系统规划图

统筹开发新区的发展。进一步明确各开发新区的发展定位和产业重点，制定重点产业和开发新区的统筹协调发展政策，统筹考虑重大项目的选择和布局。建立全市开发新区的发展协调机制，最大限度发挥开发新区的整体优势。整合各开发新区的优势资源，解决开发新区发展中存在的同质竞争、产业雷同、重复建设等问题，真正呈现错位发展、协同发展的局面（见图6-20、图6-21）。

高新区、经济开发区、曲江新区等开发新区，重点是要实现从单纯追求经济发展向综合发展转变，在保证经济快速发展的同时，加快开发新区社会事业建设步伐，集中建设一批学校、医院、文体设施等综合服务设施，全面提高公共服务水平。

图 6 - 20　西安市开发区布局示意图

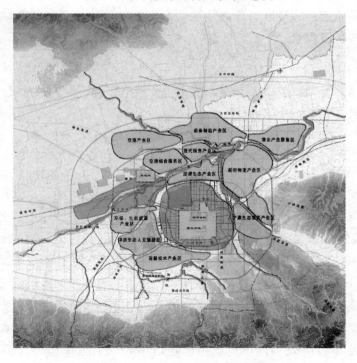

图 6 - 21　西安市主城区产业发展用地示意图

浐灞生态区、阎良航空高技术产业基地、西安国家民用航天产业基地、国际港务区、沣渭新区等开发新区，重点要进一步加快建设步伐，大力发展产业经济，提高对全市经济发展的贡献，同时区内社会事业也要同步规划、同步建设。

秦岭北麓生态休闲旅游区、渭北产业聚集区等规划建设的开发区域，重点是超前规划，完善机制，加大投入，尽快形成规模。

在规划实践中应结合西安城市产业发展的现状，首先以"减量化、再利用、可循环"为原则，调整产业发展结构，在空间上合理配置产业资源，进而建立相互依存、相互促进的产业网络体系，促进产业的发展和壮大，促进各工业园区特色经济产业链的形成，形成规模化、集约化，以推动循环经济模式促进低碳产业的发展；其次要提高产业中的科技含量，从产业类型上鼓励引入环保、高效的产业，大力推进高新产业的发展，从技术角度实现低排放，同时，因地制宜地利用当地的可再生能源如太阳能、风能、生物质能等；再次要结合西安城市的特色，进一步强化文化产业和旅游产业等优势产业的发展，努力推动金融产业的建设，以发挥西安这一国际旅游目的地以及西北地区金融中心的地位，通过产业结构的调整，以现代服务业的发展为突破口，实现低碳产业发展的目标。

第六节　西安市低碳城市建设途径研究

一　发展低碳型工业

1. 调整产业结构比重

西安市应加大产业结构调整力度，大力发展第三产业，充分发挥西安市旅游资源丰富的优势，加强规划管理，进一步拓展旅游业发展空间。积极开展低碳生态游，在旅游活动中，实现低能耗、低污染、低排放。政府应制定相关政策，采取有效的措施，建立健全生态效益补偿机制，在旅游区内进行低碳化技术改造，减少碳排放。各级政府及相关部门积极谋划低碳生态旅游发展战略，建设低碳生态旅游区。各类旅游景区开发商在开发旅游资源的同时应以保护资源、改善环境、维护生态平衡为出发点，兼顾社会效益和经济效益，切实承担起经济增长、生态保护和社会发展的责任。

2. 企业从高碳化模式转向低碳化模式

西安市能源短缺，只有二次能源生产，二次能源生产也几乎只有电力、热力和原油加工等，结构相对单一。二次能源生产部门较少，基本集中在供电和供热公司，比如西安西化氯碱化工有限责任公司、西安热电有限责任公司、灞桥热电厂等大约六家规模以上企业。

2009 年，西安规模以上企业二次能源生产消耗原煤 582.23 万吨，其中投入用于发电原煤消耗量为 419.47 万吨，热力消耗量为 162.72 万吨。但是产出的电量为 867171 万千瓦时，热力为 2459.43 万百万千焦。根据投入与产出量比较得出，电力能源转化率为 39.6%，热力能源转化率为 78.8%，相较于 2008 年分别增加 2.5% 和 5.2%。虽然能源转化率比 2008 年提高了，但是能源投入产出缺口仍然比较大，对外能源需求量大。

企业从高碳经济模式转向低碳模式，大力发展新能源汽车，控制石油消费过快增长；降低煤炭消费比例，提高煤利用率，清洁高效地利用煤炭；积极发展太阳能等可再生能源，调整现有能源结构。实现技术循环和自然循环，提高资源的有效运输等。物质过程循环化要求改变传统模式，即原材料—基本化学品—产品—产品使用—废弃物。低碳经济是为了减少资源浪费，最大限度地实现资源的充分利用。

3. 修订与推广节能减排制度

进行资源减排协议的示范与推广；修订行业的节能设计规范；建立起一套工业产品标识和能耗等级体系；制定节能法的配套法规体系等，并进行试点的推广工作等。通过制定政策鼓励减排企业对于新能源（如太阳能光伏电池等技术）的利用，大力发展水电等低碳、无碳能源。制定更加严格的能源效率标准、低碳商品标准，减少对高能耗工业的优惠，实行碳排放贸易，征收碳税，减免其他税，制定产业发展战略政策、技术研究与开发计划，增加投资，建立机制，实施计划，展开资源减排活动。

二　推广低碳建筑

1. 建筑节能标准及技术推广

新建建筑物普遍实施节能 65% 和 75% 的节能建筑标准，逐年提高建筑节能标准；推广高能效建筑与可持续建筑。采用先进的供暖和技术设备，降低能耗。中央空调采用变频调速技术的风机水泵，采用节能节水电器等。建立建筑智能管理体系，实施能源消耗审计及需求预测。采用新型能源技术及节能设备等。

2. 建立低碳建筑鼓励政策

对于低碳建筑市场，可以通过企业、政府和消费者三方来进行推广。企业作为低碳建筑的开发者应该积极采用新能源、新技术开发低碳建筑。政府作为监督者，应该采用一定的宣传方式和鼓励措施，使人们对低碳建筑有一个正确认识，鼓励企业开发低碳建筑，鼓励消费者购买低碳建筑，并采取一些经济上的补偿措施来切实推广低碳建筑。具体如建筑节能标准的制定实行热价改革，促进节能家电的最低效率标准、标识的制定实施；新型建筑节能墙体的推行；绿色照明等大型工程的示范与推广。

3. 建立低碳建筑能耗监测系统

陕西省在公共建筑节能监管体系建设中迈出了可喜的一步，组织制定了建筑能耗检测信息系统，该系统能够对省市两级的建筑能耗进行检测，通过科学的规范数据标准和数据交换平台，有效地形成互动式动态信息监测系统，为各级政府提供及时、准确的建筑能耗信息，以便为领导决策提供真实、科学的有效数据，促进建设行业建筑节能朝着全面、协调、可持续的生产模式积极发展。

三　发展低碳型交通

根据建设部提供的统计数据，目前，我国的交通能耗已占全社会总能耗的20%，如不加以控制，将达到总能耗的30%，超过工业能耗。在交通运输的能耗构成中，道路交通工具所消耗的车用燃油是交通能耗的主体，约占整个交通运输业能源消费总量的70%（按当量计）。面对这一形势，要实现低碳交通就要加快发展低排放、少污染的运输方式，在高速发展中构建可持续的低碳交通体系。截至2009年年末，西安常住人口843.46万人，占地面积9983平方千米，是人口密度高度集中的大都市。西咸一体化进程的开展使西安交通体系面临新的挑战。

西咸一体化的综合交通规划体系将把西安建成面向国际的中国西部航空枢纽、国内重要的公路和铁路交通枢纽、西部最大的物流中心。如何控制庞大的交通系统的排碳量将成为西安低碳交通部门需要解决的重要问题。

1. 控制私有汽车的总量及发展清洁能源

控制私人汽车的总量，如果在不控制城市私人汽车发展的情况下，单独实行汽车排放量的技术改进（如欧盟标准），即使效率提高一半，但由于反弹效应的作用，总的排放量仍然会是现在的2—3倍。因此，只有汽车与燃油方面的技术努力是远远不够的。加大低碳能源技术的投资，开发新能源，利用太阳能、风能、地热能、生物质能等新能源和可再生能源。鼓励低碳环保交通工具的开发，提倡使用电动汽车、混合燃料汽车、太阳能汽车等低碳交通工具及使用清洁能源。

2. 发展混合型的高效公共交通体系

为了提高交通系统的运行效率，应该实现各种交通方式间的有效衔接和整合。充分发挥轨道交通对城市布局的引导作用，建立以交通需求为导向的城市土地开发模式，促进城市合理布局。针对目前我国城市发展状况，不同交通方式的碳排放量对比，可以得出城市建设要首先改造道路结构，设计有利于步行和使用自行车的车道，同时减少小汽车的使用，大力发展高承载力、高性价比的公共交通体系。

对于西安市建设低碳型的交通体系，首先考虑设计以便于步行为主的道路结构，然后合理安排自行车为主的行车道，鼓励大家以乘坐公共交通为主，优化公交行车道，减少及限制小汽车的发展规模。建立一个以商业中心城区为分界的混合交通体系。以西安为例，在城区周围1千米内建设大型停车场和公交换乘站，即 P + R（Park & Ride），开自驾车的人士，将车停在城郊接合部的交通枢纽附近，转乘轨道交通到市中心。换乘站有便捷的公交系统和自行车租赁处，可以换乘公交车、自行车或者步行到达市区，市区内大大减少了小汽车的运行量，它不仅促成了公交出行与小汽车交通方式的衔接，还为商业区增加了客流量。

3. 紧凑的城市空间结构

城市化进程的加剧，增加了市区的面积，商业区、住宅区与办公区的分离，拉长了人们的出行距离，加大了交通出行量，不仅浪费资源，而且增加了大气污染。建设紧凑的城市空间结构，可以使居住、学校、公司、休闲、运动等功能的空间整合在一起，降低交通出行距离和频率，因此，在西安旧城区改造与新城区建设中采取紧凑的城市空间布局，从交通出行频率与距离上降低能耗与二氧化碳的排放。城乡一体化使得城市向周边蔓延，在扩大城市面积的同时，人口外迁，城市新功能区的建设，使城市就业及人们的活动范围扩大，增加了交通的通勤范围。在这种情况下，如果没有合理的城市空间规划和完善的公交体系，会大大增加小汽车的出行率，从而增加能耗和污染。

（1）增加城市主城区的人口密度。根据调查，世界上高能耗城市基本都属于人口低密度城市。因此，可通过增加城市人口密度和完善的公交体系，来实现城市的紧凑发展，减少小汽车的数量和出行率，实现资源的循环利用，达到低碳发展的目的。

（2）从空间均衡到城市集群。从传统的各省市相对独立均衡的发展到现在的城市集群，相邻区域的主要城市共同联合形成一个经济发展体，加强了地区间的合作与联系，实现资源共享，提高了资源利用率，降低能源浪费，达到低碳经济效果。

（3）从城乡分割到城乡一体化。在城市规划中应集中城市的主要功能区。在西方一些发达国家，城市周郊的交通出行量大于核心城市，这样增加了小汽车的数量，使得城市交通出行能耗一直居高不下。城乡一体化加快了城市化进程，城市范围扩大，严重削弱了城市的整体性，令功能区分散，资源不能得到充分利用，加大了出行量，能耗增加。因此，在城乡一体化进程中应该从区域层面合理规划城市，在市区的周边县市分别建立几个独立的新区，新区间用农业用地或者自然用地分隔开，新区内有独立健全的生活、工作、休闲社区，并且有健全的交通体系，形成一个新型的可以独立发展的城市，从根本上开发了新的城市，而不是仅仅从表面上增加城市的面积。各个独立的新城在独立发展的同时，都有通向原核心城市的发达的公交体系，形成由建成区向新城区分散状的绿色发展模式。这种公共交通模式，将新的开发集中于公共交通枢纽，鼓励公共交通的发展，协调城乡发展，实现低碳城市的目标。

（4）居住区从功能分离到功能混合。传统的居住区只有单一的功能，周围没有方便的工作、休闲、教育设施，使居住与工作、娱乐分离，是一种蔓延、功能分离的模式，增加了驾驶的距离。应在居住区开发的同时增加相应的功能，开发集居住、工作、休闲、教育于一体的功能混合的多功能居住区。不仅减少出行距离，提高资源利用率，还实现了紧凑、多功能的低碳城市的发展。

四　构建低能耗能源与低碳技术体系

1. 低碳经济能源体系

西安市单位 GDP 耗能高，资源利用率低，今后必须走低碳经济的发展道路，才能可持续发展。对于优化西安市的能源结构，应将着力点放在以下三个方面：

（1）发展新能源结构体系。西安市现在面临着节能减排和环境治理的双重压力，从目前来看，西安市是以煤炭、油气等化石能源为主，但从长远看，应着重发展新能源。西安市属于太阳能较丰富的地区，太阳能技术发展也比较成熟，今后的发展模式是走以政府引导、市场为主的道路，加快提升太阳能企业的自主创新，进一步提高太阳能的利用率，鼓励科研创新和突破，利用低碳技术逐渐发挥西安市建设低碳城市的优势。西安市生物质能资源丰富，工业有机废水等生物质能源现在已经得到有效利用。下一步要促使形成产业规模，加大推广力度，继续做大做强。

（2）控制能源消耗的发展体系。政府今后要建立完善节流式能源的发展体系，逐步淘汰落后产能，限制高碳产品的生产，有效、合理地利用能源。节能工作应当实施节约与开发并举、把节约放在首位的能源发展战略，坚持统筹规划、政府引导、市场调节、技术推进、全社会参与的原则，对在节能减排中的优秀企业和先进个人要给予表彰和奖励；要加强新上项目的高耗能限制审批，严格落实有关方针政策，实行领导责任制，定期开展节能教育和培训，不断强化社会各界的节能减排意识。

（3）鼓励新能源开发的政策体系。将节能技术自主创新作为科技领域投入的重点，支持产学研一体化，大力促进科技强市，积极推广先进技术创新与成果转化。节能行政主管部门组织开展多渠道国际、国内节能减排的技术交流。西安市人民政府应当设立节能减排专项资金，通过财政补贴、落实税收优惠等政策来支持节能降耗行动的实施。要逐步转变发展观念，改变发展模式，巩固激励式能源体系，为低碳城市的建设和发展积极贡献力量。

2. 低碳技术体系

在我国经济社会发展的转型过程中，从粗放式向集约型的模式发展，需要科技的支撑，政策的引导和观念转变。现在，低碳技术的发展，一要大力发展自主创新，二要积极调整产业结构，对症下药，双管齐下，才能取得实效。西安的节能减排已经通过清洁煤等先进低碳技术的推广，太阳能的大力发展，给企业和社会带来了很好的发展空间。今后要充分利用各研究机构的力量，强化人才培养，用市场的力量来刺激科研工作的开展。还要加强与国内外的联系，通过技术合作和转让，共享先进成果。低碳技术的实现途径有以下几种：

（1）研发新的低碳技术。低碳技术即能源、工业、建筑、交通等方面的节能技术，以及可再生能源和高效能技术。建设低碳城市，要发展低碳经济，低碳经济的发展主要靠自主创新。西安的能源结构主要还是以煤炭等高耗能能源为主，发展低碳经济意味着改变传统的发展模式，以低排放的新能源、新技术为准，所以研发新的能源技术是当前面临的问题。新技术在发达国家比较成熟，利用率也高，但是引进成本高，所以自主研发新技术迫在眉睫。西安在新技术研发方面具有很大的优势：首先，具有众多高校，这对于新技术研发提供了科研基础与人才优势；其次，市场需求大，所以对于新研发的成本可以多方平摊，解决单方成本高的问题；再次，西安具有良好的政策支持，西安市政府大力推举低碳城市的建设，在财政上会予以新技术研发一定的科研资金，减少科研的风险性。

（2）加强与国外合作，提高低碳技术水平。低碳技术的研发当然不是闭门造车，需要与国际上先进的低碳技术接轨，这样不仅可以避免浪费大量时间与资金在低效率的技术上的投入，还可以加快低碳技术的交流与发展。通过国际间的交流与合作，通过 CDM 机制等项目的合作，共同减少全球的温室气体，还可以吸收国外的先进技术与减排基金。

五　发展碳汇技术

碳捕获和封存技术（Carbon Capture and Storage，CCS）是指将二氧化碳从工业或者相关排放源中分离出来，输送到封存地点，长期与大气隔绝，从而减少碳排放。碳捕获和碳封存技术是在保证满足经济发展所需要的能源供应的同时减少化石能源使用带来的碳排放，从而减缓气候变化。

CCS 技术主要应用于碳排放比较集中的大型排放源，比如火电厂、钢铁厂、炼油厂等，主要优点是能够实现化石能源使用的二氧化碳接近"零排放"。这项技术包括三部分，即二氧化碳从排放的工业或者相关能源的排放源进行分离并捕获、二氧化碳运输及二氧化碳的地质封存或者海洋封存。这种技术对于西安因为工业能耗高的部门产生的二氧化碳量有突出的减缓作用，可以降低碳排放。但是目前这项技术成本比较高，未来需要进一步发展以降低成本，实现大规模的推广与应用，为温室气体减排发挥关键作用。

第七节　西安市建设低碳城市的机制构建

通过对西安市的二氧化碳排放现状进行分析，发现产业结构不合理和落后的低碳产业技术是西安市建设低碳城市主要的问题。产业结构不合理，主要是高碳行业占据的比例依然比较大，而且没有标准的碳排放限额和刺激政策，使碳排放量依然增长。由于缺乏有效的鼓励机制及融资方式，低碳技术发展缓慢且不成熟，主要还是低碳技术市场的不完善。所以控制西安的碳排放量，将西安建设成为低碳城市需要建立一个成熟的碳交易市场，通过碳交易市场的运行为减排技术提供资金支持，同时通过利益刺激及交易市场的调节机制，促使碳排放额合理分配，实现资源最优配置，从而减少城市总的碳排放量，达到节能减排的效应。

一　以碳交易为主的碳市场机制

建立碳金融市场体系关键在于融资，融资方式可以通过建立碳排放权交易市场和征收碳税取得，然后利用融资取得的资金建立绿色金融信贷体系，通过这个绿色信贷体系为碳减排技术提供资金渠道。或者利用资金补偿对生态的破坏，建立碳市场补偿机制。低碳交易补偿体系可以促进整个市场碳排放额度的合理分配，优化资源配置，可以刺激新技术的研发与使用，更高效、更快地降低碳排放量，从而达到碳减排的目的。

碳交易平台是在碳交易市场引入期权交易机制，避免碳交易过程中的风险和资金占用现象，并且通过碳交易市场机制的调节作用达到碳排放额的合理配置，利用市场的竞价机制及利益驱使，迫使企业积极进行碳减排技术，实现企业的碳排放额的减少，并且通过碳交易达到企业利润最大化和降低碳排放量的"双赢"效果。

二　以碳税为主的生态补偿机制

碳税收是对二氧化碳排放超标的一方征收的环境污染费，碳税的征收对象可以是国家、组织、企业或者个人等。通过碳税的征收可以提供对环境的治理与补偿，从而保护环境，还可以对二氧化碳排放形成抑制作用，从而减少二氧化碳的排放进而减缓全球气候变暖。

建立碳交易补偿体系的第一步就是要政府确定系统内的二氧化碳排放总量，政府建立一个可以交易的碳交易平台，实现碳排放权和碳排放配额在企业之间的流通。这样不仅解决了企业的碳排放需求，还可以使得碳交易市场化，驱使企业为了利益而降低排碳量。第二步，根据企业的规模和投入产出比合理确定每个企业的排碳分配额，定期发给每个企业碳排放许可证，上面标注该企业每年的排放额，并且定期检查，对于排放额超标的企业征收碳税。第三步，政府为了环境效益，需要对排放的碳进行补偿与治理，这部分治理费用需要通过一定的融资方式取得，所以需要建立一个融资平台，通过一定的融资手段取得治理资金的支持，同时还可以将筹得的资金以贷款的方式发给绿色低碳企业，实现整个碳金融产业的市场化，通过市场的调节机制和政府的监督机制有效控制碳排放。

三 碳金融激励机制

碳金融平台分为融资体系和绿色信贷体系，政府通过一定的融资手段，如对企业或者个人征收碳排放税以及通过碳交易过程中产生的费用，通过融资体系筹得的资金再以信贷的方式借给绿色产业，绿色产业通过资金的注入解决了新技术开发的资金问题，再通过新技术的发明以期权的形式进入碳交易市场。

因此，碳金融市场是一个循环的体系，通过这个体系的循环实现碳排放量的减少和科技的进步。

四 政府监督机制

政府作为市场监管的主体，为了达到市场的碳资源合理配置和碳减排的目的，需要建立碳交易平台和碳融资平台。通过碳交易平台和碳排放税的征收为低碳技术提供融资的平台，融资平台建立后不仅可以给绿色产业提供资金渠道，还可以将碳交易得到的资金用于进行碳治理和碳减排技术的研发。通过这个体系均衡有效的发展，不仅可以达到减排的目的，还可以实现生态碳平衡。

第八节　西安建设低碳城市的政策建议

一 从城市发展战略的高度重视低碳经济的发展

把低碳经济的发展模式纳入城市战略发展视野，摒弃发达国家"先污染，后治理"的老路，从前瞻、长远和全局的角度，部署低碳经济的发展思路，寻找低碳经济与城市发展战略的结合点，从而在产业结构调整、区域布局、技术进步和基础设施建设等方面为向低碳经济转型创造条件。

二 制定低碳产业规划，激励企业从事低碳生产与经营

未来的经济必定是低碳经济，未来的竞争必定是基于低碳产品与技术的竞争。政府应通过低碳产业规划与财政、税收的扶持，引导企业超前作

出企业的低碳战略部署；在企业中推行低碳标识，规模化应用低碳技术，将企业社会低碳责任与产品质量、信誉结合起来；抓住国际碳金融的新机遇，发展低碳融资；利用好国际低碳技术转让，加快实现跨越式技术发展。

三　建立低碳发展综合实验区

近期建议西安根据实际情况，选择若干地区建立低碳发展综合实验区，如沣渭新区等。在实验区内大力推进节能工业、节能建筑、节能交通等示范工程，加速低碳技术的成果转化运用，使其为全国低碳经济建设提供示范带头作用。同时，在低碳发展综合实验区中可建设若干低碳社区、低碳商业区和低碳产业园区等综合实践区，为西安建设低碳城市探索最佳的发展模式。

四　明确主城区规划格局，加快建设三个副中心城市

坚持超前科学规划，优化城市空间布局。逐步形成"北跨渭河，使渭河成为城中河；南至滈河，使城市和秦岭相融合；西连咸阳，实现西咸一体化；东接临潼，拓展城市空间"的格局。主城区要重点提升城市基础设施和服务功能标准，发展和培育城市的主导功能；发展和强化商务商贸、研发创新、文化创意、旅游休闲、教育卫生等功能，使它成为现代服务业集聚、各类人才集中、资源要素富集的核心区域。

高起点规划和建设阎良区、临潼区、户县三个副中心城市。把副中心城市纳入全市城市建设体系，加快基础设施建设步伐，承接中心城区功能转移和产业转移，加快人口集聚，形成具有较大规模的副中心城市。

五　培养全民意识，倡导全民参与

低碳城市是人类对城市发展方式、发展目标、生产方式的新的定位。因此对于一种新的发展模式，一方面要利用各种宣传媒体广泛宣传低碳价值的重要性，使每个公民将自己作为实现低碳城市建设中的一分子，在享受城市提供的一切条件的同时，自觉保护和建设城市生态环境，形成一种新的发展价值观。另一方面，建议从政策和法制角度出发，加快制定地方性法规和政策，促进低碳产业的发展，推动公交系统的建设，不断提高全民的价值观念，从全社会出发，倡导和鼓励市民低碳生活模式，推动低碳城市建设。

中国传统哲学强调天人合一，认为人是自然的一部分，人与自然是相通的，所以古人强调"人之居处，亦以大地山河为主"。也就是说，人、

城市、自然应该相互一体，相互协调。

　　回顾西安千年的城建史，可以看出，西安是一座有着优越自然生态环境的城市，曾经登上过古代城市文明的顶峰，留下了无比丰厚的历史文化遗产。未来西安城市的发展应该在特色中寻求和谐，和谐中创造特色，在继承传统城市建设思想的指引下，走低碳、生态、宜居、和谐的发展之路，让这座古城不仅有历史人文特色和现代都市特点，更是绿色新城、和谐之城、创新新城。

第七章　南宁市低碳城市建设的
主要做法、问题与建议

　　为深入了解西部地区低碳城市建设实践，探索经济欠发达地区低碳城市建设的思路，发现经济欠发达地区低碳城市建设面临的挑战，从而破解西部地区低碳城市建设发展"瓶颈"，中国社会科学院财经战略研究院低碳城市建设国情调研课题组成员 7 人，依托中国社会科学院重大国情调研项目，在 2013 年 4 月 19—22 日对广西壮族自治区南宁市①进行了为期 4 天的实地调研。

　　广西壮族自治区，位于中国华南地区西部，南濒北部湾，面向东南亚，西南与越南毗邻，从东至西分别与广东、湖南、贵州、云南四省接壤。2002 年，广西 GDP 在西部 12 个省（自治区、直辖市）中排名仅次于四川省，2011 年，广西国内生产总值在西部地区排名第 4 位，仅次于四川省、内蒙古自治区和陕西省。

　　南宁市是广西壮族自治区首府，是广西的政治、经济、教育、科技、文化、商贸、金融中心和交通枢纽。截至 2012 年年末，南宁市户籍人口713.5 万人，土地面积22112 平方千米，市区面积6479 平方千米，建成区面积190 平方千米。南宁市行政区划为兴宁区、江南区、青秀区、西乡塘区、邕宁区、良庆区六城区和武鸣县、横县、宾阳县、上林县、马山县、隆安县六县，共 84 个镇、15 个乡、3 个民族乡、22 个街道（见图 7－1）。

---

①　我们选择广西壮族自治区（以下简称广西）的原因：（1）经济发展水平较高。在 12 个西部地区省（自治区、直辖市）中，广西 2011 年 GDP 仅次于四川和陕西，位居第三位。（2）地理位置。沿海自治区，其东临我国 GDP 最大的省份广东，北部及西部被其他经济欠发达省份环绕，在全国低碳发展趋势下，极易成为东部高耗能产业转移的承接地。（3）目前南宁市已获得"迪拜国际改善居住环境良好范例奖"、"全国生态环境建设十佳城市"、"全国十大宜居城市"、"国家园林城市"、"中国人居环境奖"、"联合国人居奖"、"全国文明城市"、"中华宝钢环境奖"、"2011 年度中国十大低碳城市"等 30 多个荣誉称号。表明南宁市以低碳经济发展、低碳城市建设促进经济发展方式转变的成效得到了社会的认可。

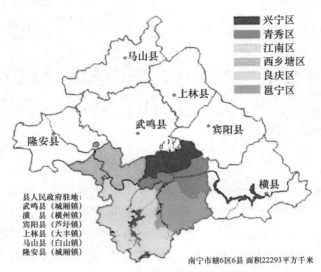

图 7 - 1　　南宁市行政区划

　　本次调研以与当地政府各部门座谈为主，涉及南宁市发展和改革委员会、交通运输局、统计局、环境保护局、规划管理局、工业和信息化委员会等政府部门。并在企业负责人陪同下先后实地考察了目前我国国内最大的分布式能源项目——广西华电南宁华南城分布式能源项目、加工企业废水环保处理示范项目——广西武鸣县安宁淀粉有限责任公司废水处理循环利用工程项目、太阳能光电建筑应用示范项目——广西妇女儿童医院太阳能光伏发电工程、低碳交通示范项目——压缩天然气（CNG）加气站、CNG 公共汽车项目等。

　　此次实地调研，课题组掌握了南宁市促进城市低碳建设的第一手资料，通过梳理政府在促进城市低碳发展积极做法的同时，我们也发现了现阶段西部地区低碳城市建设面临的挑战，在此基础上我们给出了经济欠发达地区低碳城市建设的几点建议。

第一节　南宁市经济发展与温室气体排放

一　南宁市经济发展

　　2012 年，南宁市地区生产总值 2503.55 亿元，按可比价格计算，比上年增长 12.3%。按户籍人口计算，人均 GDP 35138 元（按国家公布的

2012 年平均汇率折合为 5566 美元）（见图 7 - 2）。其中，三次产业结构
分布情况参见图 7 - 3、图 7 - 4。

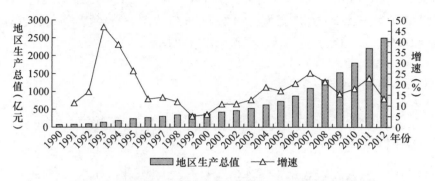

图 7 - 2 1990—2012 年南宁市地区生产总值及增长速度

资料来源：《南宁统计年鉴》，2012 年数据来自南宁市《2012 年南宁市国民经济和社会发展
统计公报》。

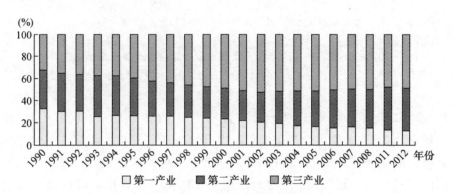

图 7 - 3 1990—2012 年南宁市三次产业结构

资料来源：《南宁统计年鉴 2012》。

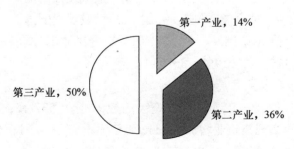

图 7 - 4 2010 年南宁市三次产业结构

1. 南宁市工业发展

2012 年, 南宁市工业总产值 2287.90 亿元, 环比增长 21.22% 。截至 2012 年年末全市拥有规模以上工业企业 941 家, 比上年增加 27 家, 规模以上工业总产值 2100.37 亿元, 增长 22.83% 。工业对经济增长的贡献率为 42.6% , 拉动经济增长 5.2 个百分点 (见图 7-5) 。

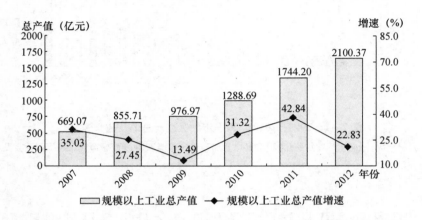

图 7-5　2007—2012 年南宁市规模以上工业总产值及增长速度

资料来源: 南宁市统计局: 《2012 年南宁市国民经济和社会发展统计公报》。

2012 年南宁市规模以上轻、重工业产值分别为 1011.67 亿元和 1088.70 亿元, 分别占全市工业总产比重的 48% 、52% 。从重工业内部产业结构来看, 六大重点行业共完成工业产值 1041.68 亿元, 占重工业总产值的 95.7% , 占规模以上工业总产值比重的 49.6% , 拉动规模以上工业总产值增长 11 个百分点。

在六大重点行业中, 农副食品加工业、造纸及纸制品业、化学原料及化学制品制造业、非金属矿制品业、电气机械及器材制造业、电力热力生产和供应业产值 (见图 7-6) 较 2011 年分别增长 9.15% 、47.89% 、16.01% 、25.17% 、23.19% 、35.95% 。

2. 南宁市建筑业发展

2012 年年末, 全市具有资质等级的建筑企业 537 家, 比上年增长 11.18% 。全年实现建筑业增加值 254.64 亿元, 比上年增长 16.4% 。全市建筑施工企业 (资质企业) 完成施工产值 719.21 亿元, 比上年增长 18.19% 。

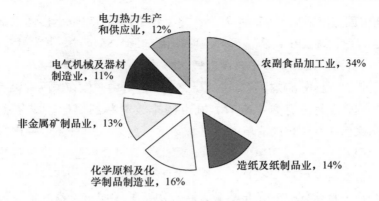

图7－6　2012年南宁市六大重工业生产总值

资料来源：南宁市统计局：《2012年南宁市国民经济和社会发展统计公报》。

3. 南宁市交通业发展

2012年年末南宁市拥有各类民用车辆154.32万辆，比上年增长5.69%，其中，汽车63.86万辆，增长19.26%。在汽车拥有量中，私人汽车47.67万辆，增长24.86%，其中私人轿车30.75万辆，增长25.02%；摩托车81.08万辆，下降3.18%。

2012年末南宁市境内公路总里程11817公里。其中，等级公路总里程10665公里。在等级公路中，高速公路总里程527公里、一级公路里程66公里、二级公路里程999公里、三级公路里程913公里、四级公路里程8160公里。等级外公路里程1152公里。

2012年，南宁市货物运输总量29783.31万吨，比上年增长22.43%。旅客运输总量12035.81万人，增长7.75%。其中，铁路货物运输量616.10万吨，增长1.03%；铁路旅客运输量1052.91万人，下降3.23%；公路货物运输量26180万吨，增长22.55%；公路旅客运输量10618万人，增长8.92%；水路货物运输量2983万吨，增长26.96%；民航旅客发送量364.9万人，增长9.19%；航空货邮发送量4.2万吨，增长13.51%。

4. 邮电通信

2012年南宁市邮电业务总量93.39亿元，比上年增长12.55%，其中电信业务总量89.77亿元，增长14.10%。邮政业务总量3.62亿元，下降15.88%。全年发送函件2267万件，增长21.23%；发送包裹29.33万件，下降2.56%；特快专递480.96万件，增长11.41%。邮政储蓄年末余额157.95亿元，比上年增长20.36%。年末市话交换机总容量894.18万门；

年末全市固定电话用户 95. 34 万户，比上年下降 11. 58%；移动电话用户729. 38 万户，增长 6. 64%。国际互联网用户 504. 85 万户，增长 18. 43%。

二　经济发展下的南宁市温室气体排放

目前，关于城市碳排放清单的研究正在进行中，但在国际并没有统一的方法。就目前已有研究来看，城市碳排放清单的编制基本依据是对IPCC 国家温室气体排放清单的改进和借鉴。此外，地方环境举措国际理事会（ICLEI）开发了 CACP 软件①，用来测算城市温室气体排放量。在2010 年第五届世界城市论坛上，联合国环境规划署（UNE）、联合国人居署（UN - HABITAT）及世界银行联合发布了《城市温室气体排放测算国际标准（草案）》，人口在 100 万以上的城市可参考此标准进行温室气体排放测算（见表 7 - 1）。

表 7 - 1　　　　　　　　　　　　城市碳排放源

城市	核算的温室气体	排放清单	方法
巴塞罗那	CO_2、CH_4	工业、商业、交通、居民生活、垃圾填埋	IPCC
牛津	CO_2	商业、公共机构与住宅、工业生产、交通、废弃物处理、农业	
纽约	CO_2、CH_4、N_2O	工业、商业、交通、居民生活、废弃物	
多伦多	CO_2、CH_4	生活、交通、商业、工业、垃圾处理	ICLEL
丹佛	CO_2、CH_4、NOx	建筑、交通、物质流需求	
布鲁明顿	CO_2、CH_4	生活、商业、工业、交通、固体垃圾处理	

资料来源：李晴等：《城市温室气体排放清单编制研究进展》，《生态学报》2013 年第 2 期。

从已有文献城市排放清单研究中我们可以看到，城市碳排放源主要是工业、交通、建筑、居民生活等。《公约》第八次缔约方大会第 17 号决议通过了非《公约》附件一所列缔约方国家信息通报编制指南。根据指南的要求和中国的实际情况，中国温室气体清单编制和报告的范围主要包括能源活动、工业生产过程、农业活动、废弃物处理（见图 7 - 7），涉及的温室气体有二氧化碳（CO_2）、甲烷（CH_4）、氧化亚氮（N_2O）、氢氟碳化物（HFCs）、全氟碳化物（PFCs）和六氟化硫（SF_6）六类。其中N_2O 温室效应是 CO_2 的 21 倍，大气中的 N_2O 约有 20% 是化石燃料燃烧排

---

① CACP 软件收集城市中能源使用的化石燃料的主要排放源数据，利用能源消费量和碳排量之间的直接相关关系以及对应的排放因子，精确计算出每种能源的 CO_2 排放量。

放的（见图7-8）。

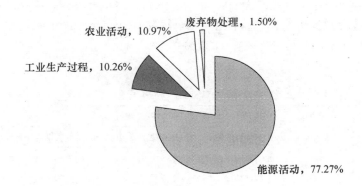

图7-7　中国温室气体排放源

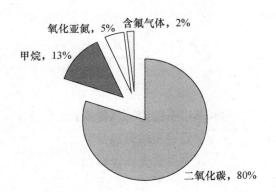

图7-8　中国温室气体排放结构

1. 南宁市温室气体排放清单（见表7-2）

根据环保部的建设规划，通过2008年中央财政污染物减排专项，中国环境监测总站开始建设全国温室气体试点监测，源区监测试验站选取在监测基础较好并具备不同城市源区代表性的4个直辖市和27个省会城市地区。南宁市区的温室气体试验监测站于2011年投入使用，主要监测的温室气体为CO_2和CH_4。从南宁市2011年第1季度CO_2和CH_4的监测环境浓度来看，南宁市环境总体优于全国平均水平。

根据监测统计数据分析，南宁市2011年第一季度1—3月CO_2月平均浓度在400.4—408.7ppm之间。与全国统计数据进行比较，南宁市季平均约 404.8ppm，略优于同期全国平均水平（419.0 ppm）3.4 个百分点。南宁市 2011 年第一季度 1—3 月 CH_4 月平均浓度在 1.0—1.4ppm 之间。与全国统计数据进行比较，南宁市季平均约 1.3ppm，优于同期全国平均水平（2.0 ppm）35 个百分点（见表 7 – 3）。

表 7 – 2　　　　　　　　　　　南宁市碳源排放清单

序号	碳源	统计内容
1	能源活动	主要估算生活、交通和生产过程中使用的化石能源排放的 CO_2 气体
2	工业生产	估算水泥生产行业生产工艺过程中排放的 CO_2 气体 估算玻璃生产行业生产工艺过程中排放的 CO_2 气体
3	农业	估算水稻田排放的 CH_4 气体 估算牲畜肠道发酵产生的 CH_4 气体
4	废弃物	估算城市垃圾堆场排放的 CH_4 气体 估算城市集中式污水处理厂排放的 CH_4 气体

资料来源：南宁市发改委、南宁市环保局。

表 7 – 3　　　　　　　　2011 年 1—3 月温室气体排放比较

温室气体	全国平均	南宁市
CO_2 浓度统计指标（ppm）	419	404.8
CH_4 浓度统计指标（ppm）	2.0	1.3

　　2011 年南宁市环保局对南宁市温室气体排放进行了测算，根据 IPCC 的统计口径，南宁市温室气体排放源主要为能源活动、工业生产、农业、废弃物。

　　2. 南宁市温室气体排放特点

　　（1）碳排放不断增加。测算结果显示，南宁市温室气体排放近年来呈现快速增加的趋势。2005—2010 年，南宁市的碳排放总量增长较快，从 2005 年的 1410 万吨碳当量增加至 2010 年的 2449 万吨碳当量，增长了 73.7%（见图 7 – 9）。

　　（2）从监测数据来看，二氧化碳是南宁市最主要的温室气体（见图 7 – 10）。

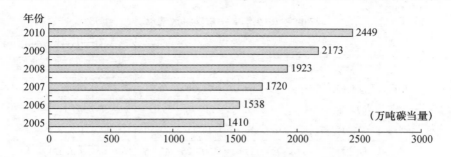

图 7-9　2005—2010 年南宁市温室气体排放量

资料来源：南宁市发改委、南宁市环保局。

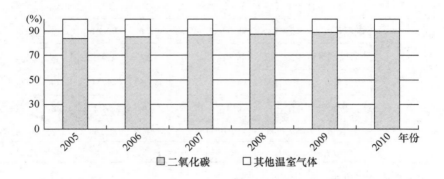

图 7-10　2005—2010 年南宁市温室气体结构

从统计数据来看，南宁市温室气体排放源主要来自能源活动和工业生产。2005—2010 年南宁市碳排放清单显示，2010 年年末由能源活动、工业生产引致的碳排放占南宁市当年温室气体排放的 87%（见图 7-11 和表 7-4）。

图 7-11　南宁市温室气体排放源

表 7 – 4　　　　　　　　　　　2005—2010 年南宁市碳排放清单

		年份	2005	2006	2007	2008	2009	2010
CO_2气体	能源部门	碳源量（万吨 CO_2）	959.29	1090.24	1250.80	1400.68	1582.77	1796.45
		占总碳源量百分比（%）	68.03	70.90	72.71	72.86	72.85	73.34
	工业部门	碳源量（万吨 CO_2）	220.61	217.01	238.87	275.35	344.86	405.63
		占总碳源量百分比（%）	15.65	14.11	13.89	14.32	15.87	16.56
	小计	碳源量（万吨 CO_2）	1179.90	1307.25	1489.67	1676.03	1927.63	2202.08
		占总碳源量百分比（%）	83.68	85.01	86.59	87.18	88.72	89.90
其他温室气体（CH_4）	农业部门	碳源量（万吨碳当量）	132	130.6	129	143.7	141.28	142.28
		占总碳源量百分比（%）	9.36	8.49	7.50	7.47	6.50	5.81
	废弃物	碳源量（万吨碳当量）	98.11	99.9	101.62	102.81	103.8	105.11
		占总碳源量百分比（%）	6.96	6.50	5.91	5.35	4.78	4.29
	小计	碳源量（万吨碳当量）	230.11	230.5	230.62	246.51	245.08	247.39
		占总碳源量百分比（%）	16.32	14.99	13.41	12.82	11.28	10.10%
合计		总碳源量（万吨碳当量）	1410.01	1537.75	1720.29	1922.54	2172.71	2449.47
		增长率（%）	—	9.06	11.87	11.76	13.01	12.74

资料来源：南宁市发改委、南宁市环保局。

（3）能耗水平不断降低，碳排放强度逐年下降。虽然"十一五"期间南宁市碳排放量不断增加是不争的事实，但南宁市在"十一五"期间实施的产业结构调整和提高能源效率等一系列节能减排政策，取得了一定的碳减排效果。"十一五"期间，南宁市单位生产总值能耗不断降低。2010 年，南宁全市单位生产总值能耗由 2005 年的 0.91 吨标准煤/万元下降到 0.80 吨标准煤/万元，降幅为 12%，只有全国平均水平的 77.52%（见表 7 – 5）。

表 7 – 5　2010 年南宁市与全国及部分省（直辖市、自治区）单位 GDP 能耗比较

全国及部分省（直辖市、自治区）	单位 GDP 能耗（吨标准煤/万元）	全国及部分省（直辖市、自治区）	单位 GDP 能耗（吨标准煤/万元）
南　宁	0.80	安　徽	1.017
北　京	0.606	广　西	1.057
广　东	0.684	山　东	1.072
上　海	0.727	河　南	1.156

续表

全国及部分省 （直辖市、自治区）	单位 GDP 能耗 （吨标准煤/万元）	全国及部分省 （直辖市、自治区）	单位 GDP 能耗 （吨标准煤/万元）
浙　江	0.741	陕　西	1.172
江　苏	0.761	重　庆	1.181
福　建	0.811	湖　南	1.202
天　津	0.836	湖　北	1.23
江　西	0.88	四　川	1.338
全国平均			1.077

同期单位 GDP 碳排放量从 2005 年的 1.94 吨碳当量/万元 GDP，下降
至 2010 年的 1.64 吨碳当量/万元 GDP，降低了 15%。这与南宁市采取的
一系列碳减排措施是密不可分的（见图 7 - 12、图 7 - 13）。

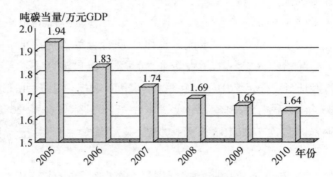

图 7 - 12　2005—2010 年南宁市碳排放强度

注：生产总值按 2005 年不变价计算。

资料来源：南宁市发改委、南宁市环保局。

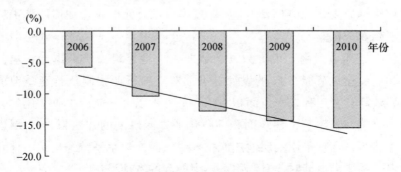

图 7 - 13　2006—2010 年南宁市碳减排强度

注：生产总值按 2005 年不变价计算。

资料来源：南宁市发改委、南宁市环保局。

第二节　南宁市促进城市低碳发展的主要做法

南宁市低碳城市建设主要工作思路有两个方面：一方面是在现有基础上从源头控减、减少碳排放；另一方面是积极发展清洁能源，置换传统化石能源的使用。在工作中的具体措施包括定位碳减排大户、加快落后产能淘汰、转变生产方式、合理布局产业、优化能源结构、升级产业结构等几个方面，致力于将南宁市打造成为西部地区低碳示范城市。

一　锁定减排领域，狠抓重点行业节能减排工作

2011 年，南宁市工业节能技术改造、可再生能源建筑示范及交通减排，具体措施包括：

（1）工业领域节能。"十一五"期间南宁市节能工作的重点主要放在工业领域，淘汰了一批落后的水泥、造纸、铁合金等落后产能，关闭了一批小造纸、小淀粉等高能耗的工业企业，超额完成自治区下达给南宁市的淘汰落后产能任务。截至 2010 年年底，南宁市规模以上万元工业增加值能耗比 2005 年降低了 52.8%，完成"十一五"目标任务的 263.8%；重点耗能企业累计实现节能 103.5 万吨标准煤，完成"十一五"目标任务的 191.2%。

2011 年，南宁市炼钢、炼铁、水泥、造纸落后产能分别淘汰 62 万吨、1 万吨、56 万吨、150 万吨，超额完成自治区下达的任务，率先完成自治区下达的 50 万只高效照明产品推广任务，每年可分别减少二氧化碳、二氧化硫排放 2.50 万吨、270 吨。① 规模以上万元工业增加值能源消耗比上年下降 679%。

（2）建筑业。南宁市大力发展节能省地型建筑，严格执行新建公共建筑和居住建筑节能 50% 的设计标准。对建筑行业强制执行建筑节能标准，要求新开工工程，建筑面积 10000 平方米以上并使用中央空调的公共建筑和机关办公建筑，建筑面积 50000 平方米以上的建筑群，12 层以下的居住建筑，合理采用浅层地热能技术或太阳能热水系统与建筑一体化应用技术，并要求设计时要有利用可再生能源的专项设计。

---

① 《南宁统计年鉴 2012》。

（3）交通运输业。南宁市制定了严格的车辆燃料消耗量准入制度。2012 年，市辖区各机动车综合性能检测机构共核查新入户及转籍营运车辆约 7000 辆，合格率达 100%。大力开展公交车、出租车排气污染治理工作。启用南宁市运输船舶油耗信息管理系统，目前已有 10 家水运企业 100 艘船安装了油耗计，结合燃油添加剂的使用，节油率达 10% 以上。积极推广新能源汽车的使用，目前南宁市共有 8 辆纯电动公交车、407 辆可使用压缩天然气的出租车。

同时南宁市将节能减排作为一项长期战略。对重点行业节能减排提出了明确的行动目标，要求 2013—2015 年 30% 重点用能企业数字能源解决方案应用达到智能化较高水平，8 个区域工业能耗在线监测试点取得显著成效，实现节能量 3000 万吨标准煤；2016—2018 年，50% 重点用能企业数字能源解决方案应用达到智能化较高水平，形成覆盖全国的工业能耗在线检测系统，实现节能量 5000 万吨标准煤。

二　部门联动，"奖""惩"并举，推进落后产能淘汰

"十一五"期间南宁市发展和改革委员会、南宁市经济发展局、环保局、工商局、电力局等部门密切配合，实行部门联动机制，对不符合产业政策的钢铁、立窑水泥、铁合金、电石等行业进行落后产能淘汰工作。仅在"十一五"期间，共关闭 4 条不符合产业政策的化学制浆生产线，依法关停 108 家年产能低于 1 万吨的废纸造纸企业；淘汰环保不达标淀粉生产企业 20 家；关闭 5 条湿法水泥生产线，关停 7 条立窑水泥生产线，关闭 7 家水泥生产企业，关闭 105 家砖厂。"十一五"期间，全市共淘汰电力 1.666 万千瓦、炼钢 8 万吨、铁合金 0.75 万吨、水泥 423 万吨等落后产能。

同时秉承"上大关小、以新带老、总量减排"的产业结构调整思路，相继出台了《南宁市淘汰落后产能资金奖励办法》、《南宁市工业节能资金管理办法》、《中共南宁市委南宁市人民政府关于加快经济发展方式转变的决定》等文件，支持淘汰落后产能的企业技改或转产，做到"上大"与"关小"同步实施。对能耗高、污染重、技术含量低、经济效益差的企业，制订计划，有步骤地实行关、停、并、转，对治理无望或费用过高的高耗能、高污染企业坚决淘汰或转产。

三　积极示范推广可再生能源，优化能源结构

南宁市开发利用新能源起步较晚，但经过近几年的政策引导及积极扶

持，产业化水平不断提高，依据自然资源优势，确立了以生物质能、垃圾发电、太阳能、风能等为主导的可再生能源发展方向。初步建立了生物质能、太阳能、中小水电、地热能和工业余热等新能源研发和利用体系。2010 年，南宁市共有规模以上新能源企业 12 家，新兴产业企业主营业务销售收入占全市工业主营业务销售收入比重达 11.8%。

（1）生物质能利用不断提高。"十一五"期间，南宁市依托国家非粮生物质能源工程技术研究中心、特色生物能源国家地方联合工程研究中心、生物质能源酶解技术国家重点实验室等创新平台建设，重点发展生物质能源产业；依托木薯资源优势，大力发展木薯燃料乙醇；利用小桐子、石栗、能源林等能源植物资源，发展生物柴油；利用垃圾燃料、秸秆燃料和垃圾沼气等资源，发展生物质发电产业；以秸秆、木材废料等原料，引进、研发生物质固化成型技术，发展固体生物质燃料产业；充分利用制糖、酒精、淀粉等工业废水废渣，发展生物燃气和生物质热电联产，推广生物燃气在城市管道燃气、城市车用燃气、工业燃气等方面的应用。

（2）新能源汽车引领低碳绿色交通。2013 年南宁市投放 150 辆油电混合动力公共汽车。2013 年南宁市政府印发《南宁市加快发展新型空调公共汽车实施方案》，未来 5 年南宁市将逐步加大节能与新能源公交车的投放力度，使节能与新能源公交车比例达到 55% 以上，其中新能源公共汽车所占比例将由目前的 0.29% 提高至 15% 以上。此外，根据"美丽南宁·整洁畅通有序大行动"相关安排，南宁市计划在两年内更新节能环保型车辆 700 辆，大幅度更换"冒黑烟"车辆，加快淘汰"黄标车"，进一步改善市民乘车环境。由于油电混合动力公交车在行驶过程中，下坡、制动等产生的动能都会被转化为电能供车辆使用，起步时使用电能起步，较全柴油车省油 25%—30%。此外，新型公交车二氧化碳排放量比一般公交车减少 40%—60%，一台车一年可减少排放二氧化碳 10 吨左右。

（3）推广应用分布式能源。南宁市积极探索在城市商业中心、公用事业机构、产业集中的工业园区、新开发的城区和大型的楼盘项目，建设分布式能源站，集中供电、供冷、供热、供气等。2012 年，南宁市开始逐步推行天然气分布式能源利用。① 推动太阳能发电项目、地热能、太阳

---

① 天然气分布式能源是指利用天然气为燃料，通过冷热电三联供等方式实现能源的梯级利用方式。

能与建筑一体化应用项目建设、开发利用风能项目。这样的新型能源利用方式与现在单次能源转换后只剩 50% 的能源利用率相比，能源利用率将提升至 70% 以上。测算显示，在满足同样电热负荷条件下，天然气分布式供能方式与传统燃煤发电分供方式比较，CO_2 排放可降低约 50%。

专栏一

天然气分布式能源示范项目——华电南宁华南城分布式能源项目

2011 年 10 月，广西首个天然气分布式能源示范项目——华电南宁华南城分布式能源项目正式开工建设。项目具有清洁环保、安全可靠、高效节能等特点，符合国家新能源产业发展规划，对调整广西能源结构、带动广西分布式能源发展具有重要的示范意义。该项目是广西"十二五"规划能源项目，也是华电新能源公司与南宁市政府签订总投资 105 亿元清洁能源项目中的首个示范工程。项目位于南宁市江南工业区沙井分区，拟建设 3 套 60MW 级燃气——蒸汽联合循环机组，并配套建设供热/冷管网，计划 2012 年年底投产。机组投产后将向园区内南宁华南城、富士康等企业集中供冷、供热。

2013 年位于南宁市江南区沙井大道西侧的广西首座冷热电三联供循环分布式能源站华电南宁新能源公司 110kV 江南能源站正式建成。作为富士康科技园和南宁华南城的配套能源站，它的特点是冷热电三联供技术，利用天然气这种能源，既供热，又发电，实现热电联产，大大提高了天然气的利用效率与效益。能源站通过能源的阶梯利用，将为富士康科技园和南宁华南城集中供冷、供热，所发电力主要供附近片区的工商业用电。目前，南宁市东葛路的永凯现代城商场、写字楼及青秀路的永凯春晖花园的酒店都采用了天然气分布式能源之一的天然气空调。随着南宁市分布式能源利用的逐步推进，今后包括工业园区、商场、写字楼、酒店、医院、火车站、公共汽车，甚至每个家庭，都有可能享受到冷热电三联供的清洁能源。

四　重视科技成果转化，大力推广应用节能减排技术

"十一五"期间，南宁市通过实施工业废水、废渣、废气处理及生物质能源新技术、新产品和洁净能源综合利用关键技术研究开发，引进推

广应用节能减排新技术 10 项，建设节能减排技术集成应用示范企业 10 家。其中，"木薯淀粉、酒精生产废水治理与综合开发利用"项目，运用生物技术将废水废渣处理进行发酵制取沼气，将沼气作为发电燃料就地发电，建成淀粉、酒精行业资源得到充分利用、符合循环经济、清洁生产和可持续发展的样板工程；"生物燃料工程技术研究中心建设——沼气纯化制备生物燃气产业化研究"项目，将节能减排与生物质能源的发展有机结合起来；"海藻糖国家标准研制"工业技术达到国际先进水平。仅 2011 年，南宁市就实施工业节能技术改造项目 36 个，实现节能 7.26 万吨标准煤。①

（1）煤炭行业。南宁市是广西首个推广应用水煤浆工程的城市。水煤浆作为新型煤基流体燃料，具有低污染、高效、节能、运行成本低的优势。自 2008 年开始在快速环道以内推广清洁煤技术——水煤浆。经过 4 年多普及，使用水煤浆的规模以上工业企业数量达到 20 多家。

（2）建材行业。积极发展新型水泥窑外分解技术和余热利用技术，推广玻璃浮法工艺，促进玻璃行业节能；开发秸秆成型建材开发利用新技术。截至 2010 年年底，南宁市太阳能、浅层地能等建筑应用面积为 381.26 万平方米，节约 3.81 万吨标准煤。

（3）化工行业。重点开展化肥、石油化工以及煤化工等生产过程相关节能、降耗技术研究。

专栏二

广西妇女儿童医院建筑节能项目

广西妇女儿童医院位于南宁市厢竹路西侧卫生科技园 B 区，占地 79 亩，总建筑面积 5.9 万平方米，床位 500 张。项目于 2008 年 7 月 4 日正式开工建设，2012 年 4 月 16 日试营业启用，4 月 21 日正式开业。

建筑节能主要做法及成效：

一是根据《公共建筑节能设计标准》GB50189—2005 进行节能设计。广西妇女儿童医院共由 6 个单体建筑组成，单体建筑体形系数均小于 0.30，建筑屋面和外墙保温措施分别采用 150mm 厚和 30mm 厚阻燃型聚

---

① 《南宁统计年鉴 2012》。

苯乙烯泡沫板，外窗采用 120 明框幕墙 6 + 12 + 6 Low - e 中空玻璃窗，满足建筑夏季隔热和冬季保温的要求。

二是中央空调系统采用环保型螺杆式风冷热泵全热回收机组。中央空调是医院最大的耗能设备，耗能约占医院总耗能的 60%—70%。中央空调机组最终采用 2 台制冷量为 1280kW 螺杆式冷水机组和 4 台制冷量为 636kW、制热量为 660kW、全热回收量为 825kW 螺杆式风冷热泵全热回收机组，6 台机组全部采用环保型制冷剂 R134a。机组最大的节能成效在于 4 台风冷热泵全热回收机组在制冷时既能利用自身产生的余热免费生产医院所需的生活热水，过渡季节又能当空气源热泵生产生活热水。医院满负荷运行时 55—60℃ 生活热水需求量约 280 吨/天。经计算，机组年运行可节约用于生产 55—60℃ 生活热水的电费约 50 万元。

三是利用建筑原有钢结构增建太阳能光伏发电工程。广西妇女儿童医院太阳能与建筑一体化光伏发电工程 2011 年被住建部列为金太阳示范工程，工程总投资 2998 万元，其中示范工程国家补助资金 1462.86 万元。工程是在原屋面装饰性钢结构的基础上增建，减少太阳能光伏发电电池组件结构支撑投资 360 万元。系统太阳能光伏板安装面积 1.1 万平方米，主要由 6268 块太阳能光伏标准电池组件、414 块太阳能光伏 BIBV 组件、逆变器、并网系统和监控系统组成。系统太阳能装机容量 1329kW，系统寿命≥25 年，系统建成后每年发电量约 120 万度，所发电量全部内耗，主要用于医院照明和医院后勤电力供给。

五　培育战略新兴产业，推动产业结构升级

优化产业结构，培育战略新兴产业是城市低碳发展的长久战略和必然趋势。"十一五"时期，南宁市形成了铝加工、机械装备制造、农产品加工、电子信息、生物工程与制药、化工、建材、造纸八大优势产业。

随着产业结构调整节奏的加快，南宁市着力实施战略性主导产业和战略性新兴产业培育工程。培育发展了新一代信息技术、生物、新能源、新材料、节能环保等战略性新兴产业。目前，南宁市拥有国家高技术生物产业基地，是国家电子商务示范城市、可再生能源建筑应用示范城市、"三网"融合试点城市、创新型试点城市、知识产权试点城市、科技成果转化服务示范基地。生物产业、新一代电子信息产业、先进装备制造产业等战略性新兴产业发展较快（见图 7 - 14 和表 7 - 6）。

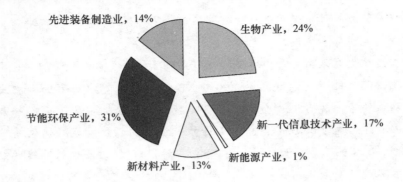

先进装备制造业，14%

生物产业，24%

节能环保产业，31%

新一代信息技术产业，17%

新材料产业，13%

新能源产业，1%

图 7 - 14   2010 年南宁市战略性新兴产业结构示意图

资料来源：《南宁市战略性新兴产业发展规划（2013—2020 年）》。

表 7 - 6   南宁市战略性新兴优势企业

行业	生物产业	新一代信息技术产业	新能源产业	新材料产业	节能环保产业	先进装备制造业
企业	培力（南宁）药业有限公司、广西圣保堂药业有限公司、广西万寿堂药业有限公司、广西农垦明阳生化集团股份有限公司、广西田园生化股份有限公司、广西力源宝农林科技发展有限公司、广西瑞特种子有限公司、广西冠峰生物制品有限公司等	富士康集团南宁公司、丰达电机（南宁）有限公司、广西领华数码科技有限公司、广西德意数码股份有限公司、广西卡斯特动漫影视有限公司等	广西蛟龙酒精能源有限公司、广西地凯光伏新能源公司、广西中宝能源开发有限公司等	南南铝业股份有限公司、广西金龙钛业股份有限公司、广西华锑科技有限公司、南宁浮法玻璃有限公司等	广西凯斯博电气设备制造有限公司、广西博世科环保科技有限公司、广西鸿生源环保有限公司等	广西建工集团建筑机械制造有限责任公司、南宁广发重工集团有限公司、广西玉柴专用汽车有限公司、南宁八菱科技股份有限公司等

2011 年，南宁市出台《南宁市科技型中小企业技术创新资金管理暂行办法》，投入 1000 万元设立南宁市科技型中小企业技术创新资金。全年有 55 个涉及电子信息、生物医药、光机电一体化、新材料、新能源、资源与环境等领域的项目。

六　经济与社会效益并重，发展循环经济

"十一五"期间南宁市就全面推进循环经济、工业企业清洁生产审计和环境友好型企业创建工作，形成了一条以制糖、化工、养殖为重点的循环经济生态链。坚持推行清洁生产审核，在60家企业开展了清洁生产审计工作，其中17家企业已通过了广西区级清洁生产审计验收，率先成为全国第一个所有制糖企业清洁生产水平同时达到二级标准和排放达到一级标准的省会城市；在广西开展的市级环境友好型企业创建活动中，先后评定、命名了8家企业为"南宁市市级环境友好企业"，并建立一批新型工业化和循环经济的工业企业。

七　着力转变生产发展方式

转变生产发展方式是低碳城市建设的关键。近年来，南宁市着力推动经济发展方式由粗放外延型向集约内涵型转变。一是以绿色环保为方向，培育和发展生态农业。重点发展优质稻、糖蔗、无公害蔬菜、花卉、罗非鱼、速生丰产林等优势特色产业，注重推广运用农业新科技、新工艺、新品种。二是以循环经济为目标，培育和发展生态工业。大力发展新能源及生物产业、资源综合利用、污染防治等环保产业项目。开展再生资源回收体系建设，推进再生资源产业基地项目建设。推进清洁生产，在制糖、能源、化工和建材等行业推广工业生态链循环经济模式。三是以可持续发展为导向，全面发展现代服务业。重点发展物流、会展、金融、信息、旅游、文化服务等第三产业，逐步确立第三产业的主体地位，加速提升城市功能。

八　以市场为导向，创造低碳发展环境

一是规范企业环保行为。制定了《南宁市污染源自动监控系统管理暂行办法》，对符合该办法要求的排污企业必须按照环保部门的要求安装污染源自动监控设备及配套设施。截至2012年全市82家国家重点监控污染源全部安装了监控仪，实现区、市、县监测数据联网运行。二是开展专项行动。对全市范围内饮用水源保护区、建材行业、钢铁行业、酒精行业、污水处理厂、垃圾填埋场、涉砷行业、建筑行业、造纸行业、核与辐射相关行业等开展了专项检查。2010年，进一步加大了对重金属污染物排放企业环境违法行为的排查整治力度，对涉及铅、镉、汞和铬等污染源进行全面排查，确保了全市环境安全。三是加强重点部位监管。加强了重点减排设施督查监管，认真开展了重点排污单位监督性监测，对少数企业

治污设施运行不稳定的问题，加大了违法排污企业处罚力度。

第三节　南宁市低碳城市建设面临的问题

一　部分地区淘汰落后产能有限，未来减排空间不大

加快淘汰落后产能是转变经济发展方式、调整经济结构、提高经济增长质量和效益的重大举措。近年来，随着加快产能过剩行业结构调整、抑制重复建设、促进节能减排政策措施的实施，淘汰落后产能工作在部分领域取得了明显成效。

"十一五"期间，南宁市节能减排工作主要放在淘汰落后产能和节能技改上。通过安排专项资金，淘汰了一批落后的水泥、造纸、铁合金等项目，关闭了一批小造纸、小淀粉等高能耗的企业，工业增加值能耗下降幅度达 52.76%。并引导落后产能企业通过技改、转产、兼并重组，有步骤地实行关、停、并、转，对治理无望或费用过高的高耗能、高污染企业坚决淘汰或转产，大大降低了产值的能耗。目前，南宁市单位 GDP 能耗为自治区最低，2010 年单位 GDP 碳排放强度较 2005 年已经下降了 15%，减排强度要高于全国平均水平。但伴随全市淘汰落后产能工作的基本完成，"十二五"期间试图通过进一步淘汰落后产能达到节能降耗目标的难度将显著加大。

二　南宁市能源消费领跑全国，控制能源消费增长难度大

能源消费是南宁市碳排放的最主要来源，约占全社会总碳排放量的 72%。"西部大开发战略"的实施，在为南宁市带来经济快速增长的同时，也带来了南宁市能源消费总量的快速增长。"十一五"期间，南宁市能源消费年均增长 12.65%，高于同期全国能源消费年均 6.6% 的增速。2012 年较 2011 年能源消费增长 9.8%，高于同期全国平均 3.9% 的水平（见表 7 - 7）。能源消费占全国能耗总量的比例持续上升，由 2005 年的 0.29% 提高到 2010 年的 0.41%。考虑到未来规划的南宁电厂（年耗能 280 万吨原煤）的投产，这将会刺激南宁市能源消费量成倍增长，南宁市节能降耗面临着非常严峻的挑战。

表7－7　　　　　　　　　南宁市2005—2012年能源消费量统计

单位：万吨标准煤、%

统计指标 / 年份		2005	2006	2007	2008	2009	2010	2011	2012
全国	能源消费总量	224682	258676	280508	291448	306647	324939	348002	362000
	增长率	—	15.1	8.4	3.9	5.2	6.0	7.1	3.9
南宁市	能源消费总量	660.8	751.1	861.7	964.9	1090.4	1220.2	1340	1530.2
	增长率	—	13.7	14.7	12.0	13.0	12.2	12.7	9.8

资料来源：南宁市统计局。

2013年1—6月，南宁市全社会能源消费总量为751.09万吨标准煤，同比增长8.84%。万元工业增加值能耗为0.8686吨标准煤，同比上涨2.79%。

2013年8月9日，广西壮族自治区发展和改革委员会公布了各市2013年1—6月节能目标完成情况"晴雨表"，显示2013年1—6月，南宁预警等级为一级，"十二五"完成进度预警等级也为一等，节能形势严峻。南宁市是西部地区的一个缩影，我们综观西部地区，控制能源消费难度大是一个普遍的事实。

现阶段西部地区能源消费呈现领先全国能源消费增长态势。2013年7月10日，国家发展和改革委员会资源节约和环境保护司公布的我国《各地区2013年1—5月节能目标完成情况晴雨表》显示，通过对各地区节能形势进行分析，对照各地"十二五"后三年年均节能任务，2013年1—5月，节能形势严峻，达到一级预警等级的省（直辖市、自治区）全部为西部省（直辖市、自治区）（海南、云南、青海、宁夏、新疆），节能为二级预警等级的省份仅有贵州，也为西部省份。与"十二五"节能工作进度要求相比较，海南、青海、宁夏、新疆等4个地区预警等级为一级，云南预警等级为二级，这意味着"十二五"节能工作的重点和难点都在西部省（直辖市、自治区）。

剖析西部地区能源消费迅速增加的背后因素，第一，源于监管的不到位。近年来，在西部某些地区，从传统的高耗能生产基地到新建的工业园区，高耗能工业都经历着前所未有的大发展，一度关闭的小型冶炼厂也死灰复燃。第二，原有高耗能企业能耗反弹。市场对高耗能行业的刚性需求增加了工业能耗水平，这是一个不容忽视的现状。随着楼市回暖，前期受房地产市场调控的影响，水泥行业减产限产保价的危机逐步过去，在水泥产量增长的同时，能耗也大幅增加。2012 年，南宁市水泥制造业创造增加值 40.6 亿元，同比增长 25.5%；综合能源消耗量为 180.3 万吨标准煤，同比增长 30.8%，拉动规模以上工业综合能耗增长 10.6 个百分点；其单位增加值能耗达 4.44 吨/万元，是规模以上工业单位增加值能耗的 5.2 倍。第三，西部地区对东部高耗能产业的承接加速了西部地区能源消费的增长。在越来越严格的环境规制下，东部地区高耗能产业在西部地区系列优惠的财税政策、土地政策的吸引下，有向西部转移的倾向，特别是利润已接近成本的高耗能产业，如果将环境成本纳入将更加坚定其向西部地区产业转移的动力。

高耗能产业的转移，一方面为西部地区带去工业经济发展机遇，以南宁市为例，"十二五"期间南宁市将紧扣自治区打造千亿元产业规划，全面对接广西沿海大工业，重点发展先进制造业。坚持实施大项目、大企业、大基地带动战略，着重推动铝加工业、机械与装备制造业、新型建材产业、特色造纸及纸制品加工产业等高耗能产业，预计 2015 年工业增加值占生产总值比重将会进一步提升。

2013 年 4—5 月，中国社会科学院财经战略研究院依托国家发改委气候司中国低碳发展产业政策研究课题对我国东部、中部、西部地区的低碳发展现状进行了调研，调研显示：伴随我国低碳发展战略布局，在较短时期内，我国整体能源消耗强度呈现下降趋势，但东部省份地区能源消费强度的下降除通过能源效率的提升、能源结构的优化等自身"低碳化改造"措施来达到外，产业结构的调整部分却是依靠对高耗能高排放产业向中部和西部地区的转移来实现的。

三　高碳能源为主的能源消费格局短时期难以改变

这是由我国自然资源禀赋决定的，我国是典型的以煤炭为主的国家，1980 年以来，我国煤炭消费稳占能源总消费的 70% 左右。特别是矿产资源丰富的西部地区，高碳基能源为主的消费格局在短期内不可能改变。2012 年，高碳能源（原煤、焦炭及焦化产品）占规模工业能耗总量的 64% 左右，新能源比重非常小（见图 7 – 15）。

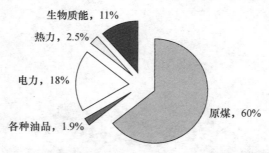

图 7 – 15　2012 年南宁市规模以上工业企业消耗能源品种结构

　　虽然南宁市从 2008 年开始在快速环道以内推广清洁煤技术——水煤浆，经过 4 年多普及，使用水煤浆的规模以上工业企业数量达到 20 多家，但水煤浆作为新型煤基流体燃料，能耗比重仅占 0.30% 左右，节能效果在大范围内不是很明显。近些年来，南宁市能源结构努力向多元化发展，但从发展程度来看，新能源的发展仅处在试运行阶段。特别是新能源使用推广还面临基础设施和配套设施的不完善问题，以 CNG 出租车为例，加气站建设严重不足。在一次能源消费中，天然气所占的比重较低。而天然气属于低碳、清洁的优质能源，提高天然气在化石能源供应结构中的比重，对于减缓碳排放有重要意义。

　　我国化石能源主要集中在陕西、四川、内蒙古、云南、贵州、新疆、甘肃等西部地区，因此，西部地区以高碳基能源为主的能源结构估计在短时期内很难改变（见图 7 – 16、图 7 – 17）。

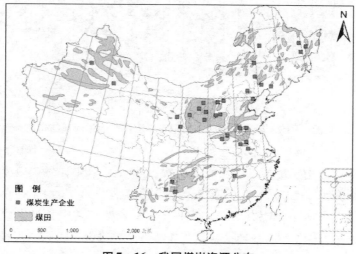

图 7 – 16　我国煤炭资源分布

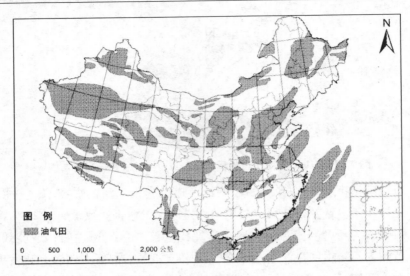

图7-17 我国油气田分布

四 能源消费高度集中,"制造业大布局"将持续推高能源消费总量

生产用能是最主要的能源消费。能源消费高度集中在工业部门是外在的表现形式(见图7-18、图7-19)。

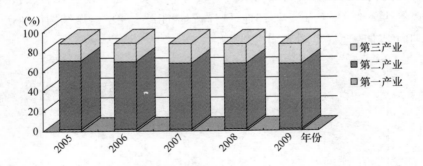

图7-18 2005—2009年南宁市三次产业能源消费结构

2012年,南宁市第二产业能源消费占66%,其中,规模以上工业能源消费总量为527.65万吨标准煤,占能源总消费的41.24%,单位增加值能耗0.8458吨标准煤/万元,同比上升8.28%。其中,规模以上工业的五大高耗能行业综合能源消费量为457万吨标准煤,占全市规模以上工业综合能源消费量的86.6%。五大高耗能行业综合能源消费拉动全市能

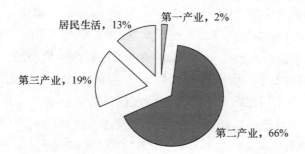

图 7 - 19　2012 年南宁市三次产业能源消费情况

耗上升了 31.44 个百分点；万元工业增加值能耗达 1.8 吨标准煤，是全市规模以上工业单位增加值能耗的 2.1 倍（见表 7 - 8）。

中西部经济发展水平的差异，伴随环境管制强度的加大，东部部分高耗能、高排放的产业部分向财税优惠、生产要素优惠的西部地区转移，西部成为高碳排放产业重要的承接地。我们应该认识到目前西部地区城市的低碳是在一种较低发展水平下的需求消费不足的低碳，随着经济社会的发展，这部分碳排放会因承接东部转移来的高耗能产业，能源消耗将会有一个较高水平的增长期。

表 7 - 8　　　　　　　　　　　五大高耗能行业能耗

	综合能源消费量（万吨标准煤）		占规模以上工业比重（%）		拉动能源消费百分点（%）
	2011 年	2012 年	2011 年	2012 年	
全市规模以上工业企业	527.7	399.5	—	—	—
五大高耗能行业合计	457.2	331.6	86.6	83.0	31.4
电力、热力的生产和供应业	87.7	10.2	16.6	2.5	19.4
农业及副食品加工业	88.2	88.4	16.7	22.1	- 0.1
造纸及纸制品业	48.0	39.1	9.1	9.8	2.2
化学原料及化学制品制造业	52.9	56.0	10.0	14.0	- 0.8
非金属矿物制品业	180.3	137.9	34.2	34.5	10.6

特别是未来"制造业大布局"，将引导和推动工业向冶金、电力、机械设备、化工、建材、酒精、制糖等高耗能高排放行业发展，而这将进一

步增加减排压力。我们还是以南宁市为例，2012 年南宁市工业总产值 2287.90 亿元，工业对经济增长的贡献率为 42.6%。同年，第二产业能源消费占总能源消费比重的 65.29%。实现了经济快速增长的同时也增加了工业能耗，2012 年，南宁市规模以上工业单位增加值能耗同比上升了 8.28%。2012 年第二产业单位增加值能耗是南宁市单位 GDP 平均能耗的 1.9—1.6 倍。伴随一些高耗能项目开工投产，例如国电南宁发电有限责任公司、广西武鸣锦龙建材有限公司等耗能大户陆续投产，五个主要耗能行业的比重由"十一五"末的 81.6% 提高到 86.6%。2012 年 8 家新投产企业新增能耗为 143.3 万吨标准煤，是全市新增能耗总量的 1.2 倍，拉动全市能耗增长 35.9 个百分点。

这种大工业布局的推进，导致西部地区节能降耗持续下降的难度增大。

五　快速城镇化，建筑能耗将进一步助推能源消费总量

我国处于快速城镇化时期，预计到 2020 年城镇化率将达到 70% 左右，而城镇化的重点将是城镇化较低的西部地区。例如广西"十二五"规划提出，到 2015 年广西城镇化率提高 9.4 个百分点（见表 7-9）。

据测算，建筑能耗（包括建造和运行阶段能耗）占社会总能耗比重的 20%—30%。在发达国家这一指标高达 40%，其中建筑运行阶段能耗已占据建筑总生命周期能耗的 80%，所以建筑运行阶段的能耗将是西部城市节能减排工作的重点。特别是城市中大型公共建筑能源浪费现象更加突出。大型公共建筑占城镇建筑总面积不到 4%，但能耗却占城镇建筑总能耗的 20% 以上，其耗电量为 70—300kW·h/m² ·年，为住宅的 10—20 倍。而目前，我国的节能建筑仅占所有建筑中的 3%。

六　交通业将是南宁市未来能源消费增长最快的领域

随着近年来城市化、机动化进程的加快，交通业将是未来能源消费增长最快的领域。自 2001 年以来，南宁市机动车保有量从 53.43 万辆增加到 2010 年的超百万辆，2011 年达 136.07 万辆。助力自行车从 2006 年年底仅约 7 万辆剧增至 2012 年近 70 万辆。南宁市主城区的道路交通拥堵已呈现多方位、多时段蔓延态势，片区性阻塞现象越来越严重。交通业是最大的石油消费部门，交通运输部门排放二氧化碳在过去几年增长得非常快，超过了很多其他领域二氧化碳排放源。因此，南宁市机动车数量逐年上升和交通拥堵日益严重给低碳经济的发展和低碳城市的建设带来了明显压力。

表 7 - 9　　　　　　　　中国各类民用建筑能源消耗水平

民用建筑	电耗			能耗		
	亿千瓦·时	比重（%）	平均（千瓦·时/平方米·年）	吨标准煤	比重（%）	平均（吨标准煤/万平方米·年）
大型公共建筑	500	9.88	125.0	0.18	3.40	440
一般公共建筑	2020	39.92	41.2	0.95	18.30	193
城镇住宅	1500	29.64	15.6	0.79	15.21	82
北方城镇住宅采暖	—	—	—	1.27	24.62	199
长江流域城镇住宅采暖	210	4.15	5.3	0.07	1.43	19
农村住宅	830	16.40	3.5	1.92	37.10	80
城镇民用建筑平均能耗	4230	83.60	16.7	3.26	62.96	129
民用建筑平均能耗	5060	100.00	13.0	5.18	100.00	133

資料来源：王庆一：《可持续能源发展财政和经济政策研究参考资料》，大卫与露茜尔·派克德基金会，2005 年。

七　能源利用效率有待提高

南宁市工业经济发展呈粗放式特点，对能源和资源依赖度较高，单位 GDP 能耗和主要产品能耗均较高（见图 7 - 20）。

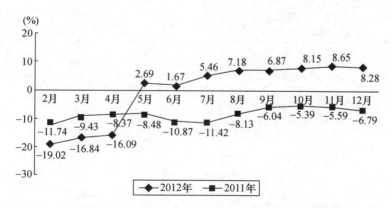

图 7 - 20　2011 年、2012 年南宁市万元工业增加值能耗增长速度
資料来源：南宁市统计局 2013 年。

2012 年 4 月中旬以后万元工业增加值能耗增长速度同比远高于 2011 年同期。2011 年全年每月万元工业增加值能耗增长速度均为负值。2012 年 5 月之前，每月万元工业增加值能耗增长速度环比也均为负值，但自 5

月以来，万元工业增加值能耗增长速度均为正值，意味着万元工业增加值能耗增加，能源利用效率下降。

特别是重工业，2012 年南宁市重工业综合能源消耗量为 347.8 万吨标准煤，占全部规模以上工业企业综合能耗的 2/3。其中，黑色金属冶炼及压延加工业，非金属矿物制品业，造纸及纸制品业，化学原料及化学制品制造业，农副食品加工业，纺织业，木材加工及木、竹藤、棕草制品业 7 个行业大类的总能耗占南宁市全部工业总能耗的 90.8%，而它们在工业产值中的比重仅为 46%，工业增加值比重远小于能耗比重，能耗与产值贡献比例极不合理。因此，就环境资源来说，这些行业的能源投入产出比较低。特别是非金属矿物制品业的能耗占总能耗的 35.0%，而工业产值的比重仅占 7.8%，万元产值能耗达到 5.34 吨标准煤，是南宁市总平均工业增加值能耗的 4.5 倍。

表 7 - 10　　　　2012 年南宁市规模以上工业企业产值能耗情况

工业行业分类	能源消费量 （吨标准煤）	能耗 （吨标准煤/万元）
煤炭开采和洗选业	9	—
黑色金属矿采选业	10561	0.086
有色金属矿采选业	1748	0.093
非金属矿采选业	1625	0.037
农副食品加工业	882312	0.247
食品制造业	51540	0.076
饮料制造业	199179	0.231
烟草制品业	11779	0.018
纺织业	54807	0.149
纺织服装、鞋、帽制造业	866	0.026
皮革、毛皮、羽毛及其制品业	2221	0.022
木材加工及木、竹、藤、棕、草制品业	101224	0.096
家具制造业	1096	0.014
造纸及纸制品业	48299	0.369
印刷业	15796	0.041
文教体育用品制造业	339	0.013

工业行业分类	能源消费量 （吨标准煤）	能耗 （吨标准煤/万元）
石油加工、炼焦及核燃料加工业	90	0.003
化学原料及化学制品制造业	529233	0.317
医药制造业	52685	0.065
橡胶制品业和塑料制品业	39622	0.045
非金属矿物制品业	1802966	1.306
黑色金属冶炼及压延加工业	50024	0.186
有色金属冶炼及压延加工业	28789	0.075
金属制品业	11919	0.023
通用设备制造业	3113	0.013
专用设备制造业	10183	0.013
交通运输设备制造业	1165	0.011
电气机械及器材制造业	9963	0.008
通信设备、计算机及其他电子设备制造业	14174	0.009
仪器仪表及文化、办公用品制造业	696	0.007
其他制造业	2270	0.031
电力、热力的生产和供应业	876683	0.714
燃气生产和供应业	139	0.004
水的生产和供应业	22223	0.262
合计	5276480	0.250

八　新兴战略产业体系尚不完善

产业规模小，整体实力不强；产业链短，配套体系不完善；自主创新能力弱，缺乏核心技术；企业数量少，缺乏龙头企业；领军人才少，人才支撑体系有待完善；体制机制不健全，发展环境有待优化。

第四节　南宁低碳城市建设面临的机遇

一　经济综合实力不断增强

西部大开发战略的累计效应，在过去的 13 年，拉动西部地区经济迅速发展，增强了经济实力。数据显示，自 2007 年起，西部地区主要经济指标增速已连续 6 年超过东部地区和全国平均水平，基本扭转了与其他地区发展差距不断扩大的势头，并成为我国经济增长潜力最大的区域。2012年，西部地区实现生产总值 113915 亿元，增长 12.5%，占全国国内生产总值比重由上年的 19.2% 提高到 19.8%。进出口总额达到 2364 亿美元，增长了 28.5%。地方公共财政收入 12765 亿元，增长了 18.0%。城乡居民收入大幅提高，增长速度与经济发展基本保持同步。

2012 年，启动建设甘肃金川等 19 家矿产资源综合利用示范基地。批复一批煤炭矿区总体规划，新核准煤矿项目的年生产能力达到 2660 万吨。石油天然气产量占全国产量比重进一步提高，鄂尔多斯盆地东缘煤层气产业化基地初具规模，重庆等省（市）煤矿瓦斯抽采量均超过 3 亿立方米，新疆伊犁煤制天然气、内蒙古 10 万吨甜高粱秸秆燃料乙醇等重大项目获得核准，宁夏煤炭间接液化等项目前期工作进展顺利。核准火电项目1205 万千瓦，向家坝等大型水电站投产发电，观音岩等一批大中型水电项目开工建设。核准哈密东南部、酒泉风电基地二期等百万千瓦级风电项目，批复实施吐鲁番新能源微电网示范项目，推进宁夏新能源综合示范区建设。重庆钢铁节能减排环保搬迁等重点项目顺利实施。同时，国家安排战略性新兴产业发展专项资金 6.5 亿元，支持西部地区 100 多个项目建设。西部地区的老工业基地调整改造工作有序推进，25 个地级市和省会城市的 9 个老工业区列入《全国老工业基地调整改造规划（2013—2020年）》。这些都为西部地区战略性新兴产业创造了良好的发展环境。

二　东西部合作不断深化，内陆开发开放全面展开

我国开放发展走的是由沿海向内陆不断扩展延伸的路子，由东向西推进是发展趋势。目前，我国西部大开发成效显示：西部地区承接产业转移速度加快，重庆、四川、云南、陕西、青海、宁夏等省（直辖市、自治区）实际利用外来资金增幅均达两位数，一批电子、汽车、家电、装备制造等大型企业落户西部，广西桂东、重庆沿江、宁夏银川承接产业转移示范区示范效果不断显现。内陆开发开放全面展开。宁夏内陆开放型经济试验区批准设立。中国—马来西亚钦州产业园区等 5 家国家级经济技术开发区和银川、西安高新 2 个综合保税区获得批准，遂宁等 7 个省级开发区升级为国家级开发区，乌鲁木齐、石河子国家级开发区和广西北海出口加工区完成扩区。批准贵阳、南宁、桂林等地口岸签证业务。中哈霍尔果斯国际边境合作中心投入运营，广西东兴、云南瑞丽、内蒙古满洲里重点开发开放试验区建设实施方案获得批准，内蒙古阿尔山公路口岸获准开放。

2013年国务院印发《进一步促进贵州经济社会又好又快发展的若干意见》，批复同意了云南面向西南开放桥头堡、陕甘宁革命老区、呼包银榆经济区、天山北坡经济带等重点区域发展规划，以及乌蒙山、秦巴山等西部5个片区区域发展与扶贫攻坚规划，形成了区域发展互补支撑、优势叠加的格局。

在东部产业结构升级过程中，发生部分产业由东部地区向西部地区转移，西部地区在严格环保标准的前提下，积极承接东部地区产业转移，为东部沿海的产业升级提供了机会，促进了全国的产业结构调整，构建了东中西良性互动局面。

三 新兴战略产业面临重大发展机遇

1. 国家层面。国家新一轮西部大开发战略，推动一系列加快培育发展战略性新兴产业的政策。2013年《国家发改委印发2013年西部大开发工作安排》，提出发展新能源。优化风电、太阳能发电布局，研究哈密风电基地项目规划和哈密、宁夏风电外送技术方案，深入研究酒泉基地风电与黄河上游水电协调运行。加强矿区总体规划管理，合理安排新建、改扩建煤矿项目，鼓励煤矿企业兼并重组和淘汰落后产能，加快煤炭、煤层气、页岩气勘探开发与综合利用。稳步推进大型炼油、煤制燃料和生物燃料项目建设。支持重大能源装备技术改造和国家能源研发中心（实验室）建设；积极推进产业转型升级。在国家产业振兴和技术改造专项资金中安排中西部地区专题，支持优势矿产资源开发利用和民族医药产业发展。中小企业发展等专项资金继续向西部地区倾斜。加强政策引导，化解产能过剩矛盾。加快培育具有区域特色的战略性新兴产业，实施国家重大科技计划和重大科技工程，积极支持新能源、节能环保、新材料、生物产业等领域的技术研发和创新活动。部署一批重大关键技术研发任务，推进科技资源开放共享、科技成果转化、技术产权交易和科技金融发展。强化企业技术创新主体地位，鼓励优势企业牵头实施国家技术创新项目。深入实施知识产权战略。

2. 自治区层面。以我们调研的广西为例，目前广西抢抓机遇着力培育战略性新兴产业，自治区出台的《关于加快培育发展战略性新兴产业的实施意见》明确了思路，《广西国民经济和社会发展第十二个五年规划纲要》及《广西工业和信息化发展"十二五"规划》等也提倡大力发展战略性新兴产业。

3. 南宁市层面。2013 年颁布《南宁市战略性新兴产业发展规划 (2013—2020 年)》提出，到 2015 年，生物、新一代信息技术、新能源、新材料、节能环保、先进装备制造及新能源汽车、海洋、养生长寿健康等战略性新兴产业得到较大发展，生物、新一代信息技术、节能环保等产业率先形成产业规模和竞争优势，南宁国家高技术生物产业基地形成较大产业规模和集聚辐射带动效应，区域性战略性新兴产业基地初步建成，战略性新兴产业实现增加值 280 亿元，约占全市生产总值的 9%。到 2020 年，战略性新兴产业发展成为南宁市的支柱产业，南宁市建设成为西南地区战略性新兴产业的重要增长极，中国—东盟战略性新兴产业合作重要基地。产业集聚规模显著扩大，增加值 760 亿元（见图 7－21、图 7－22）。

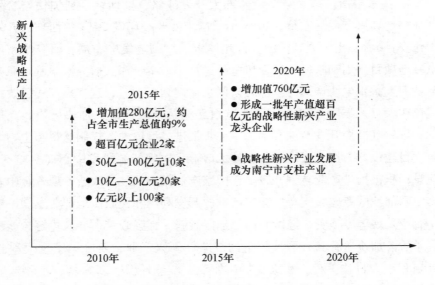

图 7－21 南宁市战略性新兴产业发展规划

4. 碳减排已经上升到国家发展战略层面。"低碳"首次纳入了南宁市国民经济和社会发展五年规划，明确提出积极促进低碳发展。树立低碳发展理念，发展低碳产业，扩大可再生能源利用，加快发展生物质能源；开展低碳经济试点，推进一批低碳交通、低碳建筑、低碳社区、低碳企业示范建设，建设"可再生能源建筑应用示范城市"；强化低碳技术研发储

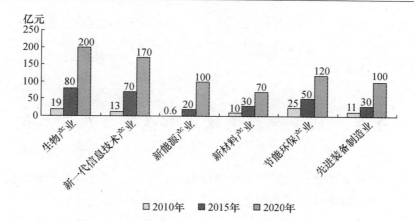

图 7 – 22　2010—2020 年南宁市战略性新兴产业发展规划

注：增加值包括与战略性新兴产业关联性较大的相关产业的增加值

资料来源：《南宁市战略性新兴产业发展规划》。

备，积极推进零碳和低碳技术研发及应用；倡导绿色消费。为低碳经济的发展奠定了坚实基础，为全面部署未来 5 年南宁市控制碳排放的各项工作任务和重大举措指明了方向。从"十一五"期间强调节能降耗，到"十二五"提出碳减排，反映了市委市政府对必须走低碳发展之路的认识提到了较高的高度。

四　低碳发展提升到经济发展战略层面

低碳试点已经基本在全国全面铺开。国家发改委于 2010 年 7 月 19 日下发了《关于开展低碳省区和低碳城市试点工作的通知》，又于 2012 年 11 月 26 日下发了《国家发展和改革委员会关于开展第二批低碳省区和低碳城市试点工作的通知》。截至目前，我国已确定了 6 个省区低碳试点，36 个低碳试点城市，至今大陆 31 个省（直辖市、自治区）当中除湖南、宁夏、西藏和青海以外，每个地区至少有一个低碳试点城市。低碳试点已经基本在全国全面铺开。特别是我国《国民经济与社会发展十二五规划》明确提出，"十二五"期间单位 GDP 能耗要降低 16%，单位 GDP 二氧化碳排放要降低 17%，提高经济增长的质量，通过这些措施在"十二五"期间经济发展的同时要节能 6.7 亿吨标准煤。2015 年非化石能源占能源消费总量的比重提高到 11.4%。增加森林碳汇，2015 年森林覆盖率提高到 21.66%，森林蓄积量要增加 6 亿立方米。

广西、陕西、甘肃等经济欠发达的西部地区均将低碳经济发展纳入到经济发展战略层面。这些发展目标及举措将为西部地区低碳城市建设发展创造良好的发展机遇。

第五节　南宁加强低碳城市建设的几点建议

控制碳排放的重点领域及其政策措施是：第一，强化源头控制，优化产业结构和能源结构，以及对重点行业进行能源节约和提高能源效率；第二，重视末端控制，通过实施林业建设等措施增强碳汇，减少南宁市的净碳排放量；第三，实施过程监管和指导，建立促进碳减排的政策法规体系；第四，调动全社会参与的积极性。

一　内"修"外"控"，加快形成低碳经济发展长效机制

内修"基本功"，一方面要坚持把产业转型升级作为低碳化经济转型的战略重点。鼓励企业采用节能、降耗、减污的高效新工艺新设备提升传统优势制造业。重点发展洁净煤高效洁净燃烧和先进发电技术；重点研发新一代可循环钢铁流程，发展电炉炼钢节能技术；开展系统节能降耗装备技术及余热余压利用技术研究；发展新型水泥窑外分解技术和余热利用技术，推广玻璃浮法工艺，研发玻璃行业节能等技术。坚持把产业转型升级作为低碳化经济转型的战略重点。另一方面要淘汰落后产能，坚定不移地完成对落后产能的关、停、转、兼并、重组工作。通过"内修"切实降低万元 GDP 能耗水平，提高能源综合利用效率。

严控产业承接"入口"，避免西部地区成为"污染天堂"。西部城市未来作为承接的东部产业转移地区，产业承接导致的碳排放是未来其减排压力的重点。因此，要有选择地承接东部产业转移，甄别和避免承接东部转移淘汰的高耗能、高排放产业。依法严格控制新建高耗能、高污染项目。严把土地、信贷两个关口，提高节能环保市场准入门槛。按照"区别对待、有保有压"的用地原则，进一步加强建设项目用地预审，严把项目准入关。对于科技含量高、耗能小、无污染、经济效益好的项目，积极保障其用地需求；对于限制类的能耗高、污染大的项目，凡未达到规定条件的项目坚决不予通过项目用地预审和不予供地，其他项目必须经过充分论证，对没有经过充分论证、可上可不上的项目坚决不予供地，金融机

构不予贷款。同时要充分利用国家已有的颁发生产许可证等切实有效的措施，强制淘汰单耗高的企业和落后设备工艺。

二　总量控制，目标分解，定位重点节能减排行业，锁定重点减排企业

低碳城市的建设应在碳排放总量控制基础上，层层分解节能减排目标。建议将节能减排计划纳入国民经济和社会发展年度计划，每年年初下达年度节能减排计划，细化各行业的减排目标、工作任务重点、考核指标，有效建立跟踪减排进度，对不能按时完成减排任务的企业，实行奖惩分明的财税政策。考虑西部城市对高耗能产业转移的承接，应定位工业领域为节能减排的主战场，同时深度挖掘建筑、公共机构、交通运输等领域的节能减排潜力。

建设"可再生能源在建筑中利用"示范城市，推动可再生能源在城市建筑领域大规模应用。新开工的工程，建筑面积10000平方米以上并使用中央空调的公共建筑和机关办公建筑，建筑面积50000平方米以上的建筑群，12层以下的居住建筑，应合理采用浅层地热能技术或太阳能热水系统与建筑一体化应用技术。设计时要有利用可再生能源的专项设计，不能利用可再生能源的要在节能专篇中做出特别解释。规划部门在审批新建建筑时，要严格控制高能耗玻璃幕墙应用和过大的共享空间设计，尤其是政府部门和公共建筑，更应从严审批。对居民建筑的节能改造，要解决配套资金。对于新建的建筑，必须全过程监管建筑的立项、设计、施工、验收和使用等环节，杜绝节能不达标工程。

加强重点公路工程建设项目和大型运输企业的能耗管理和节能监测。加快运营车辆结构调整，加大淘汰高耗能、高污染老旧汽车的力度，鼓励使用低能耗、低污染、小排量、新动力汽车。实施对新购节能环保型小排量汽车的优惠政策，并取消对节能环保型小排量汽车的歧视性政策规定。加快建设交通信息系统，提高汽车运营的组织和管理水平，降低车辆空驶率。高度重视优先发展城市公共交通，科学编制与城市综合交通规划相衔接的城市公共交通专项规划，加快城市公共交通基础设施建设步伐，完善公共交通网络，实现无缝隙公共交通服务，促使选择公共交通工具出行成为第一选择。

三　在有条件的地区，推广应用可再生能源，继续优化能源结构

推进西部地区低碳城市建设的最有效、长效的做法是推进太阳能、风能、生物质能、浅层地热能等新能源的开发和应用，提高非化石能源使用比重。

1. 太阳能。利用国家可再生能源建筑应用专项资金，鼓励和引导太阳能光电、光热利用与建筑一体化发展，重点在热能消耗大、占地面积大的政府建筑、商业建筑上推广安装太阳能热水器，提高太阳能在建筑领域的应用比例；在有条件的城市和住宅小区建设自发自用的太阳能发电工程，组织推广太阳能光伏路灯照明、交通指挥灯及光伏景观工程；在农村推广户用太阳能热水器、太阳房和太阳灶，为农村提供清洁的生活能源，在农村集中建设的农村新居、学校实施建设太阳能集中热水供应工程。

对达到一定规模面积的建筑要求其必须至少选择一种可再生能源进行建筑规模化应用。重点推动太阳能与建筑一体化热水系统、浅层地热能热水（空调）系统、太阳能屋顶并网发电、建筑一体化并网发电和地面光伏并网电站工程。加强太阳能光电照明系统在城市道路、亮化工程和交通智能设施中的推广应用。

2. 风能。西部地区应充分发挥风电产业发展基础和优势，加快风电项目建设，逐步提高风电在电力总装机中的比例。对于已规划的适宜集中大规模开发的风能资源区域要集中开发，统筹建设，鼓励多个风电企业在同一规划风场内建设风电项目，积极推动单个风电场开发规模化，发挥规模效益，提高资源利用效率。鼓励风电企业在现有规划风场外进行测风，在翔实测风资料和充分科学论证基础上，做好风电建设项目前期工作和项目储备。

3. 生物质能。目前生物质能技术发展比较成熟，我国应积极借鉴巴西、美国等国家的经验，在有条件的西部地区加快推进生物质能产业规模化发展，重点研制生物质直燃和掺烧发电、秸秆发电、垃圾发电和沼气发电等发电机组，加快推进秸秆直燃锅炉、生物质循环流化床、气化炉及系统等发电机组和关键部件的研发与产业化，建成一批各具特色的生物质能应用示范基地和示范区，形成完善的产业体系和规模生产能力。

四　注重财税政策引导，加大资金政策性倾斜

对重点领域安排节能减排专项资金。建议安排专项资金支持重点行业企业开展节能减排工作。（1）加大财政资金投入：建立完善节能减排财政投入稳定增长机制；重大节能减排工程项目、重大节能减排技术开发示范项目，安排节能减排专项资金给予投资、资金补助或贷款贴息支持。安排专项资金对淘汰（关停）企业给予补贴，支持公共机构开展合同能源管理。（2）加强金融信贷支持：鼓励和引导政策性金融机构和商业银行加大对节能减排项目的信贷支持，拓宽节能减排技改项目贷款渠道，实行企业节能减排成效与企业信用等级评定、贷款联动机制。（3）广泛纳入社会融资：改革以政府投资为主的基础设施投融资体制，以多种方式、多种渠道筹集资金，吸引社会资本与政府投资共同发挥作用，鼓励担保机构对节能减排项目进行投资担保，确保节能减排重点项目的实施。

五　推动生态园区建设，发展循环经济

1. 推进工业园区的生态化建设，按照循环经济理念调整改造已建工业园区和建设新工业园区，形成生态工业群体，形成企业共生和代谢的生态网络。生态工业示范园区建设必须以循环工业模式为目标，形成以能耗低、污染少、投资密度大、效益好的资源节约、清洁生产、综合利用深加工、高新技术产业和工业生态链企业为主体的产业集群。实施企业生态化战略，创建一批高标准、规范化的循环经济型企业。

2. 发展循环经济，要以节能、节水、节材，减少主要污染物排放为目标，依靠技术创新与技术进步为支撑，通过资源节约、综合利用、清洁生产和资源再生利用四方面的途径，以重点行业、工业园区、重点企业循环经济典型示范，以点带面地指导和推动建材、造纸、化工等高耗能、高排放行业循环经济的发展。

六　重视末端控制，发展森林碳汇

实施一批森林城市标志性工程和自然保护区、森林公园、绿色通道等工程建设。以生态脆弱性、生态影响重要性以及自然地理生态景观特色为治理重点，确立封育和治理边界，采用全封、禁采禁挖及生物措施恢复森林植被。强化周边地区发展和使用沼气等生态能源的扶持力度，提高补贴的相对比例。建立公益林森林保育和建设投资机制，落实公益林森林保育和建设资金，加快确立公益林森林生态效益补偿基金制度，明确分类补偿；建立公益林信息管理系统，推行公益林森林生态系统定位监测，制定评估和评价方法，加快探索和试行公益林森林生态服务功能评价和生态效益评估。

七　加大宣传力度，发动全民参与低碳城市建设

组织企事业单位、机关、学校、社区等开展经常性的节能环保宣传，广泛开展节能环保科普宣传活动。组织编制各行业节能减排知识手册，推行节能减排科普行动计划。让节能环保成为全社会的主流意识，使节约环保成为全体公民的自觉行动。

开展经常性的节能减排培训教育、技术和经验交流工作,提高各行业的节能减排意识、业务水平和操作技能。同时,低碳城市建设要充分发挥新闻媒体的舆论宣传和监督作用,宣传、报道节能减排的严峻形势和法律法规、政策。组织新闻媒体对节能减排典型事例进行宣传报道,对能耗高、污染大的案例进行曝光。

八 切实加强组织领导,完善考核机制

坚持把节能减排作为一项重要工作推进。建立以市长为组长、分管副市长为副组长、相关部门负责人为成员的节能减排工作领导小组。定期召开减排工作会议,分析减排形势,部署减排工作。加强督察考核,把节能减排作为市委、市政府目标考核和工作督察的重要内容,对各级各部门、企(事)业单位及相关人员提出严格的考核措施。

第八章　鄂尔多斯市发展低碳经济的现状与问题研究

　　为了应对全球气候变化的问题，2003年英国政府发表能源白皮书《我们未来的能源：创建低碳经济》，最早提出了低碳经济的概念。低碳经济这一新型的绿色的经济发展形式，已逐渐成为世界各国在全球气候变暖、资源濒临枯竭等环境问题背景下的共同选择，已成为未来经济发展的主要趋势。

　　鄂尔多斯市作为中国西部重要的资源型城市①，能源经济的发展在其经济发展中占据相当大的比重。煤炭产业对全市地区生产总值贡献率在60%以上，火电装机占全市装机容量的96%，工业产品大多以煤炭为原材料。凭借着最具优势的煤炭资源，依赖于煤炭工业的突飞猛进，鄂尔多斯市实现了由穷到富的资源型城市的跨越式发展，引领着内蒙古自治区经济的发展，并出现了众多专家学者所研究的"鄂尔多斯现象"、"鄂尔多斯模式"。经过十多年的飞速发展，鄂尔多斯市由一个在2000年全市地区生产总值（GDP）150.1亿元、财政收入15.7亿元、城镇居民人均可支配收入5502元的内蒙古自治区的经济落后贫困的地区之一，发展成为2012年全市地区生产总值（GDP）达到3656.8亿元、财政收入820亿元、城镇居民人均可支配收入达到33140元的内蒙古自治区经济发展最为活跃的地区之一。

　　然而，鄂尔多斯市依赖丰富的资源尤其是煤炭资源使经济突飞猛进发展的同时，这种过多地依赖资源和资本的经济增长方式产生的经济发展不充分、不平衡的问题凸显，地区产业结构单一，非资源型产业、现代服务业等发展滞后的问题也更加明显。同时，煤炭的大规模开采，产生了产品

---

　　① 本章所指资源型城市是指该城市经济的发展主要依托自然资源的开采和加工，资源型产业在其经济发展中起主导作用的一类城市。

附加值较低、能源消耗高、环境污染重、二氧化碳等气体排放较大等问题，能源安全问题和环境问题也日益突出。

针对这些问题，近年来，鄂尔多斯市已经在发展低碳经济，降低经济的碳强度，提高资源的利用效率，推进经济结构的转型升级等方面采取了一系列重要举措，有效地推动了地区经济的绿色、可持续发展。

第一节　鄂尔多斯市低碳经济发展现状及问题

一　鄂尔多斯市概况

鄂尔多斯市是由原内蒙古伊克昭盟撤盟设市，位于内蒙古自治区西南部的地级市。鄂尔多斯市地处黄河中上游的鄂尔多斯高原腹地，由黄河"几"字湾在西、北、东三面环绕，东与山西、南与陕西、西与宁夏接壤，北与草原钢城包头，东北与内蒙古自治区首府呼和浩特形成了内蒙古自治区经济发展的金三角地带。鄂尔多斯市东西长约 400 公里，南北宽约 340 公里，总面积 86752 平方公里，全市现辖 7 旗 2 区，截至 2012 年末常住人口 200.42 万。①

"鄂尔多斯"汉语意为"众多的宫殿"，正如它的名字一样，鄂尔多斯资源富足，是我国资源最富集的地区之一，以"羊煤土气"闻名海外，即拥有丰富的羊绒、煤炭、高岭土、杭锦 2 号土和黏土等以及天然气资源。

鄂尔多斯得天独厚的气候条件，有利于鄂尔多斯特有的阿尔巴斯白山羊的生长，这种山羊绒肉兼用，以羊绒纤维细长闻名于世，被牧民们称为草原上的珍珠，被列为全国 20 个优良品种之一。阿尔巴斯白山羊产出的羊绒净绒率高、梳绒量大、洁白柔软，是山羊绒中的佼佼者，有"纤维钻石"、"绒中之王"、"白色金子"、"软黄金"的美誉，在国际上享有"开司米"绒的美称。鄂尔多斯市凭借其优质的羊绒资源，已经成为中国绒城，世界羊绒产业中心，羊绒制品产量约占全国的 1/3，世界的 1/4。

鄂尔多斯以其丰富的矿产资源，享有"二十一世纪中国能源接续地"、"中国矿车上的城市"等美誉。鄂尔多斯市目前已经发现并具有

① 鄂尔多斯在线——鄂尔多斯市人民政府网站，http://www.ordos.gov.cn。

工业开采价值的重要矿产资源有 12 类 35 种，拥有煤炭、天然气、天然碱、石灰石、高岭土等各类矿藏 50 多种。据统计，鄂尔多斯市不包括天然气在内的 27 种主要矿产资源的潜在经济价值达 7 万亿元以上，占内蒙古自治区矿产资源总潜在经济价值的 52% 以上[①]。鄂尔多斯市的煤炭资源尤为丰富，全市含煤面积约占全市国土总面积的 80% 以上，已探明煤炭资源储量 1676 亿吨，占内蒙古自治区煤炭资源已探明储量的 1/2，占全国煤炭资源已探明储量的 1/6[②]。鄂尔多斯市煤炭资源预测远景储量将达到 10000 亿吨[③]，有"地下煤海"之称。鄂尔多斯市的煤炭资源具有储量众多、分布广泛、煤质优良、品种齐全、埋藏浅、垂直厚度深、瓦斯含量少、地质条件简单、易于开采等特点，可做优质动力煤和化工用煤，适宜兴建大型、特大型矿井，鄂尔多斯市是我国原煤生产大市，煤炭工业已经成为鄂尔多斯市经济发展的支柱产业。

鄂尔多斯市拥有丰富的天然气资源，已探明储量为 7504 亿立方米，约占全国已探明储量的 1/3[④]，并拥有国内储量最大的世界级整装气田——苏里格气田。此外，鄂尔多斯市拥有优质芒硝、石膏、天然碱、石灰石等丰富的非金属矿物质资源。

作为中国西部典型的资源型城市，鄂尔多斯市凭借其优质的矿产资源，由 20 世纪七八十年代内蒙古最贫困和落后的地区之一，以惊人的速度发展成为中国西部经济最为活跃的地区之一，人均 GDP 一度超过北京、上海、广州等经济发达城市。

二　鄂尔多斯市经济发展基本状况

改革开放之初，鄂尔多斯市（原伊克昭盟）是内蒙古自治区经济最为落后的地区之一。1978 年，鄂尔多斯市的主要经济指标位居内蒙古自治区的后三位，地区生产总值仅有 3.4 亿元，财政收入仅 1900 万元。改革开放以来，随着我国国民经济的高速发展，国内城市化进程加快，人民生活水平迅速提升，使内对能源、原材料等的需求大幅增加，这给能源资源富集的鄂尔多斯带来了巨大的发展机遇，特别是 2000—2012 年的十多年间，得益于国内煤炭需求的大幅增加，鄂尔多斯经济更是飞速发展，

---

① 云光中：《资源型城市产业发展新模式研究》，武汉理工大学，博士论文，2012 年。
② 鄂尔多斯市煤炭局网站，http：//www.ordosmt.gov.cn/2012gb/xxgk1/emgk/。
③ 鄂尔多斯在线——鄂尔多斯市人民政府网站，http：//www.ordos.gov.cn/zjordos/zrzy/。
④ 鄂尔多斯市煤炭局网站，http：//www.ordosmt.gov.cn/2012gb/xxgk1/emgk/。

一跃成为内蒙古自治区最为富裕的地区之一。1978 年，鄂尔多斯市煤炭产量仅为 219.3 万吨①，而 2000—2012 年，鄂尔多斯市煤炭产量迅速提升，如图 8 - 1 所示，2000 年鄂尔多斯市煤炭企业共生产煤炭 2679 万吨，2012 年，鄂尔多斯市煤炭产量 63938 万吨，是 1978 年产量的 292 倍，2000 年产量的近 24 倍，约占全国煤炭总产量 36.6 亿吨的 17.5%，占内蒙古自治区煤炭总产量 10.6 亿吨的 60.3%，2003 年以来，鄂尔多斯市原煤产量已超过山西省大同市，煤炭产量居全国产煤地级市之首。

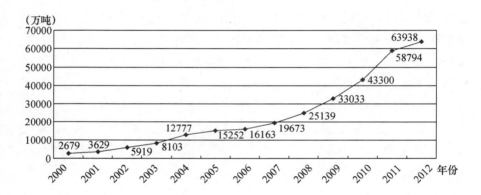

图 8 - 1　2000—2012 年鄂尔多斯市煤炭产量

资料来源：根据鄂尔多斯市煤炭局网站（http：//www.ordosmt.gov.cn/）有关数据绘制。

　　煤炭工业的发展，带动着鄂尔多斯市整体经济的发展。以 2005—2012 年规模以上工业行业增加值②为例（如表 8 - 1 所示），以煤炭工业为主，此外包括纺织业，石油加工及炼焦化，化学原料及化学制品业，非金属矿物制品业，电力、蒸气、热水的生产和供应业，黑色金属冶炼，燃气生产和供应业八大产业的工业增加值已由 2005 年的 192.77 亿元增加到 2012 年的 1968.21 亿元，占 2005 年全部工业增加值 246.8 亿元的 78.1%，2012 年全部工业增加值 1971.68 亿元的 99.8%。其中，煤炭工业的比重逐年上升，煤炭工业增加值由 2005 年的 93.4 亿元发展到 2012 年的 1404.25 亿元，分别占全部工业增加值的 37.8% 和 71.2%，形成了"一煤独大"的局面。

---

① 鄂尔多斯市煤炭局网站，http：//www.ordosmt.gov.cn/。
② 规模以上工业企业是指年主营业务收入 2000 万元及以上的全部法人工业企业。

此外，随着整体经济水平的提高，鄂尔多斯市逐步形成了汽车制造业、装备制造业和农副食品加工业等发展稳定，且具有一定发展潜力的产业，这些产业在发展的同时，带动了鄂尔多斯其他产业的发展，有力地支撑了鄂尔多斯市工业经济的稳定发展。

表 8－1　　2005—2012 年鄂尔多斯市规模以上工业主要行业增加值

单位：亿元

行业 ＼ 年份	2005	2006	2007	2008	2009	2010	2011	2012
煤炭行业	93.4	153.0	246.1	441.4	626.1	807.79	1206.4	1404.25
纺织行业	22.0	24.1	24.4	20.4	22.3	24.39	20.9	18.16
石油加工及炼焦化	11.2	10.2	11.3	26.8	43.2	44.02	43.7	47.90
化学原料及化学制品业	11.1	11.9	31.9	42.0	68.0	26.78	46.8	52.37
非金属矿物制品业	11.42	11.6	17.1	20.1	30.1	13.76	18.2	13.49
电力、蒸气、热水的生产和供应业	24.8	45.3	57.9	73.9	83.5	85.94	97.7	104.34
黑色金属冶炼	7.75	19.9	25.4	27.5	23.9	5.87	6.7	6.26
燃气生产和供应业	11.1	19.5	26.6	55.2	84.0	84.08	253.3	321.44

资料来源：根据鄂尔多斯在线——鄂尔多斯市人民政府网站（http：//www. ordos. gov. cn）有关数据编制。

凭借最具优势的煤炭资源，依赖于煤炭工业的突飞猛进，鄂尔多斯市实现了由穷到富的资源型城市的跨越式发展。由 2000 年鄂尔多斯市地区生产总值 150.1 亿元、财政收入 15.7 亿元、城镇居民可支配收入 5502 元，发展到 2012 年鄂尔多斯市地区生产总值 3656.8 亿元、财政收入 820 亿元、城镇居民可支配收入 33140 元，分别较 2000 年增长 24.4 倍、52.2 倍和 6 倍（如图 8－2、图 8－3、图 8－4 所示）。经济的飞速发展，使鄂尔多斯成为近十年中国经济发展最快的城市之一。按照鄂尔多斯市 2012 年年末常住人口 200.42 万人计算，2012 年鄂尔多斯市人均 GDP 为 182457 元，位居全国前列。

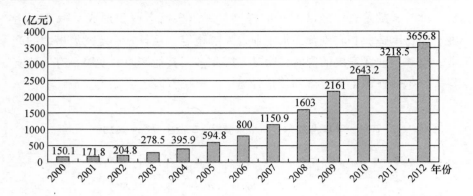

图 8 - 2   2000—2012 年鄂尔多斯地区生产总值

资料来源：根据鄂尔多斯在线——鄂尔多斯市人民政府网站（http：//www. ordos. gov. cn）有关数据绘制。

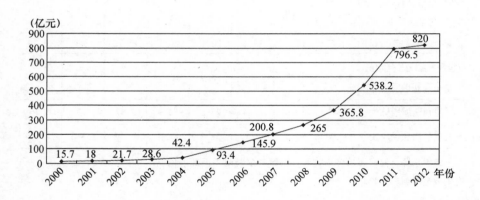

图 8 - 3   2000—2012 年鄂尔多斯市财政收入

资料来源：根据鄂尔多斯在线——鄂尔多斯市人民政府网站（http：//www. ordos. gov. cn）有关数据绘制。

丰富优质的煤炭资源，推动了鄂尔多斯市工业经济的迅速发展。2012 年鄂尔多斯市第一产业实现增加值 90. 14 亿元，同比增长 3. 6%。第二产业实现增加值 2213. 13 亿元，增长 15. 4%，其中，工业完成增加值 1971. 68 亿元，增长 15. 6%。工业增加值中煤炭行业增加值 1404. 25 亿元，占鄂尔多斯市第二产业增加值的 63. 45%。第三产业完成增加值 1353. 53 亿元，增长 9. 8%。第一产业对 GDP 的贡献率为 1. 6%，第二产

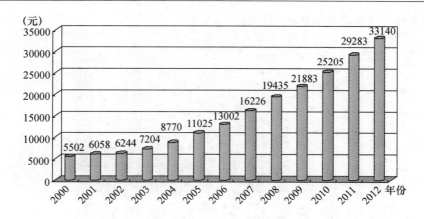

图 8 - 4　2000—2012 年鄂尔多斯市城镇居民人均可支配收入

资料来源：根据鄂尔多斯在线——鄂尔多斯市人民政府网站（http：//www. ordos. gov. cn）有关数据绘制。

业对 GDP 的贡献率为 63.8%，第三产业对 GDP 的贡献率为 34.6%。[①] 鄂尔多斯的三次产业在地区生产总值中的比重由 2000 年的 16.2：59.6：24.2 发展为 2012 年的 2.5：60.5：37。由 2000—2012 年鄂尔多斯市三次产业占地区生产总值的比重的情况可以看出（如图 8-2 所示），第二产业在鄂尔多斯地区生产总值中占据较大比重，第一产业的比重呈现下降趋势。

三　鄂尔多斯市经济发展过程中存在的若干问题

鄂尔多斯市经济的快速发展过多地依赖资源，尤其是煤炭资源，这使鄂尔多斯市经济发展过程中出现了经济发展不充分、不平衡，地区产业结构单一，非资源型产业、现代服务业等发展滞后的问题。同时，由于煤炭的大规模开采，对环境造成了较大的破坏，能源安全问题日益突出。

第一，产业结构单一，附加值较低，能源消耗较高。鄂尔多斯市的工业起步较晚，基础薄弱且大多处于产业链的上游，工业经济的发展主要依靠能源的开发和初级加工利用，附加值较低，产业结构内部存在门类较少，结构单一且不够合理，非资源型产业发展滞后等问题。此外，作为国内重要的能源基地，鄂尔多斯市致力于打造成为国内能源重化工基地，将建设煤化工、天然气化工、氯碱化工等项目，必然导致全市能源消耗的大

---

① 《鄂尔多斯市 2012 年国民经济和社会发展统计公报》，http：//www. ordostj. gov. cn/TJGB/。

幅增加，节能降耗形势不容乐观。

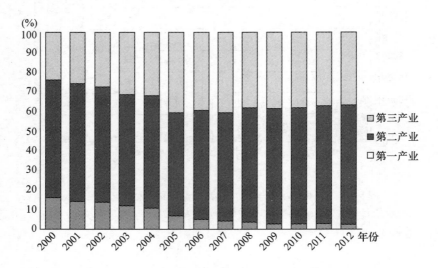

图 8 – 5　2000—2012 年鄂尔多斯市三次产业占地区生产总值比重

资料来源：根据鄂尔多斯在线——鄂尔多斯市人民政府网站（http：//www. ordos. gov. cn）有关数据绘制。

　　第二，煤炭大量开采，资源浪费严重，能源安全问题突出。鄂尔多斯市能源产业在全部工业中的比重占据绝大多数，鄂尔多斯工业经济的快速发展主要依托鄂尔多斯地区丰富的资源。鄂尔多斯市经济快速发展的过程中，伴随着煤炭的大量开采，能源的高消耗。此外，煤炭经济的快速发展，产生了大量的小煤矿，这些煤炭开发企业生产设备较落后，开采过程中资源浪费严重，一方面造成了煤炭资源利用效率的降低，另一方面由于煤炭开采需要消耗大量的水资源，采煤过程中也造成了水资源的极大浪费，鄂尔多斯每年因采煤而损失的水资源量已达到 1. 31 亿立方米。由于煤炭资源是不可再生资源，如果不提高煤炭资源的利用效率，鄂尔多斯市的这种依赖资源发展的工业经济将不可持续，可能会面临矿竭城衰的危险。

　　第三，资源型经济的快速发展，城镇化建设的推进，产生了严重的地质和环境问题。鄂尔多斯市以煤炭为主的资源禀赋，决定了鄂尔多斯市产业结构中能源工业占主要地位。然而，鄂尔多斯市依靠煤炭资源获得的工业经济高速发展的同时，必然对鄂尔多斯市的资源和环境造成影响，经济发展伴随着环境的结构性污染。一方面，煤炭资源的长期开采，使鄂尔多斯采煤区及周边环境恶化，采煤区地表塌陷、地下水位下降等地质问题严峻，并出现土地干旱、植被破坏、人畜饮水困难等问题。全市采空塌陷区面积已达120平方公里，有空顶2000万平方米，火区面积87平方公里，并且每年以3%的速度在蔓延和扩大。① 另一方面，以煤为主的产业结构，以及煤炭、电力、化工等污染相对严重的产业在鄂尔多斯未来发展中仍将占较大比重，使得鄂尔多斯市二氧化碳、二氧化硫等废弃物的排放量相对较大且将会呈增长态势。

四　鄂尔多斯市经济发展特点

第一，鄂尔多斯市的工业以煤炭、炼焦、电力等行业为主，这些行业企业在基础设施、机器设备、大件耐用消费品、资金技术等方面的前期投入较大，设备的使用年限较长，不易废弃。这种特点使得企业转型、退出承担巨大的转移成本，因此，这些企业不会轻易转型。这就导致了鄂尔多斯市的工业企业对这些煤炭、炼焦、电力等行业的深度依赖，鄂尔多斯市经济的发展在较长的时期都将依托自然资源的开采和加工，资源型产业在其经济发展中起主导作用。

第二，鄂尔多斯市以煤为主的经济结构，决定了鄂尔多斯市经济发展具有碳关联度高、能源生产和消费含碳高的高碳产业特征。从产业结构方面来讲，煤炭产业在全市工业结构中占相当大的比重，对全市地区生产总值贡献率在60%以上，火电装机在全市装机容量中的比重过高，占全市装机容量的96%。可以看出，鄂尔多斯市的产业结构具有明显的高碳排放的特征。从工业产品结构方面来看，工业产品大多以煤炭为原材料，深加工程度较低，产品附加值不高，能源消耗量大，环境污染严重，二氧化碳等气体排放较大。从能源的生产和消费方面来看，煤炭在能源生产和消费总量中占有绝大比例，而石油、天然气、水能、风能、太阳能等低碳或无碳能源的占比不足，导致鄂尔多斯市能源生产和消费的含碳水平高。

第三，能源、化工产业在鄂尔多斯市未来经济发展过程中仍将占主导地位，使得鄂尔多斯市化学需氧量、氨氮、二氧化硫、氮氧化物排放量将呈增长态势，经济发展过程中长期积累的环境问题将会逐渐显现，突发环境事件将呈增多态势。

---

① 云光中：《资源型城市产业发展新模式研究》，武汉理工大学，博士论文，2012年。

鄂尔多斯经济发展的特点是导致鄂尔多斯市在经济发展过程中出现地区产业结构单一，发展不平衡，能源消耗较高，环境污染重等问题的根本原因。发展低碳经济是鄂尔多斯市这种资源型城市改变传统经济发展模式，提高资源利用效率，解决资源型经济发展与环境保护之间的矛盾，实现经济的可持续发展的必然要求和选择。

第二节　鄂尔多斯市推动低碳经济发展的举措

低碳经济追求经济的绿色增长和可持续发展，是一种倡导通过产业转型发展低碳产业、技术革新发展低碳技术、制度创新以及人类生存和发展观念的根本性转变发展低碳生活等措施，实现能源的清洁高效利用，以减少温室气体排放，从而达到经济社会发展与生态环境保护双赢的一种经济发展模式。在低碳经济的驱动下，地区经济尤其是资源型城市经济的发展要摒弃以往先污染后治理、先低端后高端、先粗放后集约的发展模式，一方面要积极调整产业结构，提高能源的利用效率，建设和发展新型低碳产业，另一方面要积极承担保护生态环境的责任，减少污染排放，实现经济和社会的可持续发展。

鄂尔多斯市的经济发展，主要依靠煤炭、电力等高耗能、高排放产业的发展，因此，实现鄂尔多斯市经济增长和环境的协调发展，将鄂尔多斯市的经济增长方式由粗放型、资源型、不可再生型经济向集约型、科技型、循环型经济转变，要大力推动低碳经济的发展，努力实现能源清洁高效利用、降低碳污染排放。

鄂尔多斯市坚持以科学发展观为指导，倡导经济的发展要依靠资源但不依赖资源的理念，针对经济发展过程中存在的能源消耗及废弃物排放水平高等问题，在调整产业结构，转变经济增长方式，切实改变"一煤独大"的局面等方面采取了一系列行之有效的措施，有效推动了地区经济的绿色、可持续发展。

一　调整产业结构，转变经济增长方式，着力发展新型低碳产业

单位产出的能源消耗及其废弃物的排放水平是衡量低碳发展的主要指标。发展低碳经济首先要适时调整产业结构，转变经济增长方式，以降低产业的能源消耗量，减少碳排放量，在实现产业低碳化的同时发展新型低

碳产业。

1. 调整产业结构,加快结构转型,大力推进非资源型产业重大项目建设,打造多元化发展的现代产业体系

鄂尔多斯市大力推进装备制造、电子信息、陶瓷等非煤产业的快速成长,积极发展煤炭、化工机械和风力发电设备的制造,引进建设汽车制造、能源装备制造、电子产品制造等主导产业高端装备制造业项目,构筑非资源产业集群,多元发展的产业体系初步建立,结构调整迈出重要步伐。

鄂尔多斯市将装备制造业作为非资源型产业项目建设的重点,着力打造装备制造业集群发展平台。作为鄂尔多斯市发展非资源型产业、推动地区产业转型升级的一个重要平台和窗口,2007 年鄂尔多斯市开始发展装备制造产业,经过 6 年的发展,鄂尔多斯装备制造基地产业发展平台日趋完善。鄂尔多斯装备制造基地基础设施建设累计完成投资 83 亿元,建成区已达 50 平方公里。目前,鄂尔多斯装备制造基地已引进项目 79 个,协议总投资超过 2285 亿元。初步形成了以奇瑞汽车、中兴特汽、精功恒信、重卡汽车为龙头的汽车制造业,以新兴重工能源装备制造、久和风力发电整机制造为龙头的能源装备制造产业,以京东方液晶显示器、荣泰光电为龙头的电子产品制造业。

鄂尔多斯市大力发展生态农牧业、生态旅游业等生态产业,实现了生态恢复与经济发展的双赢。鄂尔多斯市通过改善农牧业生产条件,调整农牧业结构,建设农牧业基地,提高农牧业综合生产能力,大力发展现代生态农牧业。此外,鄂尔多斯市依托沙漠资源,种植沙柳、沙棘、野生甘草等适合沙漠种植并有经济价值的植物发展沙产业,沙棘、沙柳又可以制成刨花板、纸、生物药品等产品,使鄂尔多斯市在发展沙产业的同时,较好地发展了沙漠生物的后续产业链。鄂尔多斯市利用其草原、沙漠等自然资源,进行生态旅游开发,大力发展生态旅游业,已形成多个国家 AAAA 级旅游景区。

2. 依托内蒙古自治区沿黄沿线经济带建设,加快产业园区建设,提高产业集中度,增强辐射带动能力

鄂尔多斯市鼓励和支持优势企业通过联合兼并、控股经营等方式全面整合资源,形成产业链和产业集群,并大力推进园区基础设施建设,实现各类配套设施集约高效利用,激发园区发展活力。目前已建成鄂尔多斯市高新技术产业园、鄂尔多斯江苏工业园、康巴什产业园、大路煤电铝产业

园、杭锦旗金泰工业园等园区，成为支撑鄂尔多斯市产业转型发展的新平台。

3. 在调整现有产业结构的同时，积极发展风能、太阳能、生物质能等新能源产业

鄂尔多斯市一方面利用得天独厚的自然环境，依托库布其沙漠和毛乌素沙地发展风力发电厂，在鄂尔多斯市杭锦旗投资 100 亿元人民币建成了鄂尔多斯地区第一座特大型风力发电厂——伊和乌素风电场。伊和乌素风电场装机容量规模 1000 千瓦。与同等规模的火电厂相比，伊和乌素风电场每年可节约标准煤 16 万吨，可减少因燃烧煤炭排放的有害物质达 8 万多吨。目前，鄂尔多斯市杭锦旗已成为内蒙古自治区 18 个重要的风电基地之一，已并网发电的风力发电机组达上百台。

鄂尔多斯市大力发展太阳能产业，其中与美国太阳能电池巨头 First Solar（第一太阳能）公司签订光伏产业发展及应用合作协议，建设 2000 兆瓦发电能力的太阳能光伏发电厂，并建设光伏产业各生产环节生产线、光伏建筑一体化及城乡光伏应用系统，电站建成后的规模将比现今世界上最大的光伏电站要大 30 倍，是目前世界最大的人类使用太阳能项目。

鄂尔多斯市积极利用生物质能发电，已形成生物质能发电装机容量 2.4 万千瓦。同时利用处理城市生活垃圾、动物养殖场产生的沼气发电，可供 500 千瓦机组发电。

二　加大资源转化力度，推进优势产业升级，积极推进循环经济的发展

鄂尔多斯市摒弃传统的资源开发和利用的理念，在对落后煤矿进行煤炭资源整合、淘汰落后产能的同时，坚持以科学发展观为指导，大力推进产业链延伸，提出了"高起点、高科技、高效益、高产业链、高附加值、高度节能环保"的发展循环经济原则，通过引进新技术优化优势产业内部结构，依靠科技进步推进煤炭产业转型升级，大力发展新型煤化工产业，使煤炭生产向煤炭的综合利用和深加工转变，从而延伸煤炭产业链，提高煤炭产品附加值，加快煤炭工业转型升级，推进循环经济的发展。

1. 整合煤炭资源，推进资源的规模化经营，淘汰落后产能，实现资源的集约开发，降低生产成本，提高资源收益

为了提高资源的综合利用水平，改善地区环境质量，鄂尔多斯市从2005年开始就大力推进资源的规模化经营，淘汰落后产能。

2011年3月15日，内蒙古自治区人民政府发布了《煤炭企业兼并重组工作方案》，标志着继2005—2008年内蒙古自治区资源整合后的新一轮煤炭企业兼并重组工作的开始。按照内蒙古自治区人民政府"以资源为基础、以资产为纽带、以股份制为主要方式"的总体要求，鄂尔多斯市煤炭企业的数量将由现在的近300户控制在40户以内，并形成1—2户亿吨级大型煤炭企业。鄂尔多斯市煤炭局已于2011年3月28日发布《关于煤炭企业兼并重组确立亿吨级兼并主体的通知》，明确指出综合考虑全市煤炭企业资产状况、生产规模、管理水平和产业发展等条件，确立内蒙古伊泰集团有限公司为亿吨级的煤炭企业兼并主体。

此次兼并重组方案提出的新上煤炭生产项目必须同步建设转化项目，以及高新技术、装备制造等配套项目，且煤炭转化项目原煤就地转化率必须达到50%以上等政策措施，使煤炭生产向煤炭的综合利用和深加工转变，从而有利于鄂尔多斯市延伸煤炭产业链，提高煤炭产品附加值，加快煤炭工业的转型升级。

2. 以延伸产业链，提高产品附加值及产品精细化为重点，大力发展新型煤化工技术

鄂尔多斯市以发展循环经济，实现资源的充分开发和利用为目的，按照资源—产品—再生资源的循环路径，鼓励企业加大资源转化力度，对资源循环实施技术改造，开发建设资源循环利用项目，着力构建煤炭、电力、天然气产品、煤化工及精细化工产品四大基地，从而使鄂尔多斯市的煤炭、电力、化工、建材等行业形成上下游产品的有序链接、循环发展，实现资源和废弃物的最大限度的综合利用。通过全面推进煤化工产业重点项目建设，鄂尔多斯市形成了煤—电、煤—焦、煤—油、煤—肥、煤—醇、煤—气等多条产业链。此外，鄂尔多斯市还积极研究煤化工的深加工技术，以甲醇——碳化工产业链、醇醚初级化工产品——多聚合成精细化工产品产业链、煤焦化——焦油深加工为重点，发展聚烯烃、聚甲醛、聚碳酸酯、碳酸二甲酯、芳烃等精细化工高端产品。

目前，以神华、伊泰的直接和间接煤液化项目，鄂尔多斯集团、亿利资源集团的煤炭、冶金、电力、PVC等循环产业为代表，鄂尔多斯市已形成了煤—电及其废弃物循环利用，煤—电—高载能及其废弃物循环利

用、煤—煤化工及其废弃物循环利用、天然气—天然气化工及天然气＋煤循环开发利用等一系列循环经济产业链。通过产业升级和延伸产业链，鄂尔多斯市形成了有绝对竞争力的油、气、肥、醚、烃等现代煤化工产业集群，并将成为国家级能源化工产业基地。

3. 不断加大科技投入，积极引进国内外先进技术和设备，提高资源开发和利用的现代化水平，实现资源的高效利用

鄂尔多斯市鼓励和引导企业引进国内外先进的技术和设备，提高资源的开发和利用效率。煤化工方面，鄂尔多斯市始终坚持高起点原则，建成和在建的大型煤化工项目的技术工艺和装备在国内外都处于领先水平。例如，神华的世界第一套煤直接液化项目；伊泰的煤间接液化项目是国家"863"高新技术项目，其煤间接液化和催化剂工艺在国际上处于先进水平；博源投资集团参与了国家新一代煤（能源）化工产业技术创新战略联盟，并组建了博士后科研工作站。

鄂尔多斯市多家大型企业均与国内科研机构建立了产学研合作关系以大力发展天然气资源综合开采技术。此外，鄂尔多斯市加强对煤矸石等煤系伴生资源的开发利用，通过采用煤矸石发电、提取环保建筑产品、生产土壤改良肥料等方式，形成了煤矸石等煤系伴生资源的大规模综合利用系统。

鄂尔多斯市在鄂托克旗实施现代畜牧业精品示范区灌溉，示范区引进具有世界先进水平的美国维蒙特圆形自走式喷灌机，平均控制面积640亩，其中，单机的最小控制面积为300亩，最大控制面积为1000亩。高效节水大型喷灌机的引入，使得示范区节水率较传统方式节约40％以上。

其次，不断加大科技投入，鼓励和引导煤炭生产企业采用国内外先进的煤炭开采工艺和装备、应用先进的煤炭洗选技术，提升煤质的精细化管理水平，提高煤炭生产企业的现代化水平。2012年鄂尔多斯市在科学研究、技术服务和地质勘查等方面投入资金32434万元，是2005年投入科技研发资金9680万元的3.4倍。

鄂尔多斯市鼓励资源开发企业围绕资源绿色开发和利用进行技术创新，建立和完善以企业为主体，以市场为导向的产学研相结合的技术创新体系。为了解决鄂尔多斯资源绿色开发的技术创新存在的人才和技术问题，鄂尔多斯市鼓励国内外企业和研究机构来当地设立研发中心和分支机

构，对经科技部门认定的国家、自治区和市级企业技术研究开发机构分别
给予 50 万元、30 万元和 10 万元资金的资助。此外，鄂尔多斯市定期组
织资源开发企业与高校、科研院所开展"产、学、研、用"活动，并给
予企业资金支持，鼓励企业将研究机构成果实现产业化，以增强资源开发
企业的技术创新的积极性、主动性和技术创新能力。

鄂尔多斯还通过搭建产业技术集聚平台，加快建设高新技术园区及科
技示范园区，实现资源的高效利用。鄂尔多斯市每年投入专项资金用于高
新技术园区和科技示范园区的建设，优先保障园区建设用地，对于落户园
区的鄂尔多斯市国家高新技术企业、国家创新型企业一次性资助 50 万元。
目前，鄂尔多斯市已在羊绒、煤炭、化工等主导产业领域，建设了一批国
家级、自治区级技术研究中心和科技园区，成为全国科技进步先进市和可
持续发展实验区。

三 推广节能减排工程，加强生态建设和环境保护，减少环境污染

鄂尔多斯市始终坚持经济建设与环境保护同步发展的原则，加强生态
建设和环境保护，大力推进节能减排，减少环境污染，在实施规划环评，
深化工业污染防治，推进城市环保基础设施建设等方面做了大量的工作，
有效地应对和克服了经济高速发展和产业重型化给环境带来的压力和困
难，在生态建设和环境保护方面取得了较好的成效。

1. 加大节能投入，推广节能工程

鄂尔多斯市投入专项资金，在城市建筑、交通运输、公共生活等方面
推广节能工程。比如，在城市建筑设计上推广节能设计标准，推广使用新
型节能材料；在交通运输上鼓励优先使用节能环保交通工具，推广节能燃
料；在公共生活方面，倡导绿色节能生活等。

2. 推广清洁生产，加强前置审批

鄂尔多斯市积极推进环境污染治理，推行清洁生产，通过清理整顿高
耗能高污染行业，强化对重点企业和行业节能减排治理。

鄂尔多斯市将环评作为项目的前置审批条件，对不符合环评的项目
不予立项，有效地遏制了高污染项目的建设。与北京师范大学合作开展
的环境保护部规划环境影响评价试点项目"鄂尔多斯市主导产业与重点
区域发展规划环境影响评价"，对全市明确产业定位、提升产业层次、
调整产业结构、强化环境保护及降低污染物排放等起到了重要的指导作
用，有力地推动了鄂尔多斯市国家级能源化工基地的可持续开发和

建设。

3. 深化工业污染防治，大力开展污染物减排工作

鄂尔多斯市实施危险废弃物和医疗废弃物的处理处置工程，加强对重点企业危险废弃物处置设施的抽查和监督，对不符合要求的设施责令限期整改。初步建立了危险废弃物和医疗废弃物收集、运输、处置全过程监督管理体系，危险废弃物安全处置率达到 100%。"十一五"期间，鄂尔多斯市工业固体废弃物产生量为年均 1000 多万吨，工业固废综合利用率达到 90% 以上，综合利用水平较高。①

4. 加强生态建设和保护

在矿区生态修复和治理方面，通过在矿区采取封闭尘源、安装除尘装置、净化废气等措施，减少采矿过程中的粉尘和废气污染；此外，通过在矿区发展生态复垦，筑路回填等措施，治理矿区生态环境。通过在矿区建设煤矸石电厂，消化和利用煤矸石，实现煤矿废弃物的循环利用。

在沙地生态环境治理方面，鄂尔多斯市投入专项资金实施退耕还林、天然林保护、三北防护林、退牧还草、水土保持淤地坝、自然保护区、防沙治沙等重点生态工程。鄂尔多斯市已在恩格贝沙漠建成生态示范区，并与中科院合作成立了中国科学院鄂尔多斯沙地草地生态研究站等研究中心和技术示范基地，开展生态建设和保护项目。"十一五"期间，鄂尔多斯市完成退耕还林 537 万亩、人工造林 1178 万亩、飞播造林 868 万亩、封育 188 万亩，森林总面积达到 2900 万亩；完成退牧还草 4023 万亩、生态自然恢复区 2 万平方公里，全市草原禁牧 3518 万亩、休牧 5298 万亩；森林覆盖率、植被覆盖率分别达到 22% 和 75%。②

鄂尔多斯市大力发展碳汇林工程。碳汇林通过植树造林和森林保护等措施，充分发挥森林能够吸收大气中的二氧化碳从而减少大气中二氧化碳浓度。2010 年 4 月开始，鄂尔多斯市启动碳汇林项目，动员 200 多家煤炭企业每生产 10 吨煤，就捐植 1 棵"节能减碳树"，共同营建 10 万亩碳汇林。碳汇林项目的实施，使鄂尔多斯市的经济发展与生态建设协调起来，有力地促进了鄂尔多斯市低碳经济的发展。

---

① 《鄂尔多斯市环境保护"十二五"总体规划》。
② 同上。

第三节　鄂尔多斯市发展低碳经济实现
转型升级取得的成效

鄂尔多斯市在经济持续高速增长、污染减排压力不断增大的情况下，在调整产业结构，转变经济增长方式，推进循环经济，推动低碳经济发展，实现转型升级等方面采取了许多措施，在实现"依托资源而不依赖资源"的经济发展模式方面成效显著。

一　产业结构调整初见成效，多元发展、多极支撑的现代工业体系逐步建立

鄂尔多斯市大力推进非资源型产业重大项目建设，装备制造、电子信息、陶瓷等非煤产业快速成长，行业增加值已达到全部工业增加值的30%。[①] 2012年，鄂尔多斯市化工、装备制造、电子信息等产业投资占到工业总投资的88%，奇瑞汽车、德晟特种钢、鄂绒PVC等一批重点项目建成试产，伊泰精细化学品、富士康精密仪器等项目开工建设。2012年，鄂尔多斯市实施亿元以上工业项目155项，其中非资源型产业完成投资2141亿元，占全部工业投资的83.3%，比上年提高3.4个百分点，其中装备制造业完成投资1108.5亿元，增长63.2%，成为投资新热点。

沿黄沿线经济带和"双百亿工程"建设加快推进，工业集中发展布局基本形成。文化、旅游、金融、商贸、物流等现代服务业快速发展，第三产业增加值占到地区生产总值的37%。截至2012年年底，鄂尔多斯市拥有A级旅游景区和全国工农业旅游示范点43个，其中，国家5A级旅游景区2个，4A级旅游景区11个，3A级旅游景区17个。2012年，实现旅游收入125.39亿元，同比增长32%。

二　整合煤炭资源，淘汰落后产能，煤炭企业现代化水平显著提高

鄂尔多斯市从2005年开始就大力实施煤炭资源整合和企业兼并重组，累计关闭年产30万吨以下的小煤矿1000多座，关闭水泥厂、焦化厂等537户，淘汰落后产能370万吨，有效削减烟粉尘68.7万吨、二氧化硫14万吨，经济发展低碳化趋势逐步显现。目前，鄂尔多斯市有煤炭企业300余家，其中重点煤炭企业24家，产量占全市的70%以上。

---

① 参见《2013年鄂尔多斯市政府工作报告》。

　　通过整合煤炭资源，淘汰落后产能，鄂尔多斯市培育了一批拥有先进的现代化综合开采技术，煤炭开发和利用水平较高的大型煤炭生产企业，这些企业与国内其他煤炭企业相比具有较高的现代化水平，创新能力较强，创新成果丰富。比如，神华神东煤炭分公司拥有千万吨级综采煤矿，并建成了煤炭集约开采科研中心，下设先进的研发团队和研发设备，其多项研发成果在国内外具有领先地位，并荣获国家科技进步一等奖和多项省部级奖项。内蒙古伊泰煤炭股份有限公司（以下简称"伊泰"）是鄂尔多斯市煤炭上市企业，是国内唯一一家 B + H 股上市公司。伊泰所有煤矿都采用现代化综合机械化开采技术，煤矿机械化程度达到 95% 以上，煤矿采区回采率达到 85% 以上。同时，伊泰与国内知名科研机构合作开展煤炭开采技术方面的研究和应用，拥有国际领先的"煤柱回收技术"，大大提高了煤炭的开发和利用效率。

三　转型升级优势产业，发展循环经济，资源的节约和综合利用成效显著

　　鄂尔多斯市积极推进资源深度加工转化，建成了一批煤转电、煤制油、煤制醇等重大项目，煤炭产量达到 6.3 亿吨、电力装机总量达到 1302 万千瓦、煤化工产能达到 524 万吨，成为国家重要的能源化工基地。通过发展循环经济，鄂尔多斯市已形成了 10 多个循环产业链。

　　鄂尔多斯市在煤矸石、粉煤灰、工业副产石膏领域的资源综合利用被确定为全国首批资源综合利用"双百工程"示范基地。鄂尔多斯市已有资源综合利用企业 46 家，工业固体废弃物综合利用率达到 86%，实现工业产值超过 20 亿元，取得了良好的社会效益、环境效益和经济效益。根据规划，到 2015 年，鄂尔多斯市工业固体废弃物综合利用率达到 90%，其中煤矸石、粉煤灰、脱硫石膏、电石渣综合利用率分别达到 82%、88%、80% 和 100%，年利用量达到 4000 万吨，实现资源综合利用年产值 25 亿元以上。[①]

四　搭建产业技术平台，推进高科技园区建设初见成效

　　鄂尔多斯市联合清华大学低碳研究院，以先进低碳科技为主导，以新能源产业为核心，成立了集能源技术研发、中试转化、教育培训等多种功能为一体的，目的是通过国际化的管理模式吸引致力于低碳经济发

---

　　① 《内蒙古日报》2012 年 12 月 18 日，http：//szb. northnews. cn/nmgrb/html/2012 - 12/18/content_ 987153. htm。

展的科技企业落户，从而带动企业大力发展低碳经济的绿色经济示范基地——中国·鄂尔多斯低碳谷（以下简称"低碳谷"）。低碳谷位于鄂尔多斯市康巴什北区民族团结公园两侧，总占地1500亩，于2010年3月开工奠基进入实施阶段。低碳谷将形成产学研三位一体的模式，项目下设两个科研基地以及一个以研发、检测为主的研究院，分别是清华大学低碳能源实验室鄂尔多斯应用研究基地、清华大学循环经济产业研究院鄂尔多斯应用研究基地以及鄂尔多斯紫荆创新研究院。其中，鄂尔多斯紫荆创新研究院作为低碳谷的核心项目，下设可再生能源研发中心、储能新材料研究中心、清洁煤化工工程技术研究中心及资源节约和循环利用研究中心4个研发中心，于2010年正式登记注册成立，并开展了卓有成效的工作。目前已经有包括立轴风力发电机、煤矸石循环利用和中水处理等20项世界领先的低碳技术项目进驻。在鄂尔多斯市"结构转型、创新强市"战略下，低碳谷以新能源产业为核心，将推动鄂尔多斯城市经济"绿色化、科技化、可持续化"的结构转型，成为鄂尔多斯市非煤的绿色能源开发、研究、利用的新天地，为鄂尔多斯市低碳经济的发展作出新贡献。

围绕"能源硅谷、科技新城"的战略目标，鄂尔多斯市将本地区产业与科研院所研究成果相结合，进行产业技术创新、提升产业层次，成立了鄂尔多斯科技教育创业园（以下简称"创业园"）。目前，创业园已经成功引进2个重要创新机构——中国科学院工程热物理研究所大规模空气储能技术研究所和北京科技大学计算机与系统工程东胜工程中心，14个科技创业项目，包括电力电子设备复合相变集成式冷却系统、新型高阻隔可降解塑料专用料研发与产业化等。其中，大规模储能技术研究所的"大规模超临界空气储能项目"是鄂尔多斯市打造新能源、清洁能源高新技术产业化基地的成功尝试，对鄂尔多斯市经济、环境与社会的协调发展具有十分重要的意义。

五　节能减排取得新成效，清洁能源使用率逐渐提高

鄂尔多斯市大力开展减排工作，主要污染物排放得到有效控制。2012年鄂尔多斯市确定了190个污染减排项目，完成了90万千瓦机组氮氧化物治理工程、拆除3台30万机组的脱硫烟道旁路、淘汰关停10万千瓦小火电机组一台；淘汰老旧机动车3.7万辆，对16家污水处理厂通过完善管网配套，新增污水处理量900万吨，建成了重点污染源自动监控能力项

目。同时，通过完善减排激励政策，安排 2000 万元减排治理资金，推动各项治理措施落实。

鄂尔多斯市通过大力实施节能减排重点工程，发展循环经济，使得高耗能项目得到严格控制。2012 年，鄂尔多斯市万元 GDP 能耗同比下降 4.49%，较 2007 年万元 GDP 能耗下降 26%，超额完成自治区下达的节能降耗目标任务 0.44 个百分点，[①] 可持续发展能力进一步增强。

鄂尔多斯市通过加快能源结构调整，大力推广电、天然气、煤气等清洁能源的使用，努力提高城市清洁能源使用率。2012 年，鄂尔多斯市清洁能源使用率达到 60.3%，已连续 2 年达到国家环境保护模范城市考核指标"城市清洁能源使用率≥50%"的要求。[②]

六　生态环境建设和保护成效明显

鄂尔多斯市实施了中心城区百万亩生态圈、企业碳汇林等重大生态建设工程，森林覆盖率由 20% 提高到 25%，植被覆盖率达到 70% 以上，生态环境得到整体改善。2012 年，鄂尔多斯市共完成造林面积 134.99 千公顷，森林覆盖面积 2177.3 千公顷，森林覆盖率为 25.06%，退耕还林面积 15.25 千公顷，退牧还草面积 226.7 千公顷。全市有自然保护区 9 个，其中国家级自然保护区 2 个，总面积达 897.85 千公顷。2012 年，鄂尔多斯市城市环境空气质量全年好于国家二级标准优良天数 340 天，轻微污染 20 天，轻度污染 3 天，中度污染 2 天，重度污染 1 天。全市二氧化硫均值为 0.034mg/m³，二氧化氮均值为 0.033mg/m³，比上年分别下降 26.0%、23.3%。吸入颗粒物的年平均浓度 0.072mg/m³，比上年上升 24%。全市集中式饮用水源地的水质达标率达 100%。[③]

第四节　鄂尔多斯市发展低碳经济实现转型升级面临的挑战

虽然，鄂尔多斯市在发展低碳经济实现转型升级方面取得了较好的成

① 《鄂尔多斯市 2012 年国民经济和社会发展统计公报》，http://www.ordostj.gov.cn/TJGB/201303/t20130328_820055.html。

② 鄂尔多斯市统计局，http://www.ordostj.gov.cn/TJXX/201309/t20130912_961423.html。

③ 《鄂尔多斯市 2012 年国民经济和社会发展统计公报》。

绩，但是，长期来看鄂尔多斯市的经济发展已经由高速增长期逐渐转向稳定增长期，在这一过程中还存在一些发展不平衡、不协调、不可持续的问题，产业结构不够合理等问题仍将存在。长期来看，资源型产业在鄂尔多斯市的产业结构中仍将占较高比重，鄂尔多斯市转变经济发展方式，实现产业格局由资源型产业为主向资源型产业和非资源型产业协调发展转型，达到地区经济的可持续发展所面临的形势仍非常严峻。

鄂尔多斯市在未来发展低碳经济、实现转型升级方面所面临的挑战主要表现在三个方面，一是如何有效地调整地区产业结构，逐步改变现有以资源为主的产业结构；二是如何解决要素供给问题，提高要素供给的质量和水平；三是如何在地区经济快速增长的同时，实现经济的可持续发展。

一　有效调整地区产业结构的难度很大

鄂尔多斯在经济飞速发展的过程中，产业结构在一定程度上有所调整，非煤产业初步形成一定规模，但是，这些产业的发展程度还不够，在地区产业结构中比重较小，发展的稳定性不够。鄂尔多斯市以煤炭产业为主体，以"羊煤土气"为主的资源型产业结构没有真正改变，资源型经济在城市发展中仍占绝对的主体地位。同时，从鄂尔多斯的自然禀赋看，作为国家重要的战略能源重化工基地，能源开采和加工、电力、煤化工等高能耗、高污染产业在鄂尔多斯市的总体经济构成中仍将占较大比重。

在以能源、其他资源为主的产业结构下，一方面，鄂尔多斯市要在经济保持高速发展的同时，减少能源的使用和消耗，降低污染物的排放量，实现节能减排的形势依然严峻。另一方面，这种资源型产业结构导致鄂尔多斯市经济发展对宏观经济景气度的依赖程度较大，而由于受到当前宏观经济周期性增长乏力的影响，现阶段鄂尔多斯市的能源产业和房地产业发展不景气，对鄂尔多斯市的整体经济发展产生了较大的影响。

因此，如何有效调整产业结构，改变现有以资源为主的产业结构，如何结合需求，提高煤炭清洁高效使用的供给比重，对于鄂尔多斯市发展低碳经济、实现转型升级而言，是一个严峻挑战。就鄂尔多斯市的能源产业来讲，如何在国家经济建设、能源安全和低碳发展的大局中思考和谋划鄂尔多斯的能源化工产业，建立和完善区域创新体系，加快能源化工产业升级，促进产业集群发展，推进资源集约利用，实现煤炭、电力、煤化工、煤层气和天然气等煤及与煤相关产业的规模化、集约化、现代化、清洁化、低碳化发展的形势依然严峻。

二 提高要素供给的质量与水平的任务依然艰巨

如何优化要素结构，解决要素供给问题，尤其是如何提高要素供给的质量与水平问题，也仍然是鄂尔多斯市发展低碳经济实现转型升级所面临的巨大挑战。鄂尔多斯市还需要在加快引进人才、科技、资金的步伐，进一步扩大开放，提高城镇化水平，提高资源利用效率等多个方面做大量工作。

首先，鄂尔多斯市在人才引进和提高产业科技水平方面任务艰巨。鄂尔多斯市在引进人才方面已采取了许多卓有成效的措施，但是，鄂尔多斯市人口集聚水平较低，同时受到地区经济发展的影响，鄂尔多斯市人才具有流动性大的特点，使鄂尔多斯市人才基础薄弱，掌握新技术、具有实践操作能力的专业技能人才缺乏，人才供给与实际需求不匹配，已成为影响鄂尔多斯市调整产业结构，转变经济发展方式的重要因素之一，因此，如何吸引、留住人才成为鄂尔多斯市经济实现转型升级的重要任务。

此外，在提高产业科技水平方面，鄂尔多斯市在鼓励企业提高对高新技术的开发和引进水平，提高企业自主创新能力，通过技术改造对传统产业进行升级，培育战略性新兴产业，充分发挥科学技术对低碳经济的推动力等方面还需要付出艰辛的努力。

其次，有效解决资金供给方面的问题。鄂尔多斯市经济发展过程中形成了一定程度的民间借贷现象，而随着经济由高速增长逐渐向稳定增长过渡，民间借贷现象产生了一些社会问题。由民间借贷所带来的一系列问题有待化解，尤其是民间投资不足的问题有待解决。因此，鄂尔多斯市在引进各类金融机构，进一步拓宽民间资金的运作渠道，建立和完善金融体系，增加资金运作技术含量，提高民间资金的安全性和收益性等方面的任务艰巨。

最后，加强对水资源的节约与高效使用。鄂尔多斯虽然靠近黄河，但依然是一个水资源严重短缺的地区。煤炭行业尤其是煤化工行业耗水量大，且会造成一定的环境污染。如何进一步节约水资源、提高水资源的使用效率，就如同节约能源、提高能源使用效率一样重要，这还关系到鄂尔多斯能源、资源产业发展的水平与规模，更关系到地区的经济可持续发展。

三 实现经济可持续发展任重道远

鄂尔多斯市要实现经济的可持续发展还有大量的工作去做，除了要转变地区产业结构，要提高煤炭及其他资源高效清洁使用的供给比例，要加强对水资源的节约与高效使用外，还需要加强低碳经济理念在民众中的普及，并在社会、经济、文化、生活等各个方面进一步落实。

同时，加强对生态环境的保护与治理也是鄂尔多斯市在低碳发展中面临的重大挑战。鄂尔多斯市生态区位的特殊性使其成为全国生态治理的重点地区。近年来，鄂尔多斯市经济的快速发展，城市建设的加快，煤炭的大规模开采，给鄂尔多斯市的生态环境治理和保护带来了巨大的压力，使鄂尔多斯市生态环境对资源开发的承载能力逐渐降低，资源开发与生态保护的矛盾日益突出，生态环境保护与治理工作有待于进一步加强。

当前，鄂尔多斯市的经济发展已经由高速增长回落，转向稳定增长，鄂尔多斯市在发展低碳经济方面取得了一定的成效，但同时也面临巨大的挑战，在未来发展过程中，还需要在调整产业结构、推动产业转型升级、促进技术与管理创新、建立与完善区域创新体系等方面不断努力，走出一条符合鄂尔多斯市情的低碳之路。

第九章　银川经济发展低碳转型研究

工业革命以来，随着人类活动，特别是消耗的化石燃料（煤炭、石油等）的不断增长和森林植被的大量破坏，人为排放的二氧化碳等温室气体不断增长，大气中二氧化碳浓度逐渐上升，从而导致了全球气候变暖，全球气候变化问题已成为 21 世纪人类面临的最重大的环境挑战。各国围绕减少温室气体排放和减缓气候变暖等问题展开了一系列的行动。作为世界最大的发展中国家和最大的温室气体排放国，中国在能源和环境领域所遇到的挑战是巨大的。中国正在结合自己的发展阶段和特殊国情，转变传统的发展方式和消费模式，从构建低碳产业、推进低碳消费、发展清洁能源和促进低碳技术创新等方面全面推进低碳经济的发展，努力实现"到 2020 年单位国内生产总值二氧化碳排放比 2005 年下降 40%"的庄严承诺。

低碳城市建设是中国推进低碳发展的一项重要举措，国家发改委于 2010 年 7 月启动了两批低碳城市试点工作，覆盖了 6 个省（自治区）、4 个直辖市，30 座地级以上城市，具体任务包括编制低碳发展规划，制定支持低碳绿色发展的配套政策，加快建立以低碳排放为特征的产业体系，建立温室气体排放数据统计和管理体系，积极倡导低碳绿色生活方式和消费模式等内容。

鉴于以上国际、国内的大背景，我们选择银川市开展本次国情调研工作，是经过认真考量的。从国内区域经济发展的演进情况来看，中国区域增长格局自改革开放以来的演变大致可以划分为三个阶段：第一阶段（1978—1990 年）——以珠江三角洲为龙头的华南地区崛起、东北地区的地位明显下滑；第二阶段（1991—2002 年）——以长江三角洲为代表的华东地区逐渐成为中国区域增长的龙头，华中地区的比重显著下降；第三阶段（2003 年至今）——以能源原材料大省为代表的中西部地区增速逐渐加快，在全国区域增长格局中的作用日益增强，东部沿海省份的地位略有下降（宣晓伟，2013），但是，在西部经济高速发展的过程中，资源环境承载力下降问题日趋凸显，资源利用效率低和高碳化的生产生活方式等问题日益严重，而银川作为西部能源和原材料生产的重要基地之一，其发展模式在中西部依托能源和资源生产实现经济迅速崛起的地区中极具典型性，因此，发展低碳经济，是以银川为代表的西部地区改善生态环境、走可持续发展之路的必然要求；从产业结构的角度来看，与西部大部分地区一样，银川的产业结构也是以第二产业为主，而第二产业中又以资源开发型传统产业以及高污染的重化工业为主，产业结构能耗强度高、能源利用效率较低，因此，发展低碳经济，也是以银川为代表的西部地区改变经济结构和转变经济发展方式的希望所在。

第一节　银川资源依赖型经济发展模式概述

一　资源依赖型经济发展模式的内涵

1. 资源依赖型经济发展模式的概念

所谓资源依赖型经济发展模式，主要是指某地区依靠区域资源特别是矿产资源的比较优势，通过对自然资源进行开采、初级加工并形成初级产品等生产过程，实现地区经济增长的一种经济发展模式。资源依赖型经济发展模式的本质是一种依赖自然禀赋等简单比较优势的静态、封闭型经济发展模式，一般表现为依赖低成本生产要素的拼资源、拼环境的粗放式经济增长模式。

2. 资源依赖型经济发展模式的特点

资源依赖型经济发展模式的主要特点包括以下几个方面：第一，相关资源开发利用产业在经济结构中占有较大比重，并居于主导产业地位；第二，经济增长的动力来自以矿产资源为核心的低层次比较优势的发挥，经济增长靠投资拉动的作用明显，消费在促进经济增长中的作用有限；第三，经济增长主要表现为量的扩张，而在质的提升方面则进步缓慢，短期来看，可以使当地经济迅速走向繁荣，但长期来看，经济增长的可持续性存在较大问题。

3. 资源依赖型经济发展模式存在的问题

资源依赖型经济发展模式，由于其主要依靠消耗大量有限的自然资源去拉动经济增长，因此不同程度地存在不平衡、不可持续等问题，并且会引发一系列不良后果，导致"资源诅咒"①现象的发生，主要包括以下几个方面：一是产业结构单一，受市场环境变化影响明显。资金集中投入于资源开采及加工产业，造成其他产业因投资匮乏而发展缓慢，进而形成产业结构单一化的格局，但随着经济形势的变化和市场对资源性产品需求的下降，资源依赖型经济发展模式受到的冲击将会是致命性的。二是经济发展后劲不足。由于资源型产业具有规模经济效应明显，固定资产专用性强等特点，导致整个产业结构具有较大的惯性和稳定性，调整和转型的难度较大，经济对原有模式的路径依赖性较强。同时，因为资源型产业与加工制造业相比，不论是对于人力资本的需求还是人力资本的投资报酬率，都存在着较大的差异，因此，单一的资源型经济结构会导致资源丰裕地区严重缺乏人力资本积累的内在动力，致使经济发展中技术创新能力培育不足，随着资源的开发殆尽，如若缺少后续产业或替代产业，资源依赖型经济发展模式就会陷入发展困境。三是对生态环境破坏严重。各种矿床的开采，严重破坏了地下结构，造成大片沉陷区；而对地表资源的开采剥离了地表植被，使环境生态恶化并难以逆转。矿产品的初加工造成的大量粉尘和有害气体，更加剧了环境的恶化。

二　银川资源依赖型经济发展模式的形成

1. 银川资源环境概况

银川地区山川兼备，地貌类型多样，受气候、土壤等自然条件影响，形成了多种类动植物资源。银川平原地势平坦开阔，土地肥沃，沟渠纵横，水利资源丰富，加之日照充足，热量丰富，自然条件优越，自古以来就有"塞上江南"的美誉，是重要的农林牧渔生产区。银川境内天然湖泊众多，自然水面数万公顷，水质良好，水域内水草茂盛，具备发展水产养殖的优越条件。贺兰山区是银川市唯一的天然林资源，总面积2.67万公顷，有天然次生林1.23万公顷，森林覆盖率22.8%。银川地区矿产资源丰富，主要有能源矿、冶金辅助原料矿、化工原料矿、建筑材料及其他非金属矿等，已探明储量的矿产22种，煤、石灰岩、硅石、白云岩、建筑砂岩、贺兰石等非金属矿和建筑矿类资源丰富。

---

①　"资源诅咒"这一命题最早出现于 Auty（1988）的著作《石油意外之财：是祝福还是诅咒？》，其含义为自然资源丰裕的国家反而比自然资源相对贫乏的国家经济增长得更慢。经济学家们则常常以此来警示经济发展对某种相对丰富的资源的过分依赖的危险性。

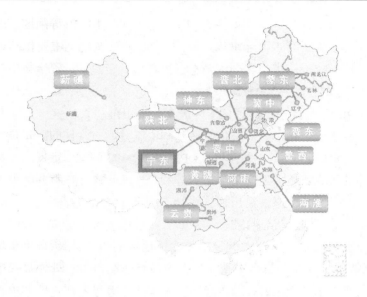

图 9－1　中国十四大煤炭基地分布图

　　银川地区能源矿产资源丰富，灵武矿区的煤炭、石油、天然气储量丰富，特别是煤炭储量以及其具有的高发热量、低灰、低硫、低磷等品质，在宁夏乃至全国也占有十分重要的地位。宁东煤田已探明储量 270 多亿吨，居全国第六位，占宁夏已探明储量的 87%，煤田地质条件好，开采条件佳，采掘成本低，且煤质优，是优良的动力和气化用煤（见图 9－1）。

　　除蕴藏着丰富和高质量的煤炭资源外，银川市在西北地区最大的优势还在于拥有相对充沛的水资源，黄河流经银川市，过境长度 78.4 公里，年平均流量 315 亿立方米。除地表径流外，银川平原具有丰富的深层地下水和浅层地下水，每平方公里资源量 22.3 万立方米，是西北地区地下水资源最丰富的地区之一。相对丰富的水资源为煤炭、石油、天然气等资源优势转变为经济优势提供了重要的支撑作用。

　　银川是新亚欧大陆桥沿线的重要商贸城市，位于"呼—包—银—兰—青经济带"的中心地段，也是宁蒙陕甘周边约 500 公里范围内的区域性中心城市，区位优势明显。银川交通便捷，现已形成了公路、铁路、航空为主的立体交通网。4 条国道、4 条省道从境内穿越。银川至青岛、丹东至拉萨、银川至福州高速公路在银川汇聚贯通，机场高速、环城高速公路建成使用。包兰铁路纵贯银川南北，成为银川经济发展的大动脉。已经建成通车的太中银铁路（即太原、中卫、银川），使银川与东部沿海的联系更加便捷。银川河东国际机场已开通了 50 多条航线，银川国际空港口岸投入使用，拉近了银川与全国乃至世界各地的距离。

2. 银川工业发展历程概述

1958 年 10 月，宁夏回族自治区成立，银川市为自治区首府，是自治区政治、经济、文化中心。银川工业基础框架是在 20 世纪 60 年代国家三线建设中奠定的，在第三个五年计划（1966—1970 年）期间，国家实施空间平等的区域战略，进行了"三线建设"，把东南沿海的先进工业内迁"大三线"、"小三线"。银川作为"大三线"范围，在国家第一次"西进"时期，借助工业企业内迁，建起了一批以食品、皮革、农业机械、化工等为主的工业格局，初步形成了银川地区的工业体系。1965 年下半年，"三线建设"中一批国家重点的大中型企业在银川陆续建成投产，这包括由大连机床厂迁建的长城机床厂，由大连起重机器厂迁建的银川起重机器厂，由青岛橡胶二厂和沈阳第三橡胶厂迁建的银川橡胶厂，由大连仪表厂迁建的银河仪表厂，由沈阳中捷人民友谊厂迁建的长城铸造厂。为此，宁夏回族自治区根据中央支持地方"三线建设"的有关政策，斥资在银川兴建了棉纺厂、氮肥厂、毛纺厂、电表厂、机床维修厂等不同产业门类的 27 家工业企业。银川市也斥资兴建了轴承厂、亚麻厂等 5 家工业企业。截至 1970 年，银川地区有工业企业 199 家，其中市属企业 156 家。这批"三线建设"中陆续建成投产的企业，为银川市填补了工业的空白，支撑了银川市最初的现代工业发展，形成了以机械、化工、纺织、食品等工业为支柱且初具规模的工业体系，大大增强了地方经济综合实力。

改革开放后，银川通过国企改制、招商引资、发展民营经济、兴办新企业等模式加快了工业发展步伐，1979—2000 年，银川市年均经济增长率为 11%，涌现了宁夏化工厂、西北轴承集团公司、长城机床厂、大元炼化公司、广夏集团公司等一大批大中型企业，形成以化工、机械、食品、建材为主的门类齐全并有一定物质基础和现代技术设备的工业体系。

2000 年国家实施西部大开发，特别是 2002 年宁夏回族自治区确定了建设"大银川"战略以来，随着 2002 年灵武市划归银川市代管以及 2003 年宁东能源化工基地的开发建设，"十五"时期（2001—2005 年），银川开始形成以能源化工产业为主导，发酵及生物制药、清真食品及穆斯林用品、机械电器制造、新材料、羊绒五大优势产业为支撑的工业发展格局。

"十一五"时期（2006—2010年），银川继续做大做强"一强五优"特色优势产业，到2010年，银川重工业增加值占规模以上工业增加值的比重为82.26%。进入"十二五"（2011—2015年）后，银川在"十一五"期间大力培育和发展"一强五优"优势特色产业所取得的发展成绩的基础上，结合银川特点，提出大力培育和重点发展"一强四优五新"产业（一强：能源化工产业；四优：装备制造及再制造产业、羊绒产业、清真食品和穆斯林用品产业、发酵及生物制药产业；五新：新能源装备制造产业、信息产业、葡萄酒酿造产业、新材料产业、家具装饰产业）的战略性目标，2012年，银川重工业增加值占规模以上工业增加值的比重达到84.26%。

3. 资源禀赋与银川资源依赖型发展模式的形成

截至2012年年末，宁夏累计探明煤炭储量461.82亿吨，潜在资源量1305.15亿吨，其中宁东煤田探明资源储量约275亿吨，占宁夏煤炭探明总储量的87%。2012年宁夏原煤产量8598万吨，位列全国第13位，宁夏的煤炭产量集中在宁东，该区域煤炭年产量6140万吨，占全区71%。宁东煤炭品质好，都是低灰、高热的无烟煤、炼焦煤和不粘煤。除了适合做燃料，宁东煤炭还是最好的煤基原料，适合发展各种煤化工产业。

2013年是宁东煤化工基地建成10周年。在此期间，宁东基地建设了一大批大规模的能源化工项目，创造了数个业内之最。2008年12月15日，中国能源建设史上迄今为止一次开工规模最大的煤电化项目群在宁东正式启动，该项目包含总投资近400亿元的8个能源化工项目；华电宁夏灵武发电有限公司三期工程 $2 \times 1000MW$ 超超临界空冷发电机组于2011年开工建设，2014年全部建成投产，届时，华电灵武公司总装机规模将达到520万千瓦，成为全国最大的火力发电厂。2013年9月，全球单套装置规模最大的煤制油项目——神华宁夏煤业集团年产400万吨煤炭间接液化示范项目在宁夏银川宁东能源化工基地正式开工建设，该项目总投资估算550亿元，年产合成油品405.2万吨，计划2016年建成投产。

从2003年建立之初起，宁东就被定位为大型煤炭生产基地、"西电东输"火电基地和煤化工产业基地，截至2012年，宁东能源化工基地实现工业增加值208亿元，占全市规模以上工业增加值的48%，同期，全市规模以上工业中高技术产业实现工业增加值 10.85 亿，仅占 2.5%；2012年，以石油加工、电力、化工、有色、煤炭等为代表的重工业完成工业增加值 362.3 亿元，占 84.3%，同期，轻工业完成工业增加值 67.7 亿元，仅占 15.7%。可见，银川目前的发展模式，基本是沿着单一比较优势大力发展资源依赖型产业。

三　银川资源依赖型经济发展模式的现状

1. 能源消费结构以煤为主，二氧化碳排放过高

2011 年，银川煤炭消费量占一次能源消费总量的 89%，比同期全国68.4% 的平均水平高出 20.6 个百分点，其中，发电用煤是主要用途，2011 年发电用煤 1389 万吨标准煤，占银川当年煤炭消费量的 55%。以煤为主的能源消费结构导致银川单位 GDP 碳排放因子较高，根据 IPCC 能源消费碳排放因子计算，2011 年银川单位 GDP 二氧化碳排放量约为 7.8 吨/万元，远高于同期全国 1.75 吨/万元的平均水平，较高的碳排放因子给银川低碳发展增加了很大的难度。

2. 重化工业增长迅速，产业结构严重高碳

"十二五"以来，银川全部工业增加值年均增长速度与"十一五"期间基本持平，但电力、石化、煤化工、冶金等重工业产值占规模以上工业总产值的比重在不断上升，由 2005 年的 77.5% 上升为 2012 年的 84.3%；特别是 2008 年以来，银川高耗能产业扩张迅猛，2008 年 12 月 15 日，总投资近 400 亿的包含 8 个能源化工项目的"宁东大型煤电化基地"开工建设，此项目是我国迄今为止一次开工规模最大的煤电化项目群。重工业的加速发展，导致银川的产业结构严重高碳，主要表现在以下两个方面，一是第二产业增加值占 GDP 的比重由 2005 年的 45.2% 上升到 2012 年的54.8%，高于全国水平 9.5 个百分点；二是六大高耗能产业增加值占全市规模以上工业增加值的 46%，高于全国 12.4 个百分点。

3. 能源强度不降反升，节能降耗形势严峻

以煤为主的能源结构和严重高碳的产业结构，导致"十二五"以来银川的能源强度不降反升，完成节能目标的难度不断加大。"十二五"期间，宁夏回族自治区下达给银川市的节能目标是万元 GDP 能耗累计下降14.5%，但从统计监测结果看，2011 年银川市单位 GDP 能耗上升 6.95%（剔除宁东因素上升 3.6%），为 1.416 吨标准煤/万元，是当年全国万元国内生产总值能耗的 1.79 倍；2012 年银川单位 GDP 能耗上升 0.49%，

达到 1.423 吨标准煤/万元，是当年全国万元国内生产总值能耗的 1.86 倍。银川要完成"十二五"单位 GDP 能耗下降目标，后三年单位 GDP 能耗年均下降 7.3% 才可实现，难度非同一般。2013 年上半年，全市万元 GDP 能耗同比仅下降 1.42%，距离全年万元 GDP 能耗下降 7.3% 的目标任务差距很大，节能降耗形势依然严峻。

第二节　银川资源依赖型经济发展模式遇到的挑战

一　全球气候变暖的挑战

1. 全球二氧化碳浓度及对全球气候和环境的影响

由图 9 – 2 可以看出，自 1850 年以来，全球由于人类消耗化石能源和工业生产活动所造成的二氧化碳排放量在逐年增加，特别是 20 世纪中期以来，二氧化碳排放量呈加速增长态势。根据美国能源部下属的二氧化碳信息分析中心的研究报告，2010 年全球二氧化碳排放量为 335 亿吨（折合碳排放量 91 亿吨）。自工业革命以来，全球大气二氧化碳浓度已从约 280ppm（百万分之一体积比）增加到 2010 年的 389.8ppm。

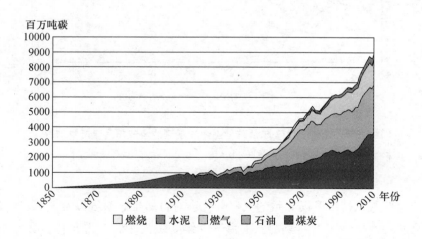

图 9 – 2　1850—2010 年全球化石燃料燃烧和水泥生产中的碳排放量

资料来源：美国能源部二氧化碳信息分析中心（DOE Carbon Dioxide Information Analysis Center）。

注：2009 年和 2010 年的数据为预测值。

　　由于二氧化碳排放量的增加及浓度的增大，全球由温室气体效应导致的气温上升趋势明显，如图9－3所示，特别是20世纪70年代以来，全球年均气温呈明显上升态势。2001年的联合国政府间气候变化专门委员会（IPCC）报告指出：在20世纪，地球的平均温度上升了大约 $0.6 \pm 0.2℃$，其中大部分的温度上升发生在20世纪最后40年，在这40年中，即数据最为可靠的一个阶段，温度上升了 $0.2—0.3℃$。每年大气 CO_2 浓度增加2ppm，人类每往大气中排放1公吨碳，大气 CO_2 浓度会增加0.47ppm；当大气温室气体浓度达到400ppm时，温度会增加 $1.7—2.3℃$；当大气温室气体浓度达到500ppm时，温度会增加 $1.9—4℃$；当大气温室气体浓度达到600ppm时，温度会增加 $2.2—5℃$。总之，根据IPCC的观点，结论十分清楚：①气候变暖实实在在地发生着；②温室气体排放是可能的主要原因。

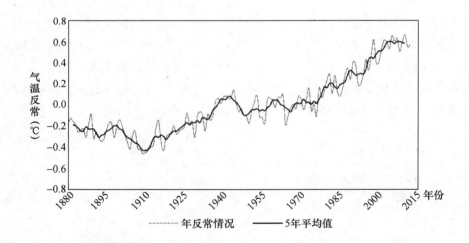

图9－3　1880—2012年从陆地到海洋观测的全球年气温反常情况

　　资料来源：美国能源部二氧化碳信息分析中心（DOE Carbon Dioxide Information Analysis Center）。

　　全球气温持续升高导致的气候变化会对自然生态系统以及人类经济和社会发展产生诸多不利影响：①由于气候变暖，使温度带北移；②冰川、冻土减少；③海平面升高影响海岸带和海洋生态系统；④一些极端天气气候事件增加；⑤病虫害增加，有利于病虫害的越冬，使农业生产面临病虫害的威胁，需要更多的农药控制这些农业害虫，农业生产成本和投资大幅度增加，也造成土地污染和人类疾病增加；⑥气候变暖将导致地表径流、旱涝灾害频率等发生变化，特别是水资源供需矛盾将更为突出；⑦人们因气候变化而产生不适应的感觉，也会助长某些疾病的蔓延，使病情加重，甚至导致死亡。

2. 气候变化对中国可持续发展的影响

在全球气候变暖的背景下，近50年来中国主要极端天气气候事件的频率和强度出现了明显变化，极端气候事件趋强趋多。2006年，中国出现了多项破历史纪录的极端气候事件，如四川、重庆等地发生了百年一遇的严重高温干旱，1951年以来最强台风"桑美"登陆浙江，北方地区出现严重干旱，北京地区一夜之间降下33万吨沙尘等。气候变暖背景下，少雨干旱地区森林火险等级升高，东北地区发生了继1987年以来最为严重的一次森林火灾。

气候变化导致农业生产的不稳定性增加，气象灾害造成的农牧业损失加大。如果不采取适当措施，到2030年，中国种植业生产能力在总体上可能会下降5%—10%，其中小麦、水稻和玉米三大作物均以下降为主。

气候变化导致中国水资源问题日益严峻。20世纪50年代以来，中国六大江河的实测径流量都呈下降趋势，北方部分河流发生断流，地下水资源锐减。预计未来中国水资源供需矛盾会加剧，特别是在干旱年份，华北、西北等地区的缺水状况会更为严重。

气候变化对中国的有关重大工程可能产生一定影响，重大工程安全运行的风险加大。如气候变化可能增加长江流域上游降水，引发三峡库区泥石流、滑坡等地质灾害；未来青藏高原气温有可能变暖，青藏铁路沿线多年冻土会进一步退化，将可能影响某些地段铁路路基的稳定性。

另外，气候变化对中国自然生态系统和经济社会的影响还表现在其他多个方面，如近50年来中国大多数地区的湖泊面积减小、水位下降，湿地减少，草原退化，土地沙漠化整体扩展，生物多样性遭到破坏，红树林和珊瑚礁等海洋生态系统发生退化等。

气候变化对中国经济社会发展已经带来十分严峻的现实威胁，这种威胁仍将持续并不断加剧。

3. 中国作为世界第一能源消费国及中国对世界的承诺

2000—2010年，中国能源消费同比增长120%，占全球比重由9.1%

提高到约 20%，二氧化碳排放占比由 12.9% 提高到约 23%，人均二氧化碳排放量目前已经超过世界平均水平。2009 年哥本哈根气候峰会前，中国政府作出了到 2020 年单位 GDP 二氧化碳排放比 2005 年下降 40%—45% 的承诺，并将其作为约束性指标纳入经济社会发展规划。

面对二氧化碳排放急速增长和减排目标的强约束，中国控制温室气体排放工作任务艰巨，挑战巨大，中国非进行发展模式的彻底转型，很难顺利实现减排目标，对于西部能源资源地区来讲则更是如此。

二 中国经济发展进入新阶段的挑战

1. 中国经济步入中速增长阶段的挑战

改革开放以来，中国的经济发展一直是沿着模仿赶超的发展模式推进的。发展之初，中国的要素价格、技术水平等都与发达国家存在较大差距，因此后发优势比较明显，再加上中国的对外开放政策，因此，可以模仿发达国家的发展路径，实现经济的高速增长。1979—2012 年，中国经济年均增速达 9.8%，而同期世界经济的年均增速只有 2.8%。但经过连续 30 多年的高速增长，中国经济引进和模仿空间缩小，要素成本加快上升，再加上世界经济疲软的冲击，中国经济开始由高速增长阶段向中速增长阶段转换。

转入中速增长阶段并不仅仅是增长速度的改变，更重要的是反映了经济结构的大幅度变动，即工业主导逐步转为服务业主导；相应的，投资比重下降，消费在需求增长中的份额上升；经济增长逐步进入创新和服务经济为主驱动的轨道。增长阶段转换和经济结构的大幅调整，对经济发展方式转型提出了紧迫要求，靠投资拉动和大宗工业产品生产和消耗为主要特征的工业化模式已经很难持续，更多需要依靠技术创新和提高经济增长的质量和效益。这对银川的资源型经济发展模式是一个严峻的挑战。

2. 中国环境问题的挑战

《气候变化绿皮书：应对气候变化报告（2013）》指出，20 世纪 80 年代以来，我国雾日数呈减少趋势，而霾日数呈增加趋势，2011 年和 2012 年的霾日数均超过雾日数，在 20 世纪 80 年代以前，中东部平均雾日数基本都在霾日数的 3 倍以上。从空间分布看，雾霾日数变化呈东增西减趋势。西部地区年雾霾日数基本都在 5 天以下；珠三角地区和长三角地区增加最快，深圳和南京平均每年增加 4.1 天和 3.9 天。2013 年 1 月上旬至 10 月中旬，全国平均雾霾日数为 29.9 天，较常年同期偏多 10.3 天，为

1961 年以来历史同期最多，频繁雾霾天气导致部分地区空气质量下降（见图 9 - 4 和图 9 - 5）。

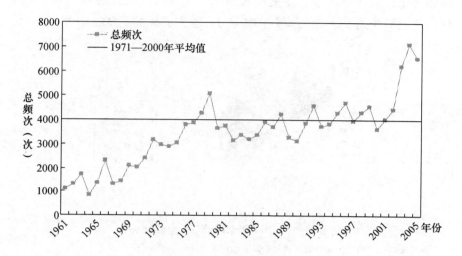

图 9 - 4　中国霾发生频率的变化
资料来源：国家气候中心。

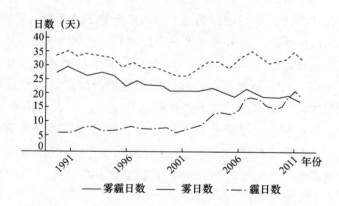

图 9 - 5　中东部地区平均雾霾日数历年变化
资料来源：国家气候中心。

　　中国雾霾天气增多最主要的原因是石化能源消费增多造成的大气污染物排放逐渐增加。这些污染的主要来源是热电排放、工业尤其是重化工生产、汽车尾气等。雾霾天气会给气候、环境、健康、经济等方面造成显著的负面影响，例如加剧区域大气层加热效应、增加极端气候事件；引起城市大气酸雨、光化学烟雾现象，导致大气能见度下降，阻碍空中、水面和陆面交通；提高死亡率、使慢性病加剧、使呼吸系统及心脏系统疾病恶化，改变肺功能及结构、影响生殖能力、改变人体的免疫结构等。

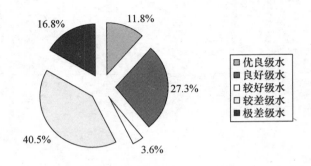

图9-6 2012年全国地下水水质状况

资料来源：中华人民共和国环境保护部：《2012中国环境状况公报》。

全国198个地市级行政区开展了地下水水质监测工作，监测点总数为4929个，其中，水质呈较差级的监测点占比达40.5%，呈极差级的占比16.8%，合计超过57%，中国的地下水污染形势不容乐观（见图9-6）。

在环境污染压力下，国家将进一步压缩煤炭的消费量，控制高耗能、高污染和资源性行业的盲目扩张。《大气污染防治行动计划》指出，将通过严控"两高"行业新增产能，加快淘汰落后产能以及压缩过剩产能等手段，调整优化产业结构，推动产业转型升级；并在2017年年底前将煤炭占能源消费总量的比重降低到65%以下，同时加快清洁能源替代利用等方式，加快调整能源结构，增加清洁能源供应。这一系列措施的大力推行，将对资源依赖型地区的经济发展带来较强约束。

3. 产能过剩的挑战

2012年以来，在外部需求显著减少和中国经济增长放缓双重影响下，中国很多产业再次出现产能过剩问题，本轮产能过剩已成为当前一段时期中国宏观经济遇到的最大挑战。2013年7月和8月，国务院相继出台《促进光伏产业健康发展的若干意见》和《船舶工业加快结构调整促进转型升级实施方案（2013—2015年）》，致力于化解以上两行业的过剩产能。本轮产能过剩的特点，一是以重化工行业为主，比如钢铁、水泥、电解铝、平板玻璃、造船等行业。二是产能过剩程度明显加深。目前,我国炼钢能力超过 9 亿吨,产能利用率仅有 72%,我国水泥产能接近 30 亿吨,已经超过 2015 年 25 亿吨的需求预期目标,2012 年末国内电解铝产能为 2765 万吨,产能利用率仅为 72%。三是煤炭行业也存在严重的产能过剩问题,相比于 2009—2011 年的供不应求,2012 年煤炭社会库存首次突破了 3 亿吨,达 3.44 亿吨,中国煤炭行业正陷入严重的产能过剩。而 2013 年的产能过剩形势或将加剧。根据测算,2013 年煤炭产能可能达 46.3 亿吨,将大幅超过需求 41.2 亿吨,如果产能全部释放,将约有 5 亿吨的剩余,几乎相当于内蒙古地区半年的产量。

严重的产能过剩,特别是煤炭资源和重化工行业的产能过剩,对于资源依赖型地区的经济发展是一项重大的挑战。

三　银川"一煤独大"型产业结构的潜在风险

1. 煤炭市场低迷

2002—2011 年是煤炭行业黄金十年,量价齐升,到 2012 年 5 月份,煤炭库存明显增加,价格迅速下跌,环渤海各港口动力煤市场出现均价 13 周连续下跌,2012 年 7 月起,煤炭价格企稳,到 2012 年年底,再次出现下跌,一直到 2013 年 10 月份。煤炭价格由 2011 年 11 月初最高的 855 元/吨,降到 2013 年 10 月初最低的 530 元/吨,两年累计降幅接近 40%。

煤炭市场发生逆转变化的主要原因:一是受世界经济持续低迷和国内经济下行压力不断加大的影响,国内主要用煤需求明显回落;二是新增煤炭产能的释放,打破了供需平衡,致使煤炭供大于需,从而造成了煤炭滞销,煤价下跌;三是进口煤炭增加对国内市场的冲击;四是水电和风电光伏等新能源发电挤压火电,严重影响了火电企业对煤炭的需求。四重因素层层叠加,导致了当前煤炭市场的低迷。煤炭市场的持续低迷对于严重依赖煤炭资源的银川经济造成的影响无疑将是非常重大的。

2. 清洁能源的替代

截至 2012 年年底,中国一次能源消费总量为 36.2 亿吨标准煤,其中,煤炭占一次能源消费总量比重为 67.1%,比 2011 年下降了 1.3 个百分点;石油和天然气占一次能源消费总量的比重分别为 18.9% 和 5.5%,比 2011 年分别提高了 0.3 个和 0.5 个百分点;非化石能源占一次能源消费总量的比重为 9.1%,比 2011 年提高 1.1 个百分点。根据《国家"十二五"能源规划》,2015 年,非化石能源消费比重提高到 11.4%,非化

石能源发电装机比重达到 30%。天然气占一次能源消费比重提高到
7.5%，煤炭消费比重降低到 65% 左右。根据中国工程院所作的《中国能
源中长期（2030、2050）发展战略研究》的研究结果，到 2020 年，煤炭
占我国一次能源的比重将降到 60%（甚至 52%）以下，2050 年，会进一
步降低至 40%（甚至 35%）以下，在新能源和可再生能源的快速发展
下，煤炭的重要地位必将发生根本性转变，这对于严重依赖煤炭及相关产
业的银川经济发展将带来重大的挑战（见表 9-1）。

表 9-1   基于科学产能和用能的一次能源结构

单位：亿吨标准煤

年份	能源总量	煤	油气（含煤层气等）	核电	非水可再生能源	水电
2020	40—42	22—24	约 11.5	约 1.7	约 2	约 3
2030	45—48	20—22	约 13.5	约 4.5	约 4	约 4
2050	55—58	18—20	约 15.5	约 9	约 8.5	约 5

资料来源：中国工程院重大咨询项目《中国能源中长期（2030、2050）发展战略研究》。

3. "资源诅咒" 现象的发生

"资源诅咒" 是指资源丰富的国家或地区，由于过度依赖自然资源及
其开采而导致环境污染、生态破坏、产业单一、经济乏力、分配不公及政
府腐败等问题，致使区域发展陷入社会、经济、生态、环境等方面的严重
困境，体现的是一种不可持续发展的状态。

Glyfason（2001）从人力资本角度分析了在资源繁荣的条件下，资源
丰富地区的政府或家庭过分自信而没有形成对高水平教育的需求，也就是
只重视自然资本而忽视了人力资本的积累。徐卫等（2009）认为资源繁
荣通过影响教育成本、预期收益率和贴现率对资源繁荣地区人力资本产生
不利影响。能源产品在带来短期收益的同时对技术创新产生挤出效应，最
终通过挤出研发而制约经济增长，天赋资源过剩时，就会缺乏创新的动
力。任歌等（2009）通过分析得出结论，以丰富自然资源为背景的资源
开发部门初期的边际收益远大于制造业部门，致使劳动力从制造业流向采
掘业，制造业趋于萎缩，而制造业的萎缩又加剧资源型地区对采掘业的依
赖，当资源型地区资源面临枯竭或限制开采时，该地区将失去带动经济增
长的主导产业，经济停滞不前而陷入发展困境。我国资源型地区往往历史

经济基础落后，自然条件比较恶劣，地处边境内陆，普遍不具有地缘优势，与发达地区相比较，产业结构仍然比较落后，再加上资源型产业自有的比较优势，吸引了大量劳动力和资本要素，其他产业得不到足够的要素支持，导致资源型产业主导的结构特征。

如何避免"资源诅咒"问题的发生，也是银川当前"一煤独大"型产业结构遇到的重大风险。

第三节　低碳转型是银川经济实现可持续发展的根本途径

一　低碳转型概述

1. 低碳转型的内涵

"低碳经济"最早见诸政府文件是在2003年的英国能源白皮书《我们能源的未来：创建低碳经济》，英国的能源白皮书为低碳发展模式制定了较为详细的目标和路线图，但却没有为"低碳经济"提出一个明确的内涵。在目前对于低碳经济内涵的界定中，英国环境专家鲁宾斯德的阐述影响较为广泛，他指出：低碳经济是一种正在兴起的经济模式，其核心是在市场机制基础上，通过制度框架和政策措施的制定和创新，推动提高能效技术、节约能源技术、可再生能源技术和温室气体减排技术的开发和运用，促进整个社会经济朝向高能效、低能耗和低碳排放的模式转型；中国环境与发展国际合作委员会2009年发布的《中国发展低碳经济途径研究》，最终将"低碳经济"界定为"一个新的经济、技术和社会体系，与传统经济体系相比在生产和消费中能够节省能源，减少温室气体排放，同时还能保持经济和社会发展的势头"（中国人民大学气候变化与低碳经济研究所，2010）。

根据以上关于"低碳经济"的定义，我们可以看出，所谓低碳转型，就是经济发展由传统模式向低碳模式转变，即在可持续发展理念指导下，采用技术的、行政的、市场的等多种调控手段，减少对高碳能源的消耗，减少温室气体排放，尽可能地减少煤炭、石油等高碳能源消耗，减少温室气体排放，达到经济社会发展与生态环境保护双赢的一种经济发展形态。

2. 全球低碳转型的形势

近些年来，世界各国一直为改变全球气候变暖而积极努力。2003 年，英国发表能源白皮书，首次提出"低碳经济"的概念，要求经济活动的"碳足迹"接近或等于零。自英国提出"低碳经济"之后，欧盟各国不同程度地给予积极评价并采取了相似的战略。2008 年 1 月欧盟委员会提出的《气候变化行动与可再生能源一揽子计划》，旨在带动欧盟经济向高能效、低排放的方向转型，并以此引领全球进入"后工业革命"时代。虽然在气候变化问题上，美国的态度一向与多数国家相左，也没有批准《京都议定书》，但是在可持续能源发展方面，美国吸引的风险资本和私人投资最多，生产税收减免等联邦法规也对开发和利用可持续能源、发展低碳经济起到了积极的推动作用。事实上，在金融危机的影响下，低碳技术与新能源经济已经成为美国经济振兴计划的重要战略选择。根据 2008 年日本提出的"福田蓝图"，其减排长期目标是到 2050 年温室气体排放量比目前减少 60%—80%，把日本打造成为世界上第一个低碳社会。

在各国积极推进低碳发展的同时，建立公平有效的国际气候治理机制也已成为当今世界政治的主要议程之一。1992 年，154 个国家和地区的代表签订了第一份关于气候变化的国际性条约《联合国气候变化公约》，1997 年，在日本举行的第三次缔约方会议上，又签订了《京都议定书》。《联合国气候变化公约》和《京都议定书》都特别强调，发达国家应该严格履行减排目标，发展中国家应该根据自身情况采取相应措施，为应对气候变化做出力所能及的贡献；2007 年 12 月，来自《联合国气候变化公约》的 192 个缔约方以及《京都议定书》176 个缔约方的 1.1 万名代表参加了在印尼巴厘岛召开的联合国气候变化大会，经过持续十多天的马拉松式谈判，大会终于通过名为"巴厘路线图"的决议，目的在于针对气候变化全球变暖而寻求国际共同解决措施；2009 年 12 月，哥本哈根世界气候大会的召开，就未来应对气候变化的全球行动签署新的协议，进一步明确了世界经济"低碳转型"的大趋势。一年一度的联合国气候变化大会最近一次会议于 2013 年 11 月 11 日在波兰首都华沙召开，围绕两大焦点议题展开讨论，一是落实"巴厘路线图"所确立的各项谈判任务、已经达成的共识和各国所作出的承诺；二是开启德班平台谈判，为 2015 年达成新的协议勾画路线图奠定良好基础。

3. 低碳转型的主要途径

实现低碳转型的主要方式和途径包括以下几个方面：一是积极推动绿色发展，即在生态环境容量和资源承载力约束条件下，通过加强环境保护实现经济可持续发展；二是优化产业结构，即通过对高碳产业的整合和低碳产业的培育，推动产业结构的合理化和高级化，支撑经济全面协调可持续发展；三是优化能源结构，即通过加大天然气、核能、太阳能、生物质能和风能等清洁能源的利用，提高清洁能源比例，实现经济发展向低碳转型；四是依靠技术创新来支撑经济向低碳经济的跨越式发展；五是开放发展，通过开展全方位国际合作，引进技术，开拓市场，推进全球经济低碳发展。

二　银川低碳转型的必要性

1. 中国应对全球气候变化挑战的需要

中国发展低碳经济，不仅仅是为了应对全球气候变化，控制温室气体排放，同时也是可持续发展、能源安全、环境和生态保护的需要。根据国土资源部编制发布的《中国矿产资源报告（2013）》，截至2012年年底，我国查明煤炭资源储量1.42万亿吨，其中可采储量约占20%，石油剩余技术可采储量33.3亿吨、天然气4.4万亿立方米，2012年中国石油表观消费量约4.9亿吨，中国石油可采储量仅可满足不到7年的消费，随着经济快速发展，中国能源需求维持高速增长，原油进口量不断刷新历史纪录，2012年中国石油进口量约为2.84亿吨，同比增长6.8%，石油对外依存度达到58%；2012年中国天然气表观消费量达到1475亿立方米，中国天然气可采储量也仅可满足不到30年的消费；2012年中国煤炭消费量达到39.4亿吨，首次超过全球的一半，达到50.22%，中国煤炭储量相对丰富，但即使按照2012年的消费量计算，中国的煤炭可采储量也只能满足不到70年消费。况且煤炭开采，破坏了地下水系，容易引发地质灾害，事故频发，生命代价巨大。煤炭燃烧排放的二氧化硫、氮氧化合物、重金属汞、粉尘和固体废弃物，带来巨大环境代价。能源安全、环境保护和可持续发展，客观上要求我们迅速而大规模转型。在中国经济低碳转型的格局中，以银川为代表的西北煤炭聚集区的低碳转型意义更为重大。

2. 顺应中国经济发展进入新阶段的需要

2013年3月17日，在当选国务院总理后的首个记者发布会上，李克强首次提出"打造中国经济升级版"的全新概念，他指出，"实现2020年全面建成小康社会的奋斗目标，关键在推动经济转型，把改革的红利、内需的潜力、创新的活力叠加起来，形成新动力，并且使质量和效益、就业和收入、环境保护和资源节约有新提升，打造中国经济的升级版。"

从全国来说，东部正在加速推进产业升级，中部地区这些年也有很快发展，西部还是一片沃土，等待着进一步的开发、发展，未来几十年西部发展潜力将非常巨大。在外资西移、内资西进的浪潮下，西部地区如何发挥自身区域特色，通过努力提升承接东部产业转移，特别是新兴产业转移的能力，在中国经济转型升级的大背景下实现区域经济的转型升级，对于西部地区实现健康可持续发展具有重要意义。银川作为西部能源资源聚集区的代表性城市，通过低碳发展应对中国经济发展进入新阶段的挑战是既顺应国内外发展大势，又有利于银川经济发展的重要战略抉择。

3. 银川经济实现可持续健康发展的需要

投资拉动和资源依赖的经济增长模式，其投资的边际收益在趋于下降，经济发展的质量和效益也在逐步降低，同时，资源依赖的经济增长模式往往会带来生态环境的破坏，还有，资源依赖的经济增长模式往往忽视了技术创新能力的培育，伴随着资源的开发殆尽，其发展模式的转型将更加困难，因此，单一依靠资源产业的发展模式是不可持续的。

银川要避免以上资源依赖型经济的内生缺陷，实现经济的可持续健康发展，必须加快推进经济低碳转型。要强化可持续发展的思想认识，坚定产业结构调整的决心，同时也要认识到，产业结构的改变亦非一朝一夕之事，应立足于地区实际，一方面推进资源产品的深加工，延长产品线，提高经济效益，另一方面利用现有资源产品的经济效益，带动非资源产业的发展，从动态上改变过度依赖单一资源局面，最终实现创新驱动和绿色发展。

三　银川低碳转型的可行性

1. 银川具有可再生能源开发利用和环境保护的良好基础

银川市可再生能源资源丰富，早在 2001 年就成为国家首批 18 个清洁能源试点城市之一。银川市是太阳能资源丰富地区，年日照时间 3017 小时，日照率在 65% —80%，在全国 31 个省会城市太阳能可利用状况综合排序中仅次于拉萨和呼和浩特，位居第三位；银川太阳能资源利用呈现快速发展势头，太阳能光热利用已形成一定规模，太阳能光伏发电已形成包括太阳能硅材料生产、太阳能电池封装、太阳能光电产品制造的产业体系，2008 年 9 月 15 日，年发电量可达 68 万千瓦·时的太阳能试验电站已在银川经济技术开发区正式并网发电，这是目前西北地区最大的太阳能光伏高压并网电站。

从风能资源看，宁夏处于甘肃、内蒙古、辽宁大风带，风能资源较为丰富，开发潜力巨大。宁夏风能资源总储量 2253 万千瓦，适宜风能开发的风能资源储量为 1214 万千瓦。银川市的灵武市东部和贺兰山区风能资源丰富，贺兰山的山顶和山峰为风能资源最丰富区，年平均风功率密度达 328 瓦/平方米，年平均风速为 5.8—7.0 米/秒。受地形和季风影响，银川风场风力较强，风向风速较为稳定，基本无破坏性风速，境内干旱少雨，温度较低，适宜风电设备的安全运行。2013 年 10 月 26 日，华电宁夏宁东风电场宁东风电六期工程 25 台风机全部并网发电，至此，该公司风电投产总容量达到 40 万千瓦。另外，贺兰山风电场头关一、二期项目全部建成投产后，将建成总装机 100MW 的风电场。

银川的生物质能源资源主要为郊区农业废弃物，包括种植业废弃的秸秆和畜禽养殖业废弃的畜禽粪便。银川市规模化养殖场、养殖园区发展较快，到 2008 年全市规模化养殖奶牛 200—500 头的有 63 家，500—1000 头的 21 家，1000 头以上的 12 家；养殖肉牛 200—500 头的 16 家，500—1000 头的 1 家，1000 头以上的 1 家；养殖鸡 10 万只以上的 156 家。年养殖奶牛 15.5 万头，存栏肉牛 13.87 万头，存栏成猪 24.2 万只，存栏羊 92.4 万只，存栏鸡 258.7 万只，年屠宰牛羊 20.6 万头（只），屠宰猪 14.6 万头，屠宰鸡 50 万只。年产生粪便资源量 1 万吨，可利用量 1 万吨；银川市种植业秸秆资源量丰富，2007 年秸秆量 105.5 万吨，可利用量 42.2 万吨。

银川生态环境状况良好。2011 年，银川市被国家环境保护部授予"国家环境保护模范城市"，银川市是西北五省（区）首府城市中唯一的国家环保模范城市。2012 年，银川市新增改造城市绿化面积 500 公顷，完成人工造林 6667 公顷，森林覆盖率达到 14.4%，建成区绿化覆盖率增至 42.87%。通过实施银川市区东南部及北部水系全线贯通工程，新增湖泊湿地 1250 公顷，湿地面积超过 5 万公顷，其中天然湿地和人工湿地分别占 52%、48%，有湿地植物 190 多种、水鸟 159 种。银川市还有国家级自然保护区 2 个，其中贺兰山自然保护区现有维管束植物 624 种、被子植物 603 种、种子植物 678 种、苔藓植物 204 种、120 余种动物；白芨滩自然保护区有珍稀濒危植物沙冬青等 306 种旱生、沙生植物、115 种动物，生物多样性丰富。

2. 银川具有良好的经济社会发展基础

　　改革开放以来，银川经济保持快速增长，1978—2012 年的 35 年，年均经济增长率达到 18.2%，经济总量连上新台阶，2012 年银川 GDP 破千亿元大关，达到 1140.83 亿元。随着经济的快速发展，银川财政总体实力连续跃上新台阶，2000—2012 年年均增长 27.4%，2012 年达到 187.5 亿元（见图 9 - 7 和图 9 - 8）。

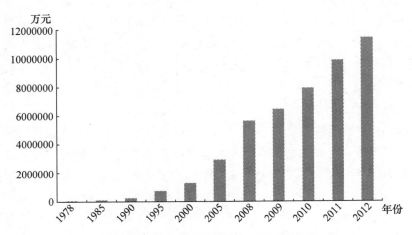

图 9 - 7　1978—2012 年银川地区生产总值

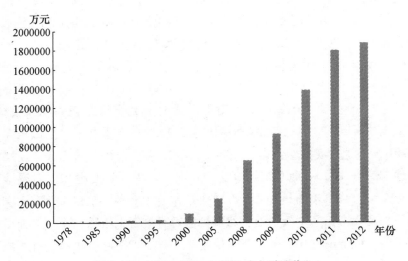

图 9 - 8　1978—2012 年银川地方财政收入

　　改革开放以来，银川产业结构不断优化，三次产业在调整中均得到长足发展，农业基础地位不断强化，工业实现持续快速发展，服务业迅速发展壮大。三次产业增加值在国内生产总值中所占的比例由 1981 年的 28：45.4：26.6 调整为 2012 年的 4.5：54.8：40.7。与 1981 年相比，2012 年第一产业比重下降 23.5 个百分点，第二产业比重上升 9.4 个百分点，第三产业比重大幅上升 14.1 个百分点。经济实力的显著增强，为银川经济实现低碳转型提供了坚实的物质基础（见图 9-9）。

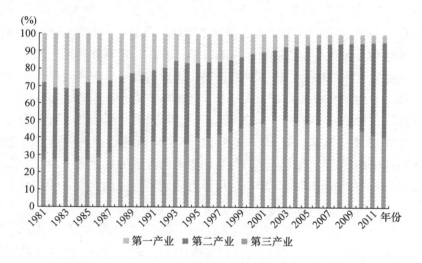

图 9-9　1981—2012 年银川三次产业结构

3. 银川在对外开放中的区位优势

银川具有区域性中心城市优势。银川市地处中国大陆北部几何中心，位于宁夏平原北部，从区内看，银川市是宁夏回族自治区重点建设沿黄城市带的中心城市，宁夏的首府城市。从宁蒙陕甘毗邻地区看，银川市处于"呼—包—银—兰—青经济带"的中心地段，是毗邻地区 500 公里范围内的唯一首府城市，辐射人口 1000 多万，在毗邻地区已形成"购物在银川、居住在银川、旅游在银川、教育在银川、医疗在银川"等品牌，消费市场丰沛，辐射范围日益扩大。同时银川也是鄂尔多斯、榆林、银川"能源金三角"的主要成员城市之一。从更大范围看，银川又处在通向中亚、中东地区和整个欧洲的有利位置。特殊的区域位置和便捷的交通，将使银川成为东部产业转移、企业西进战略部署和国家西部大开发的重点城市之一。

4. 银川在对外开放中的伊斯兰文化优势

拥有深厚伊斯兰文化底蕴的宁夏，正在发挥自身与西亚、中东伊斯兰国家习俗相近、文化相通的优势，打造中国向西开放的"战略高地"。银川市回族人口占全市总人口近1/3，素有"东方穆斯林之都"的称誉，浓厚的回乡风情和深厚的穆斯林文化传统，是银川打造宁夏向西开放"桥头堡"的巨大优势。宁夏，特别是银川，与阿拉伯国家在投资、贸易、劳务、工程承包等领域有着广阔的合作空间，已经连续举办了三届的"中阿经贸论坛"自2013年起更名为"中阿博览会"，全面加强与阿拉伯国家的合作，尤其是中阿能源、金融、清真食品、穆斯林用品、农业、文化、旅游等重点领域的合作，全面搭建中阿商品贸易、服务贸易、金融投资、技术合作、文教旅游等五大平台。于2011年启动的银川阅海湾中央商务区，按照"一年成名、五年成型、十年成城"的发展规划，将为打造"中国迪拜"奠基。规划中的中阿之轴文化景观已初见雏形：白色的阿拉伯风格的拱门、长廊，伊斯兰文化中最为显著的标志——新月，都昭示着这里将与阿拉伯国家、伊斯兰世界有着密不可分的联系。

5. 银川的特色产业优势

"十二五"期间，银川市决定在工业上做强"一强"，即能源化工产业；做大"四优"，即装备制造及再制造产业、羊绒产业、清真食品和穆斯林用品产业、发酵及生物制药产业；培育"五新"，即新能源装备制造产业、信息产业、葡萄酒酿造产业、新材料产业、家具装饰产业。农业上做强"两强"，即设施园艺和奶产业；做大"四优"，即露地瓜菜、清真牛羊肉、"适水"产业、长红枣；培育"四新"，即有机大米、玉米瓜菜制种、酿酒葡萄、花卉。服务业上构建"三个中心一个目的地"，即区域物流中心、生活服务中心、现代服务业中心和旅游休闲目的地。

比如，银川极具代表性的清真食品和穆斯林用品产业是银川市社会经济发展中的特色优势支柱产业，银川市作为中国唯一的回族自治区首府城市，清真食品和穆斯林用品产业具有独特的市场需求、显著的人文优势与资源竞争优势。银川市清真食品和穆斯林用品产业主要包括：清真食品加工、穆斯林用品加工和清真餐饮三个方面。全市清真食品和穆斯林用品产业实现营业收入由2008年的35.5亿元提高到2012年的105.58亿元，近5年清真产业营业收入年均增长超过20%。

再比如，银川的羊绒制品基地建设面积266.7公顷，现有羊绒企业

43 家。基地所在的银川高新技术产业开发区，2010 年 11 月被国务院批准为国家高新技术产业开发区。基地的羊绒及其制品产业，是宁夏回族自治区政府重点扶持发展的优势特色产业和银川市"一强五优"产业。2012年园区实现工业总产值 95 亿元，出口 2.2 亿美元。

6. 银川的地域优势

银川自然禀赋得天独厚，由于贺兰山阻挡西北风沙，黄河自流灌溉自古闻名遐迩，素有"塞上江南"的美誉，土地资源和水资源丰富，引黄灌溉发达，具有得天独厚的农业生产条件，盛产小麦、水稻、玉米、果品等，是全国著名的农作物高产区和重要的商品粮基地。银川市绿色农业发展迅猛，设施园艺、奶产业、清真牛羊肉、长红枣、酿酒葡萄等优势特色产业平稳增长，全市获得农业部无公害农产品认证 294 个，绿色食品 106个，有机产品 24 个，地理标志认证 5 个，累计无公害认定面积 174.2 万亩，占全市耕地面积的 91.7%。

贺兰山东麓优质的土壤、最佳的温度最适宜种植优质酿酒葡萄，被誉为"中国的波尔多"。法国路易威登酩悦轩尼诗集团和保乐力加集团两家国际知名企业，以及张裕、长城等国内知名葡萄酒企业相继在银川建设葡萄酒庄，已培育出了加贝兰、法赛特、银色高地、类人首等具有国内外影响力的品牌，而得到世界认可的中国 6 家精选酒庄这里就占到了 4 家。贺兰山东麓葡萄酒产区首次进入《世界葡萄酒地图》。酿酒葡萄产业已成为银川吸引世界目光的烫金名片。

银川市旅游资源丰富，文化遗存分布较广。神秘的西夏文化、古老的黄河文化、鲜明的伊斯兰文化、粗犷的边塞文化、河套文化、丝路文化形成了银川"塞上湖城、回族之乡、西夏古都"三大城市特色。境内有玉皇阁、承天寺塔、海宝塔、清真寺以及西夏王陵、贺兰山岩画、拜寺口双塔、古长城等 60 多处名胜古迹，近邻的国家 5A 级旅游区沙湖、沙坡头等，高山、大漠、黄河、草原等多种自然景观齐具。镇北堡华夏西部影视城拍摄了《红高粱》等多部著名影片，使中国电影从这里走向世界。塞上江南风光旅游、回族穆斯林风情旅游和古西夏文化旅游，构成了独特的旅游资源优势。旅游业以年均两位数的增长率高速发展，成为全国优秀旅游城市之一。

第四节 银川经济发展模式低碳转型的战略安排

一 抓住"两区"建设重大机遇,加快外向型经济发展步伐

2012 年 9 月国务院批准建立宁夏内陆开放型经济试验区和设立银川综合保税区的重大决策是宁夏对外开放史上具有划时代意义的一件大事,"两区"建设这一国家战略迅速转化为宁夏发展的新思路。内陆开放型经济是内陆欠发达地区通过全面开放促进自身发展的战略思维。宁夏的区位和发展阶段,决定了宁夏发展内陆开放型经济必须统筹好对内、对外开放两个方面,既要注重向以伊斯兰国家为主的国际市场积极开放,打造国家向西开放的"桥头堡",也要特别注重向东部沿海省份和邻近省区相互开放,畅通商品、要素和服务流通渠道,积极承接东部产业转移,形成宁夏对内、对外全方位开放的新格局。

银川综合保税区是宁夏全力推进内陆开放型经济试验区建设的"核心引擎",也是中阿经贸合作和承接东部产业转移的核心战略平台。银川要抓住"两区"建设的重大历史机遇,加快外向型经济发展步伐,借以推动银川产业结构转型升级和经济发展模式低碳转型。

1. 扩大对外开放,打造内陆开放型经济核心区

宁夏内陆开放型经济试验区的设立,意味着宁夏将成为国家重点打造的中阿经贸合作的连接中枢和战略平台。这是因为宁夏具有国内其他省区所不具备的独特优势,从历史、文化、宗教等方面看,被称作"中国穆斯林省"的宁夏与阿拉伯国家有着天然的亲近性和关联性;从地理区位方面分析,宁夏地处东亚大陆和中国北部几何中心,处在"雅布赖"国际航路开辟中东、欧洲和非洲空中通道的理想节点上,是中阿经贸物流的低成本通道。银川综合保税区于 2012 年 9 月 10 日经国务院批准设立,规划控制面积 4 平方公里,位于银川河东机场南侧。银川综合保税区的功能定位是保税物流为先导,保税加工为主导,保税服务为引导,同时积极拓展口岸作业。

银川要以综合保税区为基点,充分发挥自身比较优势,通过引进发达国家和地区的优秀企业或先进技术,加快开发形成一批具有国际竞争力的先进技术和产业,如生物制药、电子信息、航空、高端清真食品、高端纺

织服装等产业，将综合保税区打造成为区域科技创新和产业转型升级的引擎，带动本地产业结构和产品结构不断优化、升级；同时，以综合保税区为重要的发展平台，引进现代服务业企业，通过"先行先试"的优惠政策壮大现代服务业，积极引进和培育服务外包、现代金融服务、现代商贸流通等现代服务业新业态，带动银川服务业提速发展。

2. 加快推进对内开放，积极承接东部产业转移

随着东部地区经济高速发展，土地、劳动力等生产要素供给趋紧、企业商务成本不断提高、资源环境约束加大等问题日益突出，产业升级压力不断增大。面对世界范围的新技术革命浪潮和发达国家的产业结构调整，长三角乃至东部经济发达地区为适应世界经济发展趋势，应对经济一体化，腾出空间有效承接新一轮国际产业转移，在加快传统产业技术改造，提升产业结构，大力发展以电子信息业、装备制造、汽车制造、石油化工等为先导的高新技术产业和先进制造业的同时，也主动向外围地区转移其劳动密集型和资源密集型产业。从总体上看，东部产业转移呈现这样几个特点：一是传统产业转移规模越来越大。调查显示，东部地区近70%的纺织服装企业发生过转移或有转移意愿；长三角地区10%—15%的鞋类订单和部分代工企业向东南亚等地转移；珠三角40%左右的企业发生转移（商务部课题组，2013）。二是转移的产业主要以加工制造业为主，尤其是劳动密集型加工工业转移的势头强劲。三是对资源能源依赖较强的上游产业转移趋势明显。四是来源地相对集中，大都来自长三角、珠三角、闽三角等地。五是与东部地区相邻且交通运输条件较好的中西部省区，在吸引产业转移方面明显占优。

承接东部地区产业转移，银川，特别是银川综合保税区有诸多优势，银川要利用综合成本优势和宁夏银川承接产业转移（生态纺织）示范区的优势，承接纺织服装等劳动密集型产业转移。利用综合保税区的出口政策承接电子信息等出口加工型产业转移；利用在新材料和机械加工方面的产业配套优势承接配套产业转移，促进银川工业向高水平、宽领域、纵深化方向发展。

二　摆脱依赖单一比较优势的发展模式，大力发展特色产业

1. 重点发展"四优五新"产业，大力推进工业经济结构调整和产业升级

在努力做强能源化工产业的同时，要重点发展"四优五新"产业，

即做大装备制造及再制造、羊绒、清真食品和穆斯林用品、发酵及生物制药产业，加快培育新能源装备制造、电子信息、葡萄酒酿造、新材料、家具装饰五个新的增长点，不断提升工业化水平和优化工业结构。

做强能源化工产业，要依托宁东能源化工基地，重点发展煤化工、石油天然气化工产业，加快煤制烯烃、煤制油、煤制气、煤制化肥等为代表的现代煤化工项目建设，进一步发展工程塑料、聚氨酯、聚酯和精细化工等产品。

发展四优产业，一是发展机械装备及再制造产业，要重点发展数控机床、大型铸件、起重机、煤矿综采等主机类装备制造，加快铸造、锻造、模具、热加工等配套类装备制造发展；二是发展羊绒产业，要着力扩大羊绒加工生产规模，加快推进羊绒精深加工，努力实现羊绒产业由初级加工向精深加工、初级产品向高端产品的转移和提升，不断增强羊绒业市场竞争力；三是发展清真食品及穆斯林用品产业，充分发挥"回族之乡"品牌优势，培育和丰富清真食品、清真餐饮、穆斯林用品特色产业；四是发展发酵及生物制药产业，利用本地区的气候、煤炭、电力、玉米等资源优势，重点发展阿维菌素、维生素系列原料药产品、红霉素衍生物系列原料药及制剂，扩大赖氨酸、苏氨酸、谷氨酸生产规模。

发展五优产业，一是发展新能源装备制造业，以风电整机、关键零部件为重点，大力引进和扶持风电装备制造企业，培育发展光电装备制造企业，打造从硅材料、太阳能电池（组件）到系统集成、电厂工程总承包的完整产业链，积极引进开发新能源储能材料，发展光热产业；二是电子信息业，重点推动应用软件研发与服务外包、网络传输服务、物联网的发展；三是葡萄酒酿造业，全力打造"贺兰山东麓葡萄酒"品牌，推进葡萄酒向高档酒和高品质方向发展；四是发展新材料产业，要依托现有基础，加快推进有色轻金属材料、新能源材料等系列产品的研发与生产；五是发展家具装饰业，重点发展家具家私、装潢建材、门窗型材以及以太阳能为主体、以天然气和电力为补充的新型供热取暖设施等家具装饰新产品。

2. 大力发展服务业，重点发展"三个中心一个目的地"

"三个中心"建设，一是建设区域性物流中心，利用良好的区位优势，做大已有的重点商贸项目和空港、陆港、物流港、宁东物流园区等重点项目基础设施建设，积极引进国际知名商贸企业，第三方物流骨干企业、农产品冷链物流、城市快递和电子商务，把银川建设成为西北地区重要的区域性物流中心。二是建设生活服务中心，重点构筑200公里消费服务圈，增加专业批发市场的集聚辐射能力，发展物流配送和总部经济，构筑300公里生活服务集聚和辐射圈。把银川市建设成为辐射宁蒙陕甘毗邻地区的区域性生活服务中心。三是建设现代服务业中心，加快发展金融保险业、科技信息服务业、商务服务业等生产性服务业、推进软件开发与服务外包、动漫游戏、旅游休闲、创意设计等创意产业，加大会展基础设施建设力度，形成各类会展专业公司及宾馆、酒店、旅游服务一体化发展的会展市场体系，全力打造以"中阿经贸论坛"、"宁洽会"等为代表的品牌展会，将银川建设成为面向宁蒙陕甘毗邻地区的现代服务业中心。

"一个目的地"是打造旅游休闲目的地，大力发展特色文化旅游业，整合宁夏独具特色的回族文化、西夏文化等旅游资源，提升贺兰山东麓、黄河金岸、西夏王陵、贺兰山岩画、镇北堡影城等旅游景区的功能、历史人文景区文化品位，加快发展黄沙古渡、苏峪口、滚钟口等运动休闲旅游景区和生态度假、乡村农家乐等新兴旅游业，把银川打造成全国知名的旅游休闲目的地城市。

3. 加快发展现代农业，重点发展"两强四优四新"

两强农业，一是发展设施园艺产业，要依托良好的农业生产条件，加快新品种引进，改善品种结构，在关键技术上有新突破，全面提升设施园艺效益，建成西部地区重要的无公害蔬菜瓜果生产基地、全国设施农业示范基地；二是发展奶产业，引进生态奶牛养殖企业和大型乳制品加工企业，建设一批大型养殖基地，全面提高乳制品研发、加工能力。

发展四优农业，要努力扩大露地瓜果蔬菜、水产品、清真牛羊肉、长红枣生产规模，提升品质和档次，引进特色农产品精深加工企业，提高附加值。

发展四新农业，要扩大有机大米、玉米和瓜菜种植、酿酒葡萄、花卉生产规模，引进农业产业化龙头企业及精深加工企业，做大规模，做优品质。

三　加强煤炭清洁利用，提高煤炭利用效率

1. 提高原煤入选率，推进低品质煤的提质利用

一是发展煤炭提质技术，加大稀缺、难选、细粒煤的高效分选关键技术研发，不断提高炼焦煤的精煤质量和精煤回收率，着力提高动力煤的入

洗率和分选效率；二是推进低品质煤的提质利用，发展褐煤高效脱水、低温干馏多联产和高效脱灰技术，发展高硫煤高效分选脱硫技术，发展煤基洁净产品精细加工技术；三是严格煤炭市场准入门槛，加强对准入资质的监管，加强煤炭产品质量的监督检查和管理，根据不同区域、不同用户类型及其产品使用特点，研究和设定煤炭市场产品质量的进入标准。

2. 积极发展先进清洁高效的煤炭利用技术，提高煤炭综合利用率

一是研发、示范和推广先进燃烧和发电技术，进一步提高煤炭利用效率，控制煤炭利用过程中污染物的排放，推动实现脱硫脱硝一体化和汞排放的协同控制；二是研发、示范和推广煤基多联产技术，重点发展电力—化学品、电力—油/气、热解—气化—燃烧分级转化多联产技术及产业。重点突破煤气化及煤炭/生物质共气化、电力和不同产品联产的集成设计与运行、与多联产系统匹配的二氧化碳捕捉与分离等关键单元技术及系统集成技术；三是发展煤利用过程中的节能技术，重点发展煤—富氢气体（如天然气、焦炉气等）共制合成气、高炉高风温富氧喷煤、二次能源回收利用及煤炭与新能源耦合利用等先进的煤炭利用技术，推动节能技术向产业化发展。

3. 强化节能减排，通过"倒逼机制"推进煤炭供应和利用方式的改变

一是推行煤炭分级利用与转化及分布式利用，提高资源综合利用水平，积极探索和推广煤炭热解燃烧分级转化技术应用，提高煤炭燃烧效率，发展煤基多联产技术，包括电力—甲醇、电力—油品、电力—合成天然气、电力—烯烃、煤炭热解气化燃烧分级转化多联产技术及产业；二是进一步加强电力、建材、化工等用煤行业的节能，各行业形成明确的先进产业技术路线图；三是加强重点行业的污染物控制，提高煤炭清洁利用水平，推进工业炉窑污染控制行动计划，在电力等行业推进多污染物协同控制行动，试点进行绿色低碳行动计划。

四　调整优化能源结构，大力发展可再生能源

1. 大力发展太阳能利用

银川太阳能资源丰富，而且作为水资源缺乏地区，银川发展太阳能更具特殊意义。一是加快太阳能热利用。目前我国太阳能热水器已成为较大规模的新兴产业，年产量和累计安装量均居世界首位，在城市和农村都有广阔的市场需求。对热能消耗大、占地面积大的政府建筑、商业建筑要逐步推广安装太阳能热水器。二是支持发展太阳能发电，利用荒地，启动太

阳能发电示范项目建设。

2. 大力发展生物质能利用

大力发展生物质能能够拓宽农村能源供给渠道、促进农村环境保护、改善农村生产生活条件、实现农民增收节支，对于推进社会主义新农村建设、促进现代农业发展、构建农村和谐社会必将产生深远影响和巨大推动力。现阶段要从现有废气资源的利用入手，逐步提高开发利用水平。对一些较为成熟的技术，如农村沼气、秸秆发电等要积极推广，予以支持，对一些尚未突破的关键技术，如纤维素乙醇等合理投入，开展研究。要积极开展农村清洁生活用能建设，支持建设生物质气化工程，生物质成型燃料项目。

3. 大力发展风能利用

风能是目前最具开发利用前景和技术最成熟的一种新能源和可再生能源，银川市的灵武市东部和贺兰山区风能资源丰富，据测算，在银川宁东和贺兰山南端东侧开阔地区，基本可满足 2 至 3 座 100MW 风电场的建设。银川应加快出台风电项目管理办法，主要从测风管理、规划管理、风资源配置、风电项目核准和项目管理等方面对风电开发全过程进行监管，促进风电产业健康发展，并在风光资源较好、建设条件适宜的区域进行风光互补项目示范。

五　大力发展循环经济，建设清洁生产基地

1. 夯实发展循环经济的微观基础

坚持循环经济"减量化、再利用、资源化"的原则，以企业可持续发展为根本目的，依靠科技进步，打造生态型企业，即按照生态经济规律和生态系统的高效、和谐优化原理，运用生态工程手段和各种现代先进技术，建立起来对自然资源充分合理利用、废弃物循环再生、能量多重利用、对生态环境无污染或少污染的现代化企业。

2. 构建循环型工业体系

在工业领域全面推行循环型生产方式，促进清洁生产、源头减量，实现能源梯级利用、水资源循环利用、废物交换利用、土地节约集约利用。要积极推进煤炭、电力、钢铁、有色、石油石化、化学工业、建材、造纸、纺织等行业循环经济发展。

煤炭行业，要多途径开发利用尾矿砂、煤矸石、矿井水、煤层气以及其他共伴生矿产资源（见图 9-10）；电力行业，要充分利用煤矸石、煤

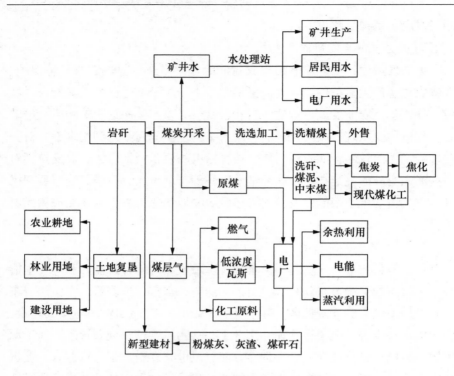

图 9 - 10　煤炭行业循环经济链条示意图

资料来源:《内蒙古自治区"十二五"循环经济发展规划》。

泥等低热值煤资源建设综合利用电厂,多途径实现电厂副产品的综合利用,建立脱硫石膏—硫酸、脱硫石膏（灰渣）—建材产业链,加快发展高铝粉煤灰提取氧化铝,进一步实现粉煤灰的高值化利用,粉煤灰基本实现排、用平衡,采用节水技术,提高循环利用水平,推广电厂余热回收和循环再利用技术,提高环保装备水平,加强燃煤电厂综合升级改造,提高能源资源利用效率（见图 9 - 11）;化工行业,要加大绿色生产工艺研发推广力度,加快煤制合成氨、甲醇、电石等传统煤化工产业的技术改造,调整原料结构,改进技术装备,优化工艺流程,采用洁净煤技术,选择清洁的工艺和合成路线,实现煤基多联产,促进化工生产与能源转化相结合,加强三废综合利用,实现焦炉煤气、焦油等副产物综合利用,加强生产中的能量梯级利用和水资源的循环利用。

　　3. 培育低碳循环工业园区

　　生态工业园区按照循环经济理念和"布局集中、产业集聚、用地集约"的原则，优化资源配置，培育循环经济示范基地。通过产业园区形式，引导生产要素向优势产业集中，推动重化工业向环境容量大、资源条件好的区域转移，促进产业集聚、行业集中、用地集约，形成资源节约的生产力布局。重点打造宁东能源化工基地与灵武再生资源循环经济示范区。

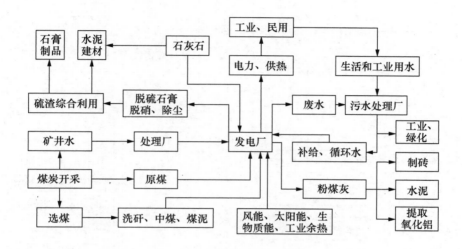

图9-11　电力行业循环经济链条示意图

资料来源：《内蒙古自治区"十二五"循环经济发展规划》。

宁东能源化工基地2007年11月20日被正式列入国家第二批循环经济试点经济园区，宁东能源化工基地循环经济试点的核心是抓住煤炭液化这一中心环节，提高热效率。在煤炭液化的基础上，形成煤炭—煤化工—建材、煤炭—焦化—煤气—电石—化工—建材等五大循环经济主导产业链，同时形成固体废弃物、废水和废气的处理和综合利用以及基地生态环境综合整治等循环经济配套产业。通过循环经济工作的实施，将宁东基地的煤炭资源优势转化为经济优势，并且不造成对生态与环境的污染，达到废弃物的资源化、减量化、无害化处理目标（见图9-12）。

灵武再生资源循环经济示范区2011年9月被国家发改委、财政部设立为西北地区唯一的国家"城市矿产"示范基地，基地规划建设再生铝、再生铜等有色金属深加工业，电器设备制造业，新型建筑材料加工业，电子废弃物处理加工业，报废汽车、机械设备拆解及二手车交易业等"五大主业"。

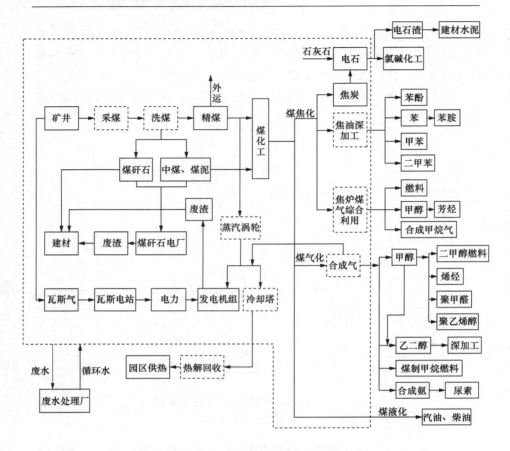

图 9 - 12　煤—电—化—体化循环经济链条

资料来源：《内蒙古自治区"十二五"循环经济发展规划》。

六　加强生态保护，努力增加碳汇

1. 推进城乡生态建设，提升生态系统碳汇

贯彻"东治沙、中理水、西护山"的生态建设战略，促进区域环境协调发展；加强农村生态建设，探索城乡环卫一体化管理，强化农村工业污染防治，加强农村水源地保护；加快城市园林绿化建设步伐，大力推进鹤泉湖、丽景湖、阅海等湖泊湿地恢复工作。

2. 大力推进植树造林，全面提升森林固碳能力

深入推进贺兰山造林绿化，大力推进碳汇造林，创新碳汇造林组织形式，深入开展碳汇计量监测，探索创新林业碳汇交易机制，引导和发动社会各界开展碳汇造林。强化森林资源保护，积极开展以中幼林抚育和低质

低效林改造为主要内容的森林经营工作，提高森林质量，增加森林蓄积量，全面提升森林固碳能力。

3. 适当开展碳封存实验，推进示范工程建设

在煤炭、焦化、火电、煤化工、水泥和钢铁等行业中有选择地开展碳捕集、利用和封存试验项目，推进示范工程建设。加强碳捕集、利用和封存发展的战略研究和规划制定，探索碳捕集、利用和封存与能源开发、节能环保、循环经济等相关领域中长期规划的衔接与结合；鼓励在煤化工行业开展针对高纯度二氧化碳排放源进行捕集的示范项目，在火电厂开展燃烧前、燃烧后、富氧燃烧等各种二氧化碳捕集技术路线的试验示范项目。

第五节　银川经济发展低碳转型的政策建议

一　加强宏观指导和战略规划，统筹推进银川低碳建设

实现低碳转型，必须优先制定科学的发展规划，率先出台推动绿色低碳发展的相关规划、法规，要把绿色低碳理念融入经济社会发展的各个方面和全过程，构建全方位推动绿色低碳发展的体制机制；实现低碳转型，必须处理好科技创新和优化产业结构的关系，以科技创新带动产业结构优化进程，稳步推进低碳转型顺利进行；实现低碳转型，要不断加强与先进国家和地区的合作，努力打造分享全球绿色低碳技术与经验的新平台；实现低碳转型，必须调动全市人民参与建设低碳城市的积极性，以共同努力做好低碳城市建设工作，坚持共建共享，大力提升市民绿色福利。

二　健全体制机制，加强"低碳经济"能力建设

创新指标评价体系，建立和完善能够综合反映银川低碳发展、资源利用、环境保护的指标评价体系（包括重点行业的能耗指标、清洁能源利用率指标、资源生产率指标、废旧物资回收和循环利用率指标、单位产值的二氧化碳排放和废弃物排放指标等），同时要加强和完善相关数据的统计工作，尽快建立科学、统一、全面、协调的低碳循环经济统计制度和信息管理制度；加强节能管理工作力度，要为企业提供更好的指导和服务，改善节能政策环境，加强节能监督管理，强化节能技术和产品的示范和推广，要支持企业完善工业能源计量、能源消费统计、能源审计制度，要推行合同能源管理、节能融资担保、节能自愿协议等新机制，要推行综合资

源规划和需求侧管理方法，引导资源合理配置和利用；加强科技支撑，提出银川低碳技术发展的路线图，促进生产和消费领域的高能效、低排放技术的研发、应用与推广，逐步建立起多元化的低碳技术体系，为低碳转型和增长方式转变提供强有力的技术支撑。

三　完善激励机制和鼓励政策，推动煤炭清洁利用

建立起以企业为主体，产学研结合的技术创新体系，把企业技术创新体系建设作为大型国有煤炭企业领导班子的考核内容，鼓励煤炭企业实施以产业升级和清洁、低碳利用为目的的技术改造；制定优惠的投融资政策，信贷和土地使用优惠政策、财税政策等，建立煤炭清洁化利用的激励约束机制；培养与挖掘典型，搞好煤炭清洁化利用的示范工程和重点工程规划，确定示范工程和重点工程单位。

四　完善政策措施，促进新能源产业发展

以改革创新为动力，切实解决新能源发展的体制性障碍，强化新能源规划的龙头作用，完善法规政策，加强监督执法；根据国家新能源和可再生能源发展纲要和规划目标，技术类型和特点，应用前景和获利能力，分门别类地研究和制定相应的财政、投资、信贷、税收和价格等方面的优惠政策；拓宽新能源领域融资渠道和行业准入，建立新能源的投资、融资制度，探索民营企业、民间资本和境外资本参与新能源开发的途径和方式，使新能源发展实现经济效率和社会效益的有机统一。在高起点上发展银川新能源技术，立足于银川实际，按照"平等互利、合作双赢，企业运作、政府协调"的要求，加强国内外人才、技术和信息的交流。

五　以制度创新和科技创新为动力，着力构建循环经济支撑体系

要按照《循环经济促进法》的要求，因地制宜，制定银川循环经济发展规划，并通过编制规划，确定发展循环经济的重点领域、重点工程和重大项目，为社会资金投向循环经济指明方向。产业政策方面，要依据《产业结构调整指导目录》（2011 年）等产业结构调整的有关规定，立足现有发展基础，充分发挥比较优势，制定并细化有利于循环经济发展的产业政策体系，加大循环经济技术、装备和产品的示范、推广力度，力争形成新的经济增长点；财政政策方面，要安排促进循环经济发展的专项经费，用于支持循环经济示范、资源综合利用、新技术新产品推广、循环经济宣传、教育、培训和表彰奖励，对循环经济试点企业和项目，给予资金支持、财政贴息等扶持政策；税收政策方面，要开展循环经济企业资格认定，对获得认定的自主创新能力强、研发投入大、经营状况好的循环经济企业，给予政策上的倾斜；在投融资政策方面，要鼓励不同经济成分和各类投资主体以各种形式参与循环经济项目建设，循环经济项目优先推荐申报国家资金和财政专项资金，积极支持符合条件的循环经济企业优先发行企业债券或上市融资。

六　积极制定产业政策，推动产业结构优化升级

工业发展方面，要大力淘汰落后产能，通过工业技改项目改造提升传统产业，要为"四优五新"产业发展提供在用地、税收、融资、科技创新、人才培养等方面的优惠与支持政策，并积极开展招商活动，尽快做大做强"四优五新"产业；现代农业发展方面，在目前已出台的奶产业、种子产业、有机大米、现代农业等相关政策的基础上，针对"两强四优四新"产业，继续推进一个产业配套一个政策体系的工作，并加强各产业政策间的统筹协调，要积极培育农业龙头企业，加快农民专业合作组织发展，培育农业经营大户、家庭农场等新型经营主体，深化农业科技、信息服务，加快农产品质量安全建设；现代服务业发展方面，要针对"三个中心一个目的地"的建设，出台系统的扶持和促进政策，要放宽市场准入，简化企业证照办理程序，在营业税、房产税、土地使用税等方面给予减征或免征优惠，要加大财政支持力度，进行价格扶持，规范服务业管理，加快服务业领域对外开放。

参考文献

［1］宣晓伟：《中国未来的区域增长格局研究》，《区域经济评论》2013年第4期。

［2］峻峰：《从传统的比较优势到比较竞争优势——新一轮西部大开发经济发展战略选择评析》，《内蒙古工业大学学报》（社会科学版）2011年第1期。

［3］周宏春：《我国发展低碳经济的现实意义与重点任务》，《企业文明》2010年第5期。

［4］林柯、杨丽娟：《气候变暖背景下西部地区"高碳低排"发展战略初探》，《科学·经济·社会》2012年第1期。

［5］ 邵帅、齐中英：《资源输出型地区的技术创新与经济增长——对资源诅咒现象的解释》，《管理科学学报》2009 年第 12 期。

［6］ 邵帅、杨莉莉：《自然资源丰裕、资源产业依赖与中国区域经济增长》，《管理世界》2010 年第 9 期。

［7］ 银川市人民政府：《银川市国民经济和社会发展第十一个五年规划纲要（2006—2010）》，银川市人民政府网站，2007 年 11 月 14 日，http：//spaq. chinayn. gov. cn/publicfiles/business/htmlfiles/yczw/pwngh/3862. htm。

［8］ 银川市人民政府：《银川市国民经济和社会发展第十二个五年规划纲要（2011—2015）》，银川市人民政府网站，2011 年 2 月 22 日，http：//spaq. chinayn. gov. cn/publicfiles/business/htmlfiles/yczw/pwngh/47589. htm。

［9］ 银川市统计局：《2001—2012 年银川市国民经济和社会发展统计公报》，银川统计信息网。

［10］ 促进城市低碳发展课题组：《促进城市低碳发展——银川市案例研究》，中国环境科学出版社 2010 年版。

［11］ 宁夏回族自治区统计局、国家统计局宁夏调查总队：《宁夏统计年鉴 2011—2013》，中国统计出版社 2011—2013 年版。

［12］ 银川市统计局、国家统计局银川调查总队：《银川统计年鉴 2010—2012》，中国统计出版社 2010—2012 年版。

［13］ 杨巧红：《宁夏承接产业转移问题研究》，《中共银川市委党校学报》2011 年第 4 期。

［14］ 国家发改委：《宁夏内陆开放型经济试验区规划》，2012 年 9 月 14 日。

［15］ 中国人民大学气候变化与低碳经济研究所：《低碳经济：中国用行动告诉哥本哈根》，石油工业出版社 2010 年版。

［16］ 牛克洪、张明坤：《第三次工业革命对我国煤炭产业的影响与应策》，《煤炭经济研究》2013 年第 3 期。

［17］ 宏春、林家彬：《破解循环经济园区发展的电力体制障碍》，《中国经济时报》2013 年 6 月 27 日。

［18］ 中国南方电网有限责任公司：《新能源发展对我国能源格局影响的研究及其低碳效益的比较分析》，国家能源局网站，2012 年 2 月

10 日。

［19］国家统计局能源统计司：《中国能源统计年鉴 2012》，中国统计出版社 2012 年版。

［20］国务院：《能源发展"十二五"规划》，中华人民共和国中央人民政府网站，2013 年 1 月 1 日。

［21］潘仁飞、陈柳钦：《能源结构变化与中国碳减排目标实现》，《经济研究参考》2011 年第 59 期。

［22］杨北桥：《银川市可再生能源利用发展现状及对策》，《宁夏农林科技》2009 年第 4 期。

［23］张玉卓：《从高碳能源到低碳能源——煤炭清洁转化的前景》，《中国能源》2008 年第 4 期。

［24］李世详、张菲菲、王来峰：《促进煤炭清洁化技术的政策研究》，《中国矿业》2011 年第 11 期。

［25］郑长德：《西部民族地区工业结构的逆向调整与政策干预研究》，《兰州商学院学报》2011 年第 6 期。

［26］谢高地：《全球气候变化与碳排放空间》，《生态文化》2010 年第 3 期。

［27］刘世锦：《我国增长阶段转换与发展方式转型》，《国家行政学院学报》2012 年第 2 期。

［28］商务部政研室沿海地区传统产业转移课题组：《对我国沿海地区传统产业转移的系列调研（上）》，《经济日报》2013 年 10 月 15 日。

［29］徐卫、周宇楠、程志强：《资源繁荣与人力资本形成和配置》，《管理世界》2009 年第 6 期。

［30］任歌、李治：《资源诅咒与富资源地区产业结构转型问题》，《财经论丛》2009 年第 3 期。

后　记

　　2010 年起，我们开展了与低碳发展相关的一系列课题研究，研究成果陆续发表。本书与我主持另一个课题《低碳发展的产业政策》（研究成果也将与本书同年出版）构成了一个系列。本书是在调研报告的基础上形成的，并得到中国社科院国情调研项目的资助。本书选取了 8 个典型城市进行深入调研，重点研究我国低碳城市建设与发展的现状，总结低碳城市建设的有关做法和经验，先后形成了 8 个调研报告、3 篇政策建议，政策建议通过中国社科院《要报》报送政府有关部门。从大量的实地调研中我们发现，城市低碳建设要因地制宜，西部传统资源型城市要"节流"为主，提高能源利用效率，优化产业结构，而东部地区要以"开源"为主，优化能源结构，大力推广应用新能源，要严格控制建筑及交通行业成为碳排放大户，中部地区城市要多管齐下发展低碳经济。但从我国整体来看，不同经济发展程度、不同地域的城市都应遵循因地制宜的原则建设低碳城市。

　　本项研究由我主持，除了指导调研报告，提炼政策建议观点外，还对本书的研究内容负责。本书参与者以青年研究人员为主，他们中的大多数不仅执笔调研报告，而且参与调研工作的联络协调，在学术研究和组织协调方面均得到锻炼。本书在集体讨论的基础上，分工如下：第一章由史丹、刘佳骏、裴庆冰执笔，第二章由王蕾执笔，第三章由何辉执笔，第四章由李雪慧执笔，第五章由冯永晟执笔，第六章由刘佳骏执笔，第七章由马翠萍执笔，第八章由赵欣执笔，第九章由白旻执笔。感谢本书的编辑王曦博士为本书所做的工作，感谢本书参与者所做的努力，感谢马翠萍为本书出版所做的沟通联络及文稿的编排工作。

史丹

2015 年 7 月